Dr. Bernhard und
Michael Grzimek

Serengeti darf nicht sterben

Dr. Bernhard Grzimek
Michael Grzimek

Serengeti darf nicht sterben

MALIK NATIONAL GEOGRAPHIC

Mehr Bäume.
Weniger CO_2.
www.cpibooks.de/klimaneutral

Mehr über unsere Autoren und Bücher:
www.malik.de

Bibliografische Information der Deutschen Nationalbibliothek
Die Deutsche Nationalbibliothek verzeichnet diese Publikation in der Deutschen Nationalbibliografie; detaillierte bibliografische Daten sind im Internet über http://dnb.d-nb.de abrufbar.

MALIK NATIONAL GEOGRAPHIC

Ungekürzte Taschenbuchausgabe
1. Auflage Januar 2009
5. Auflage März 2017

Umschlaggestaltung: Dorkenwald Grafik-Design, München
Umschlagfotos: B. Grzimek/Okapia (vorne, hinten rechts und Aurorenfotos), Anup und Manoj Shah (hinten links)
Papier: Naturoffset ECF
Druck und Bindung: CPI books GmbH, Leck
Printed in Germany ISBN 978-3-492-40347-4

Das Papier wurde aus chlorfrei gebleichtem Zellstoff hergestellt.

Denn es gehet dem Menschen wie dem Tiere.
Wie dies stirbt, so stirbt er auch, und haben alle einen Odem. Der Mensch hat nichts mehr denn das Tier, denn alles ist eitel. Es fährt alles an einen Ort, es ist alles von Staub gemacht und wird wieder zu Staub. Wer weiß, ob der Geist des Menschen aufwärts fährt und der Odem des Tieres unterwärts unter die Erde fahre.
Prediger, 3,19

Den Söhnen Michael Grzimeks

STEPHAN MICHAEL

und

CHRISTIAN BERNHARD

gewidmet

»Ich trage einen bekannten Namen: Grzimek. Dieser Name ist mir eine Ehre – aber auch Auftrag und Verpflichtung. Mein Großvater Prof. Bernhard Grzimek hat in persönlichen Erzählungen und in seinen Büchern die Erinnerung an meinen Vater wach gehalten.
»Serengeti darf nicht sterben« ist für mich mehr als ein Vermächtnis, es ist ein bleibendes Schlüsselerlebnis in Buchform. Hier wird ohne Wehmut von den letzten Monaten eines jungen Mannes erzählt. Aber der Blick richtet sich nicht auf sein Schicksal, sondern auf die Sache, die ihm und allen am Herzen lag: die Natur, der Mensch, die Tierwelt – und wie jeder mit jedem umgeht, wer sich wann und wo in welcher Situation wie verhält. Das sind für mich anhaltende Eindrücke und Erkenntnisse.
Die Natur denkt nicht von heute auf morgen. Und so hat dieses Buch – obwohl es eine ebenso abenteuerliche wie eindringliche Momentaufnahme der damaligen Zeit ist – auch heute noch seine Gültigkeit. Vieles hat sich verändert. Aber nach wie vor ist der Serengeti-Nationalpark und das angrenzende Massai-Mara-Wildreservat eines der wildreichsten Gebiete der Erde. Gnus, Löwen, Flusspferde, Zebras und viele mehr: alle haben hier noch ihren Platz. Gott sei Dank.
Mein Vater hat diese Tiere gerettet. Er hat ein breites Bewusstsein dafür geschaffen, was dieses Fleckchen Erde bedeutet. Für seine unermüdlichen Verdienste um die Sache der wilden Tiere wurde er gerühmt. Ebenso für sein Lächeln und seine Bereitschaft, jedem jederzeit zu helfen. Als Sohn sage ich »danke«. Nicht nur für den Namen. Sondern für die Werte und Gedanken, die er gelebt hat und weiterleben lässt.«

Christian Bernhard Grzimek

»Ein Schulausflug kann herrlich sein, aber wenn man hinterher einen Aufsatz darüber schreiben muss, wird er einem noch nachträglich verekelt. Jetzt hat mein Vater verlangt, dass ich selbst beschreiben soll, wie ich die Tiere für den Zoologischen Garten aus Inner-Afrika nach Frankfurt gebracht habe ...«, so begann mein Sohn Michael den Anfang des letzten Kapitels meines Buches »Flug ins Schimpansenland«, in dem er berichtet, wie ich ihn sechzehnjährig allein mit einem schwarzen Boy und mit vielen Tieren für den Frankfurter Zoo im Innern der Elfenbeinküste Afrikas unter fremdsprachigen Leuten zurücklassen musste und wie er diese Tiere dann auf einem winzigen französischen Frachter glücklich nach Hamburg gebracht hat.

Nun ist Michael der Mitverfasser dieses vorliegenden Buches, so wie wir beide das in den letzten Tagen seines Lebens besprochen hatten. Er hat zwar keinen Satz mehr dafür schreiben können. Aber heutzutage sollen ja ungenannte »Geisterschreiber« so oft in Buchform bringen, was bedeutsame Leute erlebt oder geschaffen haben. Den Inhalt dieses Buches, auf den allein es ankommt, hat Michael mitgeschaffen, ja, er hat den größeren Anteil daran. So stehen unsere beiden Namen mit Recht auf dem Titelblatt.

Wir wünschen mit heißen Herzen, dass dieses Buch helfe zu retten und zu schützen, wofür wir gearbeitet haben.

Ich aber wünsche allen Vätern, dass sie einen Sohn haben mögen, der ihr Kamerad und Freund ist und der sich mit ihnen versteht. Und wenn es auch nur für einige wenige Jahre ist.

Bernhard Grzimek

Inhalt

Der Hinflug

Sind auch die Hühner gefüttert?
Bismarck auf dem Sterbebett

Da sitze ich nun, achtundvierzig Jahre alt, am trüben Morgen des 11. Dezember 1957 in unserem einmotorigen Flugzeug und fliege in 200 Meter Höhe den Rhein entlang nach Süden, nach der Schweiz. Die gelb angestrichenen Spitzen des Propellers zeichnen einen durchsichtig mattfarbigen Kreis in die graugrüne Landschaft vor der gebogenen Windscheibe. Zur Linken gleitet in 200 Kilometer Geschwindigkeit die Bergstraße an uns vorbei. Nicht blütenprangend wie früher bei frohen Frühlingsfahrten, sondern leer, frierend, verkatert.

Ich habe den Steuerknüppel zwischen den Knien, neben mir mein Sohn Michael den seinen. Ein leichter Druck meiner Hand auf das schwarz gestrichene runde Ende des metallenen Hohlstabes lässt den Flügel zu meiner Rechten sich sachte der Dezemberlandschaft unten zuneigen und lenkt uns näher an den Rhein. Unser Flugzeug kann am Leitband des Stromes seinen Weg nicht verfehlen, man hat Zeit zum Nachdenken.

Mir ist etwas beklommen zumute. Wir sind am Beginn eines 10 000 Kilometer langen Fluges über das Mittelmeer, die Wüste, Ägypten, Zentralafrika bis über den Äquator hinweg. Die Luftlinie von Frankfurt nach New York ist dagegen nur annähernd 7000 Kilometer lang.

Ich bin ein älterer Mann, besonders wagemutig war ich nie, und außer für Reiten habe ich mich auch für keinen Sport begeistert. Nie hätte ich geglaubt, dass ich einmal als Pilot in einem Maschinchen bis an den Victoriasee fliegen würde.

Aber ich habe mit einundzwanzig geheiratet, und nun sind meine Söhne schon groß. Michael, der in seiner Lammfelljacke links neben mir sitzt, ist dreiundzwanzig. Er ist nicht nur mein

Sohn, sondern mein einziger wirklicher Freund. Schon als kleiner Junge hat er mir bei meinen Versuchen mit Wölfen und Hunden geholfen*. Später hat er mich beim Fotografieren von Tieren bald überflügelt und ist zum Filmen übergegangen. Als er siebzehn Jahre alt war, bekamen seine Kulturfilme schon das Prädikat »wertvoll«. Dann setzte er sich in den Kopf, mein Buch »Kein Platz für wilde Tiere« in Farben zu verfilmen.

Bücher, auch wenn sie »Bestseller« sind, werden nur von einigen zehntausend, vielleicht hunderttausend Menschen gelesen. Wir aber wollten den Millionenmassen Europas und Amerikas klarmachen, dass Löwen und Elefanten, Nashörner und Giraffen – Geschöpfe, die jeder bewundert – immer mehr dahinschwinden und dass ihre letzten Zufluchtsorte, die Nationalparks, stetig kleiner werden. Millionen aber erreicht man nur durch den Film, durch das Fernsehen und durch die Illustrierten.

Die staatliche Filmbürgschaftsstelle, welche damals Spielfilme finanzierte, verbürgte sich bei den Banken nur für die Hälfte der Kosten unseres Films. Als wir aus Afrika zurückkamen, erfuhren wir mit Schrecken, dass auch Walt Disney, ein so großer Künstler und ein sehr vermögender Mann, zur gleichen Zeit über Afrikas Tiere einen Film »Geheimnisse der Steppe« gedreht hatte, der mit unserem zugleich in den Kinos laufen sollte. Die erste Filmverleihgesellschaft in München, welche sich einen Teil unserer Aufnahmen aus Afrika ansah, lehnte ihn ab. Schließlich musste Michael für über 100 000 DM Wechsel querschreiben, um den Film schneiden, in Farben kopieren, vertonen und fertig stellen zu lassen.

Die Filmfachleute beanstandeten, dass wir die wilden Tiere zu friedlich zeigten. Man war von anderen Afrika-Filmen gewöhnt, dass alle paar Augenblicke ein Raubtier seine Beute umbringt, dass Riesenschlangen Menschen würgen und bösartig angreifende Elefanten im letzten Augenblick erschossen

* Vgl. Grzimek, »Wolf Dschingis«, Stuttgart 1943 und 1955.

werden. Wir aber konnten als zoologische Wissenschaftler die Tiere nur so zeigen, wie sie wirklich leben, und nicht, wie sie dem Publikum des Nervenkitzels wegen im Allgemeinen gezeigt werden. So schickten wir unseren Film mit bangem Herzen zu den Berliner Filmfestspielen.

»Kein Platz für wilde Tiere« wurde am letzten Tag dieser Festspiele in einem Lichtspielhaus am Kurfürstendamm gezeigt. Wir hatten vorher die Presse zu einem Frühstück in den Berliner Zoologischen Garten eingeladen, aber genau um zehn Uhr ging ein Wolkenbruch nieder, so dass sich niemand getraute, zu Fuß durch den Tiergarten bis in den Restaurantpavillon zu laufen. Wir blieben einsam vor Riesenbergen von belegten Brötchen sitzen.

Während wir beide ganz hinten im Lichtspieltheater der Uraufführung unseres Filmes beiwohnten, kamen wir uns vor wie Schuljungen zu Ostern in der Aula, wenn bekannt gegeben wird, wer versetzt und wer sitzen geblieben ist. Als drei Giraffen wie Schattenbilder vor dem roten Abendhimmel entlangzogen, fingen die Zuschauer an, mitten im Film zu klatschen. Michael legte die Hand auf mein Knie. Zum Schluss stand er im Scheinwerferlicht auf der Bühne, in seinem schwarzen Anzug; er wusste nicht recht, wie er sich verbeugen und was er mit den Riesensträußen Flieder machen sollte, die ihm in die Arme gedrückt wurden.

Wie benommen gingen wir den Kurfürstendamm entlang ein paar Häuser weiter in den Festsaal, wo die Preise verliehen wurden. Er war schon halb leer. Die Presseleute warfen uns empört vor, dass sie uns seit einer Stunde vergeblich gesucht hätten. Der Film hatte einen »Goldenen Bären« bekommen, weil das Publikum die meisten Stimmen für ihn abgegeben hatte, ein zweiter »Goldener Bär« war ihm vom Internationalen Preisgericht von Fachleuten zuerkannt worden, und außerdem hatte man ihm auch noch den Bundesfilmpreis verliehen.

So ging alles gut. »Kein Platz für wilde Tiere« lief in München zwölf Wochen im selben Kino, er wurde in dreiundsechzig Ländern gezeigt, im Ostblock, in China, in Japan. In Südafrika wollte ihn die Zensur kürzen, doch die Zeitungen protestierten, und der Innenminister entschied, dass nicht ein Meter herausgeschnitten zu werden brauchte.

Aber wir hatten das Gefühl, dass die Millionen, die ihn gesehen hatten, mit ihrem Eintrittsgeld den wilden Tieren Afrikas helfen wollten, die wir beide lieben und die jeder lieben muss, der sie näher kennen lernt. Wir hatten in unserem Film dagegen protestiert, dass die britische Regierung in Tanganjika den Serengeti-Nationalpark, eine der letzten tierreichen Wildnisse Afrikas, um ein Drittel verkleinern wollte. So bot Michael den Teil des Filmerlöses, der auf uns entfiel, der englischen Verwaltung an, um Land anzukaufen und es den Schutzreservaten einzugliedern. Der Direktor der Nationalparks von Tanganjika, Colonel Peter Molloy, kam zu Besuch nach Frankfurt; er schlug vor, das Geld lieber für etwas zu verwenden, was viel wichtiger wäre.

In den Steppen der Serengeti sollen nämlich über eine Million große Tiere weiden, die aber fast immer in gewaltigen Herden auf Wanderschaft sind. Einmal reiht sich ein Gnu an das andere, so weit das Auge blickt, und dann bleibt dieselbe Fläche wieder für Monate völlig tierleer. Es gibt viele Mutmaßungen darüber, woher sie kommen und wohin sie ziehen. Man hat nach diesen Theorien auch schon die neuen kleineren Grenzen des Parks vorgeschlagen. Aber niemand hat bisher die Mittel gehabt, diesen Tiermassen auf ihrer Wanderschaft zu folgen. In den Monaten der Regenzeit kann man nicht einmal mit Geländewagen auf den wenigen »Straßen« fahren, und schon gar nicht auf den überschwemmten Ebenen, über Gebirge und Schluchten. Die Regierung hat für solche Forschungen kein Geld – welche Regierung in der Welt hat schon Geld für Löwen, Giraffen, Zebras und Gnus?

Wir lagen damals auf unserem Dachbalkon, die Beine hoch

auf der Brüstung, und grübelten, wie dieses Rätsel wohl zu entwirren sei.
»Wir müssen fliegen lernen«, erklärte Michael auf einmal.
Ich war betroffen, aber ich sah ein, dass er Recht hatte. Genauso hat er mich vor über einem Jahrzehnt zum Autofahren gebracht. Wir mussten wochenlange Kämpfe mit unseren Ehefrauen ausfechten, dann stand ich eines Sonntagmorgens auf dem Sportflugplatz Egelsbach, zwanzig Kilometer vor Frankfurt. Er sah gar nicht wie ein Flughafen aus. Einfach eine grüne Wiese, nicht gerade sehr eben, und nicht einmal ein Zaun herum. Ein winziges Gasthaus am Rande, worin lauter Schlipse von der Zimmerdecke baumelten. Man bekommt den Schlips unversehens abgeschnitten, wenn man das erste Mal allein geflogen ist.
Ich dachte, erst käme so eine Art theoretischer »Trockenskikurs«, aber ehe ich mich versah, saß ich in einem kleinen »Pfeifenkopf«, einer »Piper Cup«, der Fluglehrer hinter mir, und flog über Starkstromleitung und Bahndamm hinweg schräg in die Luft. So eine »Piper Cup« kommt einem vor wie ein Flugzeug, das bei Woolworth gekauft ist, aus dünnen Stangen und Leinwand zusammengebastelt. Aber es hat erfreulich wenig Hebel, Zifferblätter und Instrumente, und deswegen kann man nicht so viel falsch machen.
Das Fliegen selber ist kinderleicht, man braucht es eigentlich gar nicht zu lernen. Schwierig ist nur das Starten und noch schwieriger das Landen. Ich habe fast doppelt so viel Stunden gebraucht wie Michael, bis ich endlich dem staatlichen Prüfer die vorgeschriebenen Steilkurven vorfliegen und mit abgestopptem Motor genau an der Stelle landen konnte, die er mir unten auf der Erde anzeigte.
Und dann das erste Mal allein weg vom heimatlichen Flugplatz, wo man die Waldecke, das Hallendach und das Dörfchen daneben genau kennt! Man hat Angst, nicht mehr zurückzufinden – wie ein Spatz, der zum ersten Mal vom Nest wegfliegt.

Die Dörfer sehen alle einander so ähnlich, die Straßen auch. Ich klammere mich an die Autobahn, an der man sich immer zurücktasten kann. Beim Landen in Koblenz auf dem Hochplateau über der Mosel fasst der Wind mein Maschinchen, und ich stehe plötzlich verkehrt herum auf der Bahn. Ein paar Tage später soll ich eine halbe Stunde lang 3000 Meter hoch oben bleiben. Da muss man aufpassen, dass man nicht Verkehrsflugzeugen in die Quere gerät, die zum großen Frankfurter Flughafen niedergehen. Dort liegt Frankfurt, und da hinten schon Mainz und Wiesbaden – wie dicht sitzen hier die Menschen aufeinander. Ein plombiertes Gerät auf dem Sitz hinter mir verzeichnet genau, ob ich etwa tiefer oder höher gehe.

Nein, mit einer »Piper Cup« zu fliegen ist wirklich nicht schwer. Schwer ist nur die Theorie, die dazugehört.

Ich habe von früh um acht Uhr bis nachmittags um sechs im Regierungspräsidium zu Darmstadt in einem großen Saal gesessen, zur Rechten und zur Linken drei Meter vom nächsten Prüfling abgesondert, damit ich nicht abschreibe, und bin examiniert worden. Vier Wochen vorher wusste ich überhaupt noch nicht, dass es in Deutschland ein Wiehen-Gebirge gibt, jetzt sage ich aus dem Kopf her, dass der höchste Berg des Böhmerwaldes Arber heißt und 1457 Meter hoch ist. Denn ich muss auf einer großen Landkarte, die keinerlei Namen trägt, neben alle Städte, Flüsse, Kanäle und Gebirge einschreiben, wie sie heißen. Ich weiß sogar, dass die Nebenflüsse des Pregels Angerapp und Inster heißen, weil man sich zuraunt, dass einer der Prüfer aus Ostpreußen stammt. Ich kann mit Lineal und Zirkel auf Millimeterpapier ausrechnen, wann ich – theoretisch – von Frankfurt aus in Hamburg ankomme, wenn ich 63 Grad Nordostwind schräg von vorn habe, und wie viel Benzin ich dann verbrauche. Ich weiß, wer wem auszuweichen hat,

Das Flugzeug D-ENTE ist wie ein Zebra angemalt, damit es bei Notlandungen in der Wildnis leichter aufgefunden werden kann.

wenn sich ein Ballon, ein Segelflugzeug, ein Motorflugzeug und ein Zeppelin begegnen, ich kann genau erklären, was eine Ortsmissweisung, ein rechtweisender Windkurs, ein Winddreieck, was Deviation, Inklination, wie lang eine Seemeile und ein Knoten sind, ich kann aus dem Kopf den Querschnitt durch einen Motor und einen Vergaser an die Wand malen, ich lese Variometer und Wendezeiger, Staudruckfahrtmesser und Zylindertemperaturen ab, kann alle Sorten Wolken mit Namen nennen, weiß alle Flugplatzsignale und kann Wetterkarten erklären, ich weiß, was passiert, wenn eine Warmfront oder eine Kaltfront vorbeiziehen, was ein »Idealzyklon« bedeutet, wann sich Föhn bildet, was man unter Rüstgewicht, Fahrwerk, Gieren und Vorflügel versteht.

Ich wusste tausend Dinge, und ich habe die Prüfung mit Auszeichnung bestanden, während zwei alterfahrene Piloten durchfielen, die nur ihren Schein erneuern wollten und sicher weit besser fliegen konnten als ich. Ich hatte eben fleißig gelernt, weil ich mir sagte: wenn du durchfällst, steht es in der Zeitung, und es gibt so viele Leute, die sich königlich darüber freuen.

Dann bekommt man endlich so einen braungelben Flugzeugführerschein ausgehändigt, trägt ihn in der Brieftasche, ist ein geprüfter Pilot – und kein Mensch sieht es einem an, und niemand fragt einen danach.

Und doch greift das Selberfliegen in das Privatleben ein, an Stellen, an denen man es gar nicht erwartet. Ich habe es mir zum Beispiel ganz abgewöhnt, zum Frühstück mehr als eine bescheidene Tasse Kaffee zu trinken. So ein kleines Flugzeug hat nämlich keine besonderen Einrichtungen – weder für

Da das Flugzeug nicht ausgepolstert ist, können wir uns auch untereinander während des Fluges nur über Mikrofon und Kopfhörer unterhalten (oben). Bei einer Zwischenlandung in Marble Arch, Libyen, bringen Beduinen Flugbenzin aus einem Notlager auf Eseln herbei (unten).

Herren noch für Damen. Ich habe einmal über dem Binger Loch verzweifelt erwogen notzulanden; dabei ist eine Notlandung außerhalb eines Flugplatzes in Deutschland gar keine einfache Sache. Auch wenn man glücklich auf das Kleefeld hinuntergekommen ist, muss man erst in das nächste Dorf laufen und die Luftfahrtbehörde in Braunschweig anrufen, muss die Polizei abwarten und eine amtliche Starterlaubnis bekommen, bis man endlich versuchen kann, sich wieder in die Lüfte zu erheben. Da ist es doch einfacher, auf den Frühstückskaffee zu verzichten.

Ich stehe auf dem Rasen des Flugplatzes in Egelsbach neben unserem alten Fluglehrer, der in eine Liste die genauen Flugzeiten der startenden und landenden postgelben Maschinen einträgt. Ich bin eigens herausgefahren, weil mich etwas drückt, seit Wochen.

»Sagen Sie bitte einmal ganz ehrlich, Herr Repple, würden Sie Michael so bald nach Afrika fliegen lassen, wenn er Ihr eigener Sohn wäre?«

Gewiss, ich habe selbst fliegen gelernt, weil ich nachts zu Hause nicht schlafen könnte, wenn ich mir vorstellte, er fliege einsam über die Wüste. Vielleicht auch ein bisschen deswegen, weil Väter sich nicht gern von ihren Söhnen übertrumpfen lassen. Wir können die Reise nicht verschieben, denn die Arbeit in der Serengeti muss *jetzt* getan werden, lieber heute als morgen, sonst sind die Entscheidungen über sie inzwischen endgültig gefallen. Ein Flugzeug in Afrika selbst können wir nicht kaufen oder mieten – wir brauchen eins, das nach Wunsch ganz langsam fliegen und ohne Flugplatz überall landen kann. Sollten wir die Maschine lieber mit dem Dampfer verladen?

»Dann würden Sie sich über der menschenlosen Wildnis einüben, wo Sie keine Hilfe finden. Nein, Michael ist einer meiner besten Flugschüler, er hat das Fliegen im Blut. Ob Sie nun weiter wie bisher in Deutschland umherfliegen und üben oder über den Mittelmeerländern, das macht doch keinen Unterschied.«

Wir kommen jetzt um den Flug nicht herum. Schließlich haben andere für weniger große Ziele schon mehr riskiert. Vor dem Abenteuer der Forschung in der Wildnis müssen wir noch ein sportliches Abenteuer durchstehen. Eines, das eigentlich lockt und prickelt.
Und nun sitzen wir in unserer schönen neuen Maschine und schnurren den Rhein aufwärts. Nur unser Buschbaby begleitet uns. Ich warte immer noch auf eine bestimmte Brücke, die nach dem Auto-Atlas bald kommen müsste, da sind wir plötzlich über einem riesigen viereckigen Haus mit der Inschrift »Geigy«, das ist die Schweizer Konkurrenz in Basel zu unseren Arzneimittelfirmen Merck in Darmstadt und Höchst. Ein Mitbesitzer dieser Riesenhexenküche ist Universitätsprofessor, Mediziner, Zoologe und Afrikaforscher – er hat mir erst unlängst in Afrika beschrieben, wie er täglich Hunderte von toten Tsetsefliegen zerschneiden und ihnen schön einzeln die Därme, den Magen und die anderen Organe herausholen lässt.
Weiter nach Genf zu finden ist keine Kunst. Wir haben uns nämlich in unser Flugzeug einen Radiokompass einbauen lassen. Also schlage ich in einem Handbuch nach, welche Wellenlängen der Flughafen von Genf und die Leitfunkstellen auf dem Wege dorthin haben. Michael stellt die Wellenlänge ein, und ein Zeiger auf dem Zifferblatt schlägt aus. Der Zeiger steht genau auf null, wenn wir das Flugzeug so lenken, dass seine Nase auf die unsichtbare Funkstation zeigt. Fliegen wir über sie hinweg, dann geht der Zeiger einmal ganz um das Zifferblatt herum. So geht das wie im Schlaf. Nur gibt es in Innerafrika keine Leitfunkstellen, und wenn die Wellen des nächsten Flughafens uns nicht erreichen, ist der ganze Radiokompass nichts wert. Aber noch sind wir nicht in Afrika, sondern in der Schweiz und haben mit unserem Maschinchen ganz andere Sorgen.
Ich muss es übrigens erst vorstellen. Es ist so etwas wie ein Fieseler Storch aus dem letzten Krieg, aber größer, ganz aus

Metall und moderner. Vier, sogar sechs Personen können darin fliegen. Für gewöhnlich schnurrt es mit 220 km/h durch die Lüfte. Aber wenn man die Landeklappen ausfährt, kann man bis auf 50 km/h heruntergehen – sofern man das versteht. Deswegen können wir auf Kartoffeläckern landen, wo man mit dem Auto nicht mehr fortkommt. Es hat allerdings nur einen Motor, allein, wenn er einmal stillstehen sollte, dann schieben wir unsere Klappen hinaus und gleiten wie mit einem Segelflugzeug zur Erde.

Wirklich ein narrensicheres Flugzeug, wie wir unseren beiden Ehefrauen immer wieder klargemacht haben. Es hat so lange Beine, damit man beim Landen zwischen Gras und Bodenholpern nicht gleich den Propeller verbiegt. Wir sitzen halb unter den hohen Flügeln, ganz von Plexiglas eingeschlossen. Ich komme mir manchmal vor, als hockte ich auf einem Stuhl frei in der Luft, denn auch nach unten reicht das Seitenfenster: neben meinem Knie blicke ich achthundert Meter tief auf kleine Bauernhäuser.

Unsere Maschine heißt D-ENTE. Alle Flugzeuge, die in Deutschland zugelassen werden, bekommen ein D als erste Kennziffer und dann hinter einem Gedankenstrich vier Buchstaben. Wir konnten uns diese vier Buchstaben selber aussuchen. Weil wir ein Tier haben wollten, nahmen wir »Ente«. Erst später fiel mir ein, dass wir ebenso gut das Wort Esel hätten wählen können, das ja auch mit E beginnt und vier Buchstaben hat.

Auf die senkrechte Schwanzflosse sind vorschriftsmäßig die schwarzrotgoldenen deutschen Farben gemalt, außerdem haben wir das ganze Flugzeug schwarz-weiß wie ein Zebra angestrichen. Vielleicht kommt es dann den Tieren in der Serengeti, wo abertausend Zebras herumlaufen, nicht ganz so technisch und fremd vor. Vor allem aber findet man das kleine Ding leichter wieder, wenn wir einmal Bruch machen und irgendwo in Afrika gesucht werden.

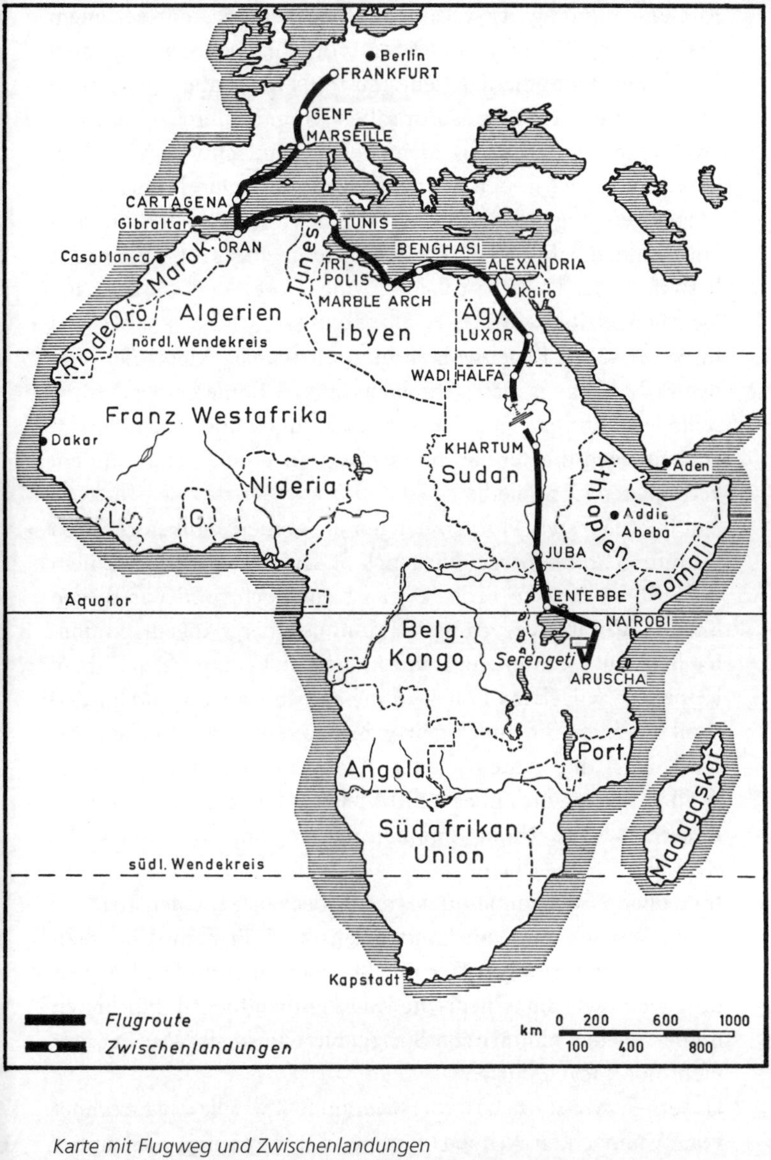

Karte mit Flugweg und Zwischenlandungen

In Genf allerdings ist es ein bisschen peinlich, mit so einem »Fliegenden Zebra« auf einen vornehmen internationalen Flughafen hinunterzugleiten. Zum Glück haben wir noch keine Tropenkleider an, sonst sähen wir ganz und gar verboten aus. Denn auf den Rollbahnen stehen zehn schwere Verkehrsmaschinen, und in den Warteräumen wimmeln Hunderte von Fluggästen. Eigentlich sollten diese schweren Kästen in Mailand landen, aber über Italien kommt eine große Kaltfront herauf, in der Poebene toben Stürme. Deswegen ist alles nach Genf umgeleitet worden.

In Nizza sollen Regenwolken hundertzwanzig Meter tief über der Erde hängen, man sähe keine zwei Kilometer weit. Marseille lässt uns gar sagen, dass wir bei ihnen noch nicht einmal vorbeifliegen dürften. So müssen wir noch eine Nacht in dem verregneten Genf bleiben.

Am übernächsten Morgen hängen die grauen Wolken ringsum bis mitten an die Berge. Nur nach Süden erreichen sie in einem tiefen Tal nicht die Erde. Dort ist ein Loch, und wir fliegen hinein. Weil uns der grüne Wald an den Berghängen so unbehaglich nahe kommt und wir Angst vor Hangwinden haben, versuchen wir etwas höher zu gehen, sind aber sofort in den Wolken, blind im milchigen weißen Nebel. So drücken wir schleunigst die »Ente« wieder tiefer und steigen dann, als es endlich klarer wird, über 1200 Meter hohe Berge auf Lyon zu. Eine Stunde die Rhône hinunter, und wir landen in Marseille, wo kühle Sonne scheint.

Im trüben Hotelzimmer in Marseille decken wir einen abgetragenen Teppich ganz mit Landkarten von Italien zu. Über Sizilien hängt ein riesiges Tief mit Stürmen und Wolkenbrüchen fest. Wenn wir die italienische Küste entlangfliegen, blockieren immer wieder militärische Sperrgebiete unseren Weg, die wir nicht überfliegen dürfen.

So lernen wir statt Afrika erst einmal Marseille ausgerechnet vor Weihnachten kennen – ohne Wintermäntel. Gegenüber

von unserem Hotel steht eine Kirche, gebaut vor achtzig Jahren – es ist jedoch in Wirklichkeit ein Bahnhof. Heutzutage macht man es umgekehrt, man baut nicht die Bahnhöfe wie Kathedralen, sondern die Kirchen wie Bahnhöfe.
Auf der Wetterkarte im Befehlsturm des Flughafens wollen die Linien und Fähnchen nicht weiterrücken. Das schwarze Sturmtief bleibt über Italien kleben. Wir aber wollen endlich weg von dem verregneten Europa. Also beschließen wir, einen großen Umweg über Spanièn und Gibraltar zu machen.
Wir schnurren die französische Küste entlang und möchten gern abkürzen, quer über den großen Golf von Lyon hinweg. Aber das Wasser da unten ist so leer und so kalt, dass wir immer wieder den Steuerknüppel schön nach rechts drücken und uns in der Nähe der Küste halten.
Von einem Militärflughafen fahren uns freundliche Spanier bis nach Cartagena, und zwar in einem Taxi, in dem der Gang mit kleinen Hölzern festgeklemmt ist, damit er nicht herausrutscht. Wir sind die tausend Kilometer von Marseille bis Cartagena mit Rückenwind genau vier Stunden geflogen und haben 280 Liter Benzin verbraucht. Laut hupend fahren wir durch die Gassen des kleinen Cartagena bis vor das größte Hotel und essen dort fürstlich: zwei Glas Wein, drei verschiedene Gänge, frische Krabben, zwei Kaffee – alles zusammen für 2,60 DM. Hinterher noch Hummer für zwei Mark, denn um die Weihnachtszeit gibt es in Spanien keine Touristenpreise.
Das Telefon auf meinem Nachttisch funktioniert nur, wenn man die Gabel mit einem Finger hochhält, und doch langt es bis nach Frankfurt. So wissen Michaels und meine Frau, dass wir in Spanien stecken, in einem gemütlichen Hotel zu Füßen einer mittelalterlichen Burg, und sie hören zum letzten Mal unsere Stimmen. Für lange Zeit.
Die spanischen Flieger bringen uns in Versuchung. »Warum wollen Sie den langen Umweg über Gibraltar machen? Warum fliegen Sie nicht geradewegs über das Mittelmeer nach Oran?«

»In Algerien ist doch Kriegsgebiet. Muss man nicht erst Erlaubnis einholen, um nach Oran zu kommen?«

»Ach wo, hier ist schon manchmal jemand hinübergeflogen. Wir melden Sie vorher durch Radio an.«

Michael sieht mich an, kneift den Mund zusammen und wiegt den Kopf ein wenig hin und her. Wir haben schon drei Tage durch dieses vermaledeite Tief über Sizilien verloren. Die Versuchung ist groß, und wir erliegen ihr.

Ich packe die rötlich gelben Schwimmwesten aus, wir ziehen sie uns über die Köpfe und binden sie um die Bäuche fest. Die englische Gebrauchsanweisung ist verkehrt herum darauf gedruckt, doch man kann sie richtig lesen, wenn man auf den eigenen Bauch hinuntersieht. Eine Pfeife steckt darin, eine Batterie, die im Seewasser automatisch ein Lämpchen für eine Nacht zum Leuchten bringt, Farbstoff, der das Meer im Umkreis färbt, damit Suchflugzeuge uns entdecken können. Außerdem legen wir unser kleines Gummiboot zurecht. Es soll sich im Wasser von allein aufblasen. Michael bindet mit einer Schnur noch eine Tasche mit Brot, ein paar Äpfeln und einem Paket Kekse daran. Er steckt auch eine Rauchpatrone hinein und ein paar Briketts aus einem Zeug, das Haifische fern halten soll. Wir haben es uns eigens aus Amerika besorgt.

Dann schrauben wir uns über Cartagena hoch in die Luft, bis Spanien immer kleiner unter uns wird. 3300 Meter, höher können wir nicht, weil sonst die Luft zu dünn wird und wir viel langsamer vorwärts kommen. Dann wenden wir die schwarz-weiße Nase unserer »Ente« genau nach Süden, dem offenen Meer zu.

Es sind knappe dreihundert Kilometer, gute anderthalb Stunden zu fliegen. Auf der Landkarte ist es nur ein Katzensprung. Aber bald sehen wir nichts mehr von der Küste. Nur Himmel und Wasser. Kein blaues, sommerliches Mittelmeer, sondern graues Wasser von vielleicht zehn Grad. Wenn man darin schwimmt, ist man nach ein bis zwei Stunden erstarrt und bewusstlos. Weit und breit kein Schiff um diese Jahreszeit.

Ich interessiere mich auf einmal für das Dröhnen des Motors und bilde mir ein, dass es ein wenig unregelmäßig wird. Unwillkürlich sehe ich auf Michael.

Ich habe mich seit Jahren immer mehr daran gewöhnt, ihm zu vertrauen. Ich weiß auch, wenn er am Steuer sitzt, geht alles gut. Michael sieht geradeaus durch den Propellerkreis in die verschwommene Grenze zwischen Himmel und Wasser. Seine Augenlider haben noch keine Fältchen. Wie immer hängt ihm eine Haarsträhne in die Stirn, und wie immer steht ein Büschel hinten am Wirbel steil in die Höhe. Dieser Büschel wollte sich schon niemals anlegen lassen, als die Haare noch ganz hellblond waren und Michael als Kind mit unserem Wolf Dschingis spazieren ging.

Auf einmal ein Stocken, ein Stottern, der Motor setzt aus. Ich glaube, auch mein Herz stockt im gleichen Augenblick. Wie kommen wir aus dieser blechernen »Ente« heraus, wenn wir ins Wasser müssen? Neben mir rechts über der Tür ist ein rot bemalter Handgriff, mit einem dünnen Draht plombiert. »Notabwurf der Tür« steht daran.

Michael drückt auf den Knopf der Hilfspumpe. Ein Surren. Sie presst mit Gewalt Benzin in den Motor. Er springt wieder an. Er war wohl nur ganze fünf, sechs Sekunden unterbrochen.

Aber es waren lange Sekunden.

Wir wagen es nicht, über dem Meer die Hilfspumpe wieder auszuschalten, um zu sehen, ob der Motor von allein das Benzin ansaugt. Wir sagen auch kein einziges Wort, bis endlich die Nadel des Radiokompasses auf die Wellenlänge von Oran anspringt, bis die Küste von Nordafrika auftaucht und, viel zu langsam, näher kommt.

Um Oran hängen drei düstere Wolkenpacken. Aus jedem strömt der Regen in breiten Bahnen auf die Erde hinunter. Wo ist der Flughafen? Was wir soeben zum Landen ansteuern, erweist sich als ein Exerzierplatz. An anderen Landebahnen stehen Militärmaschinen.

Wir kurven zweimal in einem riesigen Bogen um die Niederung, in die sich Oran bettet. Das dort muss der Flughafen sein! Ich halte nach allen Seiten Ausschau, damit wir nicht etwa mit einer anderen Maschine zusammenstoßen, die zum Landen ansetzt. Michael horcht im Kopfhörer auf die Anweisungen des Mannes im Befehlsturm. Der sagt einem, woher und wie stark der Wind am Boden weht, damit man gegen ihn landet; ob man hinuntergehen darf oder noch warten muss; welche der Landebahnen man anfliegen soll, und ähnliche Dinge. Solch eine fremde Stimme ist nicht leicht zu verstehen, denn alles wird abgekürzt, in Ziffern, Zahlen und in Schlüsselsprache durchgegeben – laut internationaler Abmachung auf der ganzen Welt in englischer Sprache. Hier schnarrt es im Kopfhörer jedoch französisch.

Während wir mit Schweißperlen auf der Stirn zur richtigen Landebahn einkurven und hinabschweben, sagt unvermutet eine Stimme vom Befehlsturm aus, jetzt wieder auf Englisch, »How do you pronounce your name – Wie sprechen Sie eigentlich Ihren Namen aus?«

Wenn man Grzimek heißt, muss man sich an solche Fragen gewöhnen. In Amerika oder Frankreich hat man mir oft versichert, ein Engländer oder Franzose könnte diesen Namen einfach nicht aussprechen. Ich habe die Leute dann beruhigt: ein Deutscher auch nicht. Aber hier aus der Luft kam mir die Frage doch sehr unerwartet.

Oran schaut schon seit über tausend Jahren von Afrikas Küste nach Spanien. Zweihundertachtzig Jahre war es selbst spanisch, dann vierzig Jahre türkisch, und seit 1831 ist es französisch. Der Taxifahrer, der uns vom Flughafen in die Stadt fährt, ist Franzose, hat aber Frankreich noch nicht gesehen. Vater und Großvater sind auch schon in Nordafrika geboren. So leben zwei Millionen Franzosen dort neben sieben Millionen Algeriern.

»Oran ist jetzt ganz friedlich, hier gibt es keinen Aufstand mehr«, beruhigt er uns und weicht dabei um Haaresbreite

einem hochbepackten Esel aus. Am nächsten Morgen lese ich in der Zeitung, dass das nächste Auto, welches eine halbe Stunde nach uns vom Flughafen zur Stadt fuhr, beschossen worden ist – vier Verwundete. Alle Hotels sind mit Flüchtlingen vom Lande und mit Offizieren überfüllt, so dass wir froh sind, in einem drittklassigen Gasthaus bei einem maurischen Besitzer ein ungeheiztes Zimmerchen hinter der Küche zu bekommen.
Der Portier ist ein Künstler. Während Michael mit ihm verhandelt, wischt er unauffällig einen Reisescheck mit seinem weiten Ärmel vom Tisch. Wie mein Sohn ihn nachher lächelnd vom Erdboden hinter der Theke aufheben will, liegt das Stück Papier keineswegs dort. Es steckt bereits in der Schublade, zugedeckt von einem Buch ...
Oran mit seinen 260 000 Einwohnern, mit Parkhochhaus und Wolkenkratzern kommt uns durchaus friedlich vor. Aber der Portier rät uns, wir sollten uns keinesfalls in ein Café setzen, das Fenster zur Straße hat. Es würden zu häufig Bomben hineingeworfen. Ehe die Polizei kommt, sind die Täter meistens schon totgeschlagen. Wirklich, eine friedliche Stadt.
Unser »Fliegendes Zebra« sucht sich nach Algier durchzuschlagen, aber noch immer hängen überall die dunklen, nassen Nachhuten des großen Tiefs in der Luft. Sie werden immer dichter und kommen immer tiefer herab, bis ein Tal, in dem wir fliegen, auf einmal vor uns nach oben hin abgeschlossen ist. Wir können gerade noch rechtzeitig umkehren.
Ein Auto kann rückwärts fahren – für einen Flieger bedeutet eine Sackgasse den Tod. So mancher ist schon in solch einem Tal umgekommen, weil er es nicht mehr schaffte, am Hang in die Höhe zu steigen, und weil das Tal inzwischen zu eng geworden war, um noch eine Kehre zu kurven.
Wir versuchen nun, vor der Küste niedrig über dem Meer zu fliegen, aber auch hier hängen die Wolkenfetzen immer tiefer, bis sie da und dort auf das schäumende Meer stoßen.

Nach anderthalb Stunden gehen wir entmutigt wieder im Flughäfen von Oran hinunter. Die Flugbeamten in ihrem Haus hinter dichten Stacheldrahtverhauen schütteln ihre Köpfe: »Sie hätten doch wenigstens dreihundert Meter hoch über den Bergen bleiben müssen! Seien Sie froh, dass Sie nicht abgeschossen worden sind. Erst vor drei Wochen haben sie einen 'runtergeholt.«
Am nächsten Morgen halten wir uns den gefährlichen Bergen mit Achtung fern. Wir fliegen ein Stückchen draußen über dem Meer und sehen, was das Tief angerichtet hat, das nun endlich nach Osten weitergezogen ist. Weggeschwemmte Brücken, aufgerissene Straßen, Überschwemmungen. Auf den Bergen und Hügeln sieht man nicht ein größeres Tier. Früher konnten die Schiffer vom Meer aus hier Antilopen und sogar Löwen entdecken.
Noch 1892 traf man auf dem Berge Edough neben der algerischen Hafenstadt Bône, die dort drüben liegt, Löwen an. Die letzten sehr friedlichen Löwen Marokkos lebten sogar bis 1922. Diese schwarzmähnigen Berberlöwen waren die schönste Löwenrasse von ganz Afrika. Ihr Blut ist noch in manchen Zoos zu finden.
Manchmal müssen wir noch heftige Regenschauer durchfliegen. Michael möchte drunter durch, ich bin dafür, einen Bogen herum zu machen. Das liegt an unseren Plätzen in der »Ente«. Über mir ist die Tür undicht. Sie ist auch nicht dicht zu bekommen, weil der rasende Fahrtwind die Wassertropfen in die Fugen und durch den Schaumgummi presst. So muss ich einen Scheuerlappen mit der Hand über meinen Kopf halten und ihn von Zeit zu Zeit auswringen. Dabei wird einem der Arm steif, und zum Schluss läuft mir das Wasser doch in den Kragen. Michaels Seite aber ist noch dicht ...
So schlagen wir uns an Algier vorbei, die ganze Küste entlang bis nach Tunis, und dann geht es nach Süden. Wir sind aus dem Regentopf Europa heraus. Das Tief mag über Italien weiterwandern und schließlich den Balkan und Herrn Tito ein-

nässen. Wir aber fliegen dorthin, wo die Sonne scheint, und keine Wolkenwaschküche wird uns jetzt noch stoppen.
Im Flughafen von Tripolis haben wir schon manchmal eine Stunde mitten in der Nacht warten müssen, wenn wir mit einer großen Verkehrsmaschine nach Afrika flogen. Das Wellblechtor der Flughalle weist noch immer Durchschüsse aus der Zeit von Rommels Afrikakrieg. Die Geldscheine des neuen Königreichs Libyen zeigen zwar den alten freundlichen König Idris el-Senussi mit dem Fez auf dem Kopf, sie verraten uns aber nicht, wie viel Piaster sie wert sind, weil nur arabische Ziffern darauf zu lesen sind. Wir schreiben bekanntlich auch »arabische« Ziffern, aber die wirklichen arabischen sehen doch ganz anders aus als die unseren.
Mit Siebenmeilenflügeln wollen wir nun einholen, was wir bisher versäumt haben. Unser braves »Zebra« hat einen langen Atem. Wir haben nämlich vor die beiden Rücksitze noch einen großen Ersatztank eingebaut. Aus ihm können wir mit einer kleinen Handpumpe das Benzin hinauf in die beiden Tanks pumpen, die rechts und links in den Tragflügeln stecken. So können wir es uns leisten, ohne zu landen bis nach Tobruk, ja vielleicht bis nach Alexandria in Ägypten zu fliegen.
In der Luft kommt man schnell vorwärts, nur an den leidigen Flugplätzen bleibt man kleben. Immer derselbe Papierkrieg: Erst einen Tankwagen suchen und volltanken. Dann der Zoll. Dann der Besuch bei den Meteorologen, die uns verraten, wie der Wind und die Wolkendecke während der Weiterreise sein könnten. Und schließlich die Treppen hinauf in den Befehlsturm. Da muss man einen gedruckten Flugplan ausfüllen, vorlegen und genehmigen lassen.
Ich trage als Endziel »Tobruk« ein, aber der Befehlsgewaltige sagt, dort sei nur ein Militärflughafen. Er streicht »Tobruk« aus und schreibt »Benghasi« darüber.
Nun noch Landegebühren bezahlen, den Benzinscheck ausschreiben – unter zwei Stunden schafft man das alles kaum,

auch wenn Michael und ich uns die Aufgaben teilen. Wenn wir mit einem Seufzer der Erleichterung wieder in der Luft hängen, stellen wir meistens fest, dass wir vergessen haben zu essen. Weil meine Frau nicht dabei ist, fühle ich mich verpflichtet, Michael ein bisschen zu bemuttern. Ich tippe ihn an die Schultern und gebe ihm ein Brot mit Käse in die Hand. Es ist schon etwas vertrocknet, weil es noch aus Marseille stammt. Er schüttelt den Kopf.

Das hat er von seiner Mutter: Erregung schlägt ihm auf den Magen. Und dieser weite Flug regt ihn auf, wenn er auch noch so gelassen tut. Immerhin isst er einen Apfel. Dann macht er das kleine Plexiglasfensterchen auf, das zu seiner Linken in die Windscheibe eingeschnitten ist. Der Apfelbutzen fällt tief hinunter auf die schöne asphaltierte Straße, die Mussolini einmal hier der Küste entlang gebaut hat. Dahinter ist Wüste, Wüste. Ein riesiges Königreich aus Sand: Libyen.

Die Straße ist leer. Alle paar hundert Kilometer trifft man einen einsamen Militärlastwagen. Keine Ortschaften, nur hier und da Beduinenzelte. Immer genau nach fünfzehn Flugminuten erscheint ein viereckiger Rasthof, einer wie der andere. Vor langen Jahren habe ich einmal in einer Illustrierten diese eleganten Wüstenhotels abgebildet gesehen.

Ich drücke den Knüppel und gehe tief über einen davon hinab. Jetzt hausen Beduinen darin, im Hof türmen sich Berge leerer Blechtonnen, und unter der Veranda stieben Ziegen hervor.

Weil die Hilfspumpe schon wieder streikt, müssen wir einen Landeplatz finden, um auf der Erde das Benzin mit Hilfe von Kanistern aus dem Hilfstank oben in die Flügel umzufüllen. Nach unserer Flugkarte gibt es einen Behelfslandestreifen bei Marble Arch. Es ist keine Ortschaft, sondern, wie eigentlich der Name richtig besagt, ein Torbogen. Ein riesiger Triumphbogen aus weißem Marmor, den Mussolini sich selbst mitten auf seiner Küstenstraße errichtet hat. Dicht dabei ein alter Flugplatz aus dem letzten Krieg, wahrscheinlich von Deut-

schen angelegt. Wir gehen ganz tief hinunter und fliegen in drei Meter Höhe über die breiten Asphaltrollbahnen dahin. Sie sind gesprungen, dichte Grasbüschel wuchern aus den Rissen empor. Ringsum die Ruinen von Häusern und Kasinos. Wer mag hier gelebt haben? Wer mag hier gefallen sein?
Auf einem Stück Startbahn, das noch ziemlich glatt ist, rollen wir aus. Dicht daneben weiden Beduinen eine Herde von Dromedaren. Sie holen zwei Esel, und wir alle trotten hinter den Grautieren her zu einer Wellblechhütte. Welche Überraschung: es ist tatsächlich ein Benzinlager. Auf den alten Wehrmachtskanistern ist ordnungsgemäß mit Ölfarbe notiert: »Eingefüllt Mai 1956«. Seit anderthalb Jahren liegt also dieser Flugzeugtreibstoff neben dem vergessenen Ruhmesbogen des Duce. Die Esel schleppen die Kanister bis zu unserem »Entlein«. Die Rechnung dafür ist uns übrigens mit Dutzenden anderer aus zwölf verschiedenen Ländern nach Jahresfrist in Frankfurt vorgelegt worden.
Wie lange es noch dauert, bis die Sonne untergeht? Mit Fingersprache macht uns der Mann klar: etwa zwei Stunden. Aber wie wir wieder in der Luft sind und noch einmal die Flugbücher kontrollieren, stellt sich heraus, dass die Sonne in dieser Gegend schon viel eher hinter dem Horizont verschwindet. Wir fliegen, fliegen, doch der rote Ball fällt immer schneller auf die Wüste hinunter.
Für die Nomaden da unten ist er längst untergegangen. Es wird schon dämmrig, als der Radiokompass auf Benghasi einspringt, und sie machen dort eigens für uns die Landebahn hell. Wie zwei Perlenketten leuchten lange Reihen von Gießkannen voll Öl auf, aus deren Tüllen die Flammen lodern.
»Who is the Captain – wer ist der Kapitän?«, fragt man uns mit strenger Miene auf dem Befehlsturm. Und dann noch strenger: wo wir gewesen wären? Unseren langen Aufenthalt in Marble Arch will der schnurrbärtige Schotte uns nicht glauben.

»Wenn Ihr Flugzeug 220 Kilometer in der Stunde fliegt, warum haben Sie dann in Tripolis auf Ihren Flugplan geschrieben, Sie brauchten bis zu uns nach Benghasi sieben Stunden? Es sind doch in Wirklichkeit nur vier?« Klar, sie nehmen an, wir hätten absichtlich eine falsche Flugzeit angegeben, um heimlich im Lande herumzuspionieren.

Betreten legen wir uns in dem prächtigen Hotel in Benghasi zu Bett. Im Einschlafen kommt Michael die Erleuchtung: als der Flugdienstleiter im Turm von Tripolis »Tobruk« ausstrich und dafür »Benghasi« einsetzte, hatte er die Flugzeit nicht geändert.

Über der Cyrenaica wechseln Michael und ich uns am Steuer ab und halten dazwischen nach Tieren Ausschau. Aber nur Kamele weiden da, sonst ist alles leer bis auf ein paar Vögel. Dass dieses Land jetzt grün ist, hat es dem letzten Krieg zu danken. Mit Pferdefutter wurde der Samen eines Grases, einer »Oionopodiazee«, eingeschleppt, die sonst nur in der australischen Halbwüste wächst. Als die Panzer verrosteten, wurde es zunächst um El Alamein grün, und dann zog sich der fruchtbare, manchmal zwei Meter hohe Teppich immer weiter nach beiden Seiten an der Küste entlang, bis tief nach Ägypten zum Nildelta und auch ins Binnenland. Das neue grüne Leben konnte gut Fuß fassen und sich an das Mittelmeerklima gewöhnen, denn es wucherte zunächst zwischen den unheimlichen Minenfeldern, die Italiener, Deutsche und Engländer von der Küste aus hundertfünfzig Kilometer rief ins Land hinein gelegt haben.

Die Minen lauern heute noch da, und niemand wagt zwischen ihnen umherzulaufen. Das lebendige Gras aber ist längst über die Todeszonen hinausgewandert.

Das ist aber auch das Einzige, was der Krieg hier Gutes hinterlassen hat. Unter unseren Füßen gleiten ohne Ende Schützengräben, ausgebrannte Häuser, Feldstellungen hinweg, eine Eisenbahn, auf der tausend Kilometer lang nicht ein Zug fährt. Soldatenfriedhöfe. An der ägyptischen Grenze hört die schöne Asphaltstraße auf. Dafür ist das Meer herrlich hell türkisblau, und wir segeln über der weiß leuchtenden Brandung.

Es gibt in unserem Leben nicht viele Augenblicke, in denen wir wunschlos glücklich sind. Dies ist einer davon. Wir beide sind so allein zwischen glasig blauem Wasser und glasig blauem Himmel, zwei Männer vor und jenseits des Lebensgipfels. Wir haben die gleichen Ziele. Auf Michaels Jungmännerhänden, die schräg vor mir auf dem Steuerknüppel liegen, beginnt sich das Adergeflecht der Lebensreife erst hervorzuwölben. Sie werden weiterarbeiten, wenn meine müder werden. Es gibt wenig Männer, die ihr Werk in so warmen, guten Freundeshänden wissen.

In Alexandria ist leicht landen: wir haben den ganzen Flughafen frei für uns. Die großen Fluglinien machen jetzt einen Bogen um Ägypten, so stehen nur ein paar Misrair-Flugzeuge umher. Als wir ausrollen, kommen fünf Hunde bedächtig auf uns zu und bleiben ernsthaft vor dem Flugzeug stehen. Wir sind ausgerechnet an einem mohammedanischen Feiertag gelandet, das Restaurant und die Wechselstuben sind geschlossen. Aber die Zöllner schießen uns sogar das Geld für ein Taxi bis zum Hotel vor.

Dienstlich allerdings sind sie sehr genau. Sie fragen uns nach Devisen, und ich lege ihnen bereitwillig alle Geldüberreste hin, die sich in meinen Taschen aus Deutschland, der Schweiz, Frankreich, Spanien, Algerien, Tunis und Libyen angesammelt haben. Alles wird umständlich gezählt. Zum Schluss legen mir die freundlichen Zollbeamten ein langes arabisches Schriftstück vor, das ich achselzuckend unterschreibe.

Ein tüchtiger ägyptischer Monteur schraubt den Filter unseres Motors auf: er sitzt voll Metallteilchen. In Oran hat man uns schmutziges Benzin eingefüllt. Dieser Sand hat die Kolben der Handpumpe am Hilfstank zerrieben, und ihre Metallteile sind zum Glück im Vorfilter des Motors zurückgehalten worden.

Wir kaufen uns sofort einen eigenen Trichter und Chamoisleder. Nie wieder sind wir seitdem von unserer »Ente« weggegangen, wenn andere Leute uns Benzin einfüllten. Der Motor aber hat dreihundert Stunden gedröhnt, ohne noch einmal zu husten.

Betreten sagt mir der Monteur, dass er uns kein Flugbenzin mehr einfüllen darf. Benzin mit 80 Oktan, wie wir es brauchen, darf nur die ägyptische Luftwaffe verwenden. Ich haste die Steintreppen zu dem militärischen Flugplatzkommandanten hinauf, ich zeige ihm die amtlichen Angaben seiner Regierung in den gedruckten Flugbüchern der Welt. Danach ist in ägyptischen Flughäfen jede Sorte Benzin frei zu kaufen. Der Major stellt selber die Telefonverbindung zum Kriegsministerium in Kairo her, aber das erlaubt den Verkauf nur gegen Dollars. Die haben wir nicht mit, und so müssen wir tatsächlich Autobenzin hinzutanken, eine höchst unbehagliche Sache.

Wir sind früh in Alexandria gestartet, fliegen nilaufwärts nach Luxor und stellen fest, dass Ägypten einer Mondlandschaft gleicht. Felsen, Sand, dann Felsen und wieder Sand, so weit das Auge reicht. Kein Baum, kein Blatt, kein Grashalm. Und schmal hineingebettet, das Ödland von Norden nach Süden durchquerend, ein Gebietsstreifen, in dem es grün wächst und gedeiht: das Flussbett des Nils mit seinen fruchtbaren Ufern. Aber der Streifen ist schmal, drei Kilometer zu beiden Seiten des Flusses bleibt er grün, dann bricht alles Leben jäh wieder ab, übergangslos begrenzt von der Wüste.

Ich ziehe den Steuerknüppel an, die Maschine steigt, der Blick wird umfassender, die endlos sich dehnende Steinwüste ist atemberaubend trostlos. Wir bleiben über dem Nil. Wenn wir tiefer hinabgehen, winken uns die Schiffer von ihren Kähnen zu. Ihre braungelben Riesensegel grüßen zu uns herauf.

Im Zug fährt man zwölf Stunden von Kairo bis Luxor. Vom Fenster des Speisewagens aus muss der Reisende den Eindruck haben, als fahre er durch ein grünes, fruchtbares Eden.

Wir schaffen die Strecke in zwei Stunden und lernen dabei alle Sorgen Nassers kennen.
Dem Zollbeamten in Luxor fehlen zwei Knöpfe an der Uniform. Es stört ihn so wenig wie uns, und gern lassen wir uns von ihm zum Kaffee einladen. Am Abend machen wir einen Abstecher zu den Tempeln von Karnak, dann bade ich im Hotelzimmer, und später trinken wir mit dem freundlichen Beamten ägyptischen Wein. Er ist guter Dinge, er erzählt lebhaft, aber am nächsten Morgen hat er große Sorgen.
Unser Geld stimme nicht, behauptet er gestikulierend. Es stellt sich heraus, dass wir ein paar französische Francs zu viel und dafür libysche Piaster zu wenig haben. Auf dem Schriftstück, das ich in Alexandria blindlings unterschrieben hatte, war mein Tascheninhalt um ein paar Pfennige anders angegeben. Auch dafür findet sich eine Lösung, und nach einer Stunde können wir endlich starten.
Es war nur ein Zwischenfall, aber er hat uns verärgert, und da wir wieder kein Flugbenzin bekommen, sind wir auf das Land der Pharaonen nicht gut zu sprechen. Um uns den Zorn von der Leber zu schaffen, ziehen wir wie zwei ungezogene Buben im Tiefflug Schleifen über dem Nil und sehen uns die Königsgräber aus nächster Nähe von oben an. Das ist gegen die Vorschrift, und schon ruft uns der Funker vom Befehlsturm in Luxor an: Er schimpft freundlich durch den Äther, wir sollten uns gefälligst 700 Meter hoch scheren.
Also gut, machen wir uns davon.
Nach einer Ehrenrunde um den Staudamm von Assuan kurze Zwischenlandung in Wadi Halfa, das dicht an der ägyptischen Grenze, jedoch bereits im Sudan liegt.
Ägypten liegt hinter uns, wir fliegen weiter südwärts, trennen uns dann vom Gängelband des Nils und wagen uns hinaus in die Nubische Wüste. So schneiden wir in drei Stunden den größten Bogen ab, den der Nil auf seiner Reise durch Afrika macht. Das allerdings ist eine Wüste, wie man sie in Kinder-

bilderbüchern abgemalt findet. Nichts als gelber Sand. Nicht einmal ein Stein, schon gar kein Grashalm.
Wir würden uns nie hineintrauen, ginge nicht eine Eisenbahn hindurch, die Lord Kitchener einmal hat bauen lassen, um den Mahdi zu bekämpfen. Alle hundert Kilometer eine Bahnstation, wie Spielzeughäuschen, die man neben einer Kindereisenbahn auf den kahlen Fußboden gestellt hat. Eine Haltestelle sieht wie die andere aus. Das müssten ideale Plätze sein, um politische Gegner zu verbannen. Einmal treffen wir einen Zug, wir gehen tiefer, und alle Reisenden winken aus den Fenstern. Mehr als einmal in der Woche wird sich hier wohl keine Eisenbahn durch das Sandmeer schleppen.
Der Nil, den wir endlich wieder erreichen, ist schon schmaler geworden, und auch die grünen Streifen an seinen Ufern werden immer fadenscheiniger. Dafür fängt es jetzt weitab in der Wüste an, hier und da etwas grün zu werden. Wir steigen empor, um schon die nächste Windung des Flusses im Dunst des Horizontes zu erkennen und dann über Land gerade abzuschneiden. Zwanzig Minuten vor Sonnenuntergang landen wir in Khartum.
Am nächsten Morgen stehe ich in Omdurman auf der anderen Seite des Nils vor der Moschee, in der der große Mohammed Ahmed el Mahdi begraben liegt. Sie ist mit bunten elektrischen Glühbirnen bekränzt. Sein Gegenspieler, der Engländer Gordon Pascha, reitet als Standbild auf einem Bronzekamel. Als der Mahdi mit seinen wütenden Derwischen Khartum einnahm, wurde Gordon getötet und sein Haupt auf eine lange Stange gespießt. Erst vierzehn Jahre später, im Jahre 1898, hat Lord Kitchener in der Schlacht bei Omdurman, an der schon der

So sieht das riesige Land Ägypten aus – eine Einöde ohne Baum und Strauch, wenn man vom schmalen Graben des Nils absieht (oben). Nur der einsame Eisenbahnstrang, der den größten Bogen des Nils abschneidet, hat uns Mut gemacht, das endlose gelbe Sandmeer der Nubischen Wüste zu überfliegen (unten).

junge Winston Churchill teilnahm, die Mahdi-Anhänger besiegt. Dann ist das niedergebrannte alte Khartum als moderne Stadt wieder erblüht. Zehntausend Bäume beschatten heute seine Straßen in einer früher baumlosen Landschaft.

Gordons Kamelreiterstandbild hat sein Schicksal. Erst stand es auf dem St. Martins Place in London. Als es 1902 nach Khartum verschickt wurde, glitt es aus und musste tief aus dem Bett der Themse wieder hervorgeholt werden. Genau dasselbe passierte einige Wochen später im Nil, und auch an seiner heutigen Stelle wäre es beinahe einmal im Boden versunken. In Khartum erzählt man sich eine hübsche Geschichte über dieses Denkmal. Einer der früheren englischen Beamten sei regelmäßig mit seinem kleinen Sohn am Sonntag nach der Kirche zu dem Standbild von Gordon gegangen. Die beiden hätten es sich immer eine Minute ehrfurchtsvoll und schweigend angesehen. Später sei der Junge nach England auf die Schule geschickt worden; er habe von dort einen Brief geschrieben: Es sei ja sehr schön in London, aber er vermisse die sonntäglichen Spaziergänge mit seinem Vater zu Gordon. »Sag mal, Vater, wie heißt eigentlich der Mann, der auf Gordon sitzt?«

Ich besuche meinen schwarzen Kollegen im prächtigen Zoo von Khartum, wo viele Tiere auf dem Rasen frei und zahm zwischen den Besuchern herumlaufen. Wie das so geht, wir kommen ins Fachsimpeln. Michael quält sich inzwischen mit unserer Maschine ab. Als wir nämlich, stolz auf unseren neuen Flugzeugtyp, den Briten unsere »Ente« in stark gedrosseltem Langsamflug vorführen wollten, stieg die Temperatur des Motors beängstigend an, der Zeiger schlug bis nahe an die Grenzmarke aus. Wir waren bestürzt. Aber dann zeigten uns die

Da es noch keine Landkarte der Serengeti gibt, war es für uns nicht einfach, die Zählbezirke abzugrenzen (oben). Die Flusspferde sind im Ngorongoro-Krater nur während der Nacht weiter weg vom See mitten auf dem Lande anzutreffen (unten).

Flugingenieure drei Kleinflugzeugwracks, die den gleichen amerikanischen Lycoming-Motor haben und denen bei Probeflügen in Khartum viel Schlimmeres passiert war: sie hatten sich festgebrannt. Die Motorkühlung reicht in dieser drückenden Hitze nicht aus. Hätte Michael nicht aufgepasst, wäre unsere Reise schon hier zu Ende gewesen. Telegrafisch bestellen wir beim Werk in Deutschland eine Zusatzkühlung, die unter dem Motor angeschraubt werden soll. Wir lassen sie nach Ostafrika kommen und schärfen uns ein, in dieser Hitze hier auf keinen Fall mehr langsam zu fliegen. Nein, wir dürfen nichts riskieren; wir dürfen unsere große Aufgabe nicht gefährden.

Nicht heute oder morgen, aber in drei, vier Generationen, wenn man Bolschewismus und Kapitalismus längst vergessen hat und Ostblöcke und Westblöcke nicht mehr wichtig sind, werden vielleicht viele Menschen froh darüber sein, dass sich in unseren Tagen jemand um die Tiere Afrikas Sorgen gemacht hat. Wer fragt heute noch danach, dass sich einst in Italien Ghibellinen und Welfen gegenseitig das Leben verbittert haben, dass man in Frankreich vor vier Jahrhunderten Zehntausende von Hugenotten umgebracht und andere bis nach Ostpreußen vertrieben hat? 1866 mussten die jungen Hannoveraner sich noch als Soldaten im Krieg gegen den König von Preußen totschießen lassen; ihre Brüder zogen schon 1870 für ihn gegen Frankreich in den Krieg. Die meisten nationalistischen und weltanschaulichen Ziele, für die immer wieder Menschen leiden und sterben, sind so rasch vergänglich. Die Natur aber bleibt ewig wichtig für uns. In hundert Jahren werden Chruschtschow und Eisenhower, werden unsere politischen Sorgen und unser Hass nur noch in Geschichtsbüchern ein Buchstabenleben führen. Aber ob dann noch Gnus über die Steppen stampfen und nachts Leoparden brüllen, das wird den Menschen immer noch etwas bedeuten; gerade deshalb, weil sie noch viel mehr dazu verdammt sein werden, in riesigen Betonstädten zu leben.

Die ersten sieben Giraffen, auf die wir in freier Wildbahn stoßen, begrüßen wir, tiefer fliegend, mit einer Ehrenrunde. Der donnernde Riesenvogel erschreckt sie nicht. Vielleicht halten sie uns tatsächlich für ein fliegendes Zebra. Sie laufen nicht weg, sie stehen nur da und staunen mit lang gereckten Hälsen zu uns herauf.

Hier am Weißen Nil gibt es keine Eisenbahn mehr, sie folgt dem Blauen aufwärts. Der Strom wird immer breiter; er verästelt sich, große Wasserflächen sind von saftig grünen Teppichen unterbrochen. Das sind die Sumpfgebiete, in denen Abu Markub, der »Vater des Schuhs«, lebt. Hier ist vor vierzig Jahren Bengt Berg mit einem Dampfer herumgefahren, der mit Schilfbüscheln in eine schwimmende Insel verwandelt war. Er hat zum ersten Male Schuhschnäbel gefilmt, aber Nester mit Jungen hat auch er nicht gefunden. Noch kein Europäer hat einen brütenden Schuhschnabel erblickt. Wir haben vor fünf Jahren vom Zoo in Khartum zwei dieser Riesenstörche mit den unförmigen Schnäbeln nach Frankfurt bekommen, und sie sind heute noch munter.

Wasserböcke stehen an den Ufern, und Schwarze treiben Hausrinder mit U-förmig geschwungenen Hörnern.

So kommen wir endlich nach Juba, der Hauptstadt der südlichsten, der Äquatorial-Provinz in der neuen Republik Sudan. Schon vor zwei Jahren wollten wir mit dem Auto vom Belgischen Kongo her dorthin, nachdem uns die arabische Regierung sehr freundlich eingeladen hatte. Damals meuterten aber gerade die schwarzen Truppen gegen ihre arabischen Offiziere und brachten sie um. Europäern taten sie zwar nichts, wir drehten aber lieber um. Touristen dürfen überhaupt nicht ohne weiteres hier in die Südprovinz, sie müssen erst eine Sondergenehmigung von der Regierung in Khartum erhalten.

Juba ist ein größeres Dorf. Im Befehlsturm des Flughafens sitzt, wie auch in den anderen sudanesischen Flughäfen, ein schwarzer Funker. Er erzählt uns, dass morgens auf der bescheidenen Landebahn gern die Leoparden spielen, weil sie trocken ist, während das Gras noch voll nassem Tau sitzt. An die Funkgeräte muss man vorsichtig herangehen, weil sich die giftigen schwarzen Mambaschlangen gern auf die warmen Röhren legen.

Wir schlendern ein bisschen durch das Dorf und stehen plötzlich vor einem richtigen Konzentrationslager mit Stacheldrahtverhau und hohen Wachtürmen, auf denen Maschinengewehre stehen. Ein Europäer spricht uns an. Er ist seit zwei Jahren hier, vorher hat er in Omdurman gearbeitet.

»Das Land ist unruhig«, sagt er, »die schwarzen Stämme wollen nicht von Arabern regiert werden, die ja früher einmal ihre Sklavenjäger waren. Deswegen ist das Riesengefängnis voll von politischen Gefangenen. Hin und wieder werden zwanzig bis dreißig erschossen.«

Was hätten wohl die Weltzeitungen geschrieben, wenn die Briten vor ein paar Jahren, als sie hier noch herrschten, Farbige hingerichtet hätten.

Der Arzt ist Deutscher. Er fühlt sich hier wohl. Zwar war vorgestern eine giftige Schlange bei ihm im Haus, die von seinen Boys in Stücke gehackt worden ist. Vor ein paar Tagen hat ein Leopard nachts seinen zahmen Affen weggeholt, der an einer Kette auf einem Baum vor seinem Hause saß. Der Bauchgürtel des Tieres lag in drei Teile zerrissen im Garten. Im Hotel, wo wir wohnen, hat übrigens auch gestern ein Leopard zwei Hunde geraubt.

Im Hospital, in dem zu englischer Zeit elf Ärzte arbeiteten, sind jetzt nur noch fünf. Aber offensichtlich können die Kranken besser warten als wir Europäer. Da kommen Leute mit eingeklemmten Brüchen acht Tage lang zu Fuß marschiert, essen unterwegs, und trotzdem bleibt die Hälfte von ihnen am Leben. Neulich wurde ein Junge gebracht, dem ein Speer quer durch den Bauch gegangen war. Das Eisen hatte den Dünndarm zweimal durchbohrt. Die Verwandten hatten den Speer nicht herausgezogen, sondern ihn nur so befestigt, dass er sich nicht bewegen konnte. So kam der Junge durch.

Die schwarzen Völker im Südsudan, die einst von den Europäern befreit worden sind, möchten heute gern eine Selbstverwaltung im Rahmen des sudanesischen Staates. Aber sie sind noch völlig unzivilisiert und haben wenig gebildete Führer.

Wir sind heute frühzeitig abgeflogen und haben mal wieder außer einem Brötchen noch nichts im Magen. Dabei ist es schon wieder spätnachmittags geworden. Der griechische Wirt des kleinen Hotels in Juba vertröstet uns. Um halb acht Uhr gibt der Gouverneur der Äquatorial-Provinz ein festliches Dinner zur Feier des Weihnachtsabends. Wir sind herzlich von ihm eingeladen.

Tatsächlich, es ist ja heute Weihnachten.

Wir haben das ganz vergessen. Das Jahr zuvor haben Michael und ich auch zusammen Weihnachten gefeiert, weitab von zu Hause, in Stanleyville im Belgischen Kongo. Aber damals waren seine und meine Frau dabei, und wir mussten nach belgischer Sitte sogar fleißig am Heiligen Abend tanzen. Dabei sind wir beide so faule Tänzer.

Die schwarzen Kellner schmücken das Restaurant. Das ist nicht teuer, wenn man die Palmwedel nur vor dem Haus abzuschneiden braucht und mit scharfen Haken die roten Blüten herabholt, die überall auf den Büschen blühen. Der Christbaum ähnelt einem Lebensbaum, eine Verkehrsmaschine hat ihn aus den Gebirgen von Belgisch-Kongo mitgebracht. Er wird nach englischer Sitte mit buntgefärbten Glühbirnen, Papierschlangen und Luftballons geschmückt.

Wir sitzen neben der festlich gedeckten Tafel. Es wird acht, es wird halb neun, aber die Gäste kommen nicht. Der Wirt vertröstet uns und stellt uns zwei Whiskys auf den Tisch. Die Luft ist feucht, das Thermometer steht auf über vierzig Grad. Aus dem Radio kommt Musik aus Omdurman. Näselnder Gesang, schrille Geigenklänge, die für unsere Ohren wie ver-

stimmt klingen, alles in sehr raschem Tempo und Stunden um Stunden. Allmählich wird man kribbelig.
Die Festgesellschaft besucht wohl noch einen Gottesdienst, nehme ich an, aber als sie endlich erscheint, stellt sich heraus, sie waren alle zusammen im Kino. Der Gouverneur und sein Stellvertreter sind schwarze Herren von etwa fünfzig in tadellosen weißen Smokings und mit guten Manieren. Ihre europäischen Gäste sind meist griechische Kaufleute, ohne Schlips, zum Teil in Hemden mit halben Ärmeln, die Damen dagegen in Abendkleidern. Nach der Speisekarte gibt es eine Suppe »à la Nazareth«, die stark gepfeffert ist; dann einen Cocktail »à la Bethlehem« mit einer kirschartigen Frucht darin. Der Truthahn ist schrecklich zäh und kaum zu beißen.
Der Gouverneur macht durchaus den Eindruck eines Gentlemans. Er ist sich seiner Stellung sehr bewusst, aber er hört sich höflich lächelnd das Geplapper seiner jungen Tischdame an. Sie klagt, dass man Weihnachten lieber nicht in dem kleinen Juba, sondern im Grand Hotel von Khartum verbringen sollte. Sie scheint hier die »Dorfschöne« zu sein. Der Plumpudding wird mit Rum begossen und steht in bläulichen Flammen. Er ist süß und teigig. Als Überraschung sind kleine sudanesische Geldstücke mit eingebacken, von denen ich plötzlich zwei im Munde habe. Sie kamen mir bisher selbst in der Hand meist nicht besonders appetitlich vor.
Neben mir sitzt ein Schweizer. Er hat sechs Tage in Khartum gebraucht, um die Erlaubnis für Juba zu bekommen. Jetzt ist er acht Tage hier, kann nicht aus dem Dorf hinaus und nicht weiterreisen, weil das überwiesene Geld nicht eingetroffen ist. Ein Mietauto ist auch nicht aufzutreiben.
In den Ecken stehen große Gebinde schreiend bunter Papierblumen. Sie sind derart farbig, dass ich es als kitschig empfinde. Aber Michael stellt fest, dass es echte afrikanische Blumen sind. Natur kann doch nicht gut geschmacklos sein.
Briten feiern den Heiligen Abend ähnlich wie wir Fasching,

und die Sudanesen haben das übernommen. Jeder von uns bekommt eine Papiermütze und muss sie aufsetzen. Der schwarze Gouverneur findet, dass Michael sehr gut damit aussieht. Dann werden wir mit Knallbonbons, einem Häufchen Papierschlangen und künstlichen knallroten Schneebällen aus Papiermaché beliefert. Einige der griechischen Kaufleute finden es witzig, den Papierball erst in ihr Weinglas zu tauchen, ehe sie ihn dem Gegenüber an den Kopf werfen. Leider färben diese nassen Kugeln ab, und die blütenweißen Smokings der Gouverneure bekommen hässliche Flecken. Ich habe mir längst das Tischtuch als Deckung bis an den Hals gezogen und bewundere, wie beherrscht und liebenswürdig die beiden Gouverneure lächeln, während ihre Smokings verdorben werden. Erst als einige der europäischen Gäste anfangen mit Bananen zu werfen, werden ihnen diese höflich weggenommen.

Sehr müde gehen wir beide in einem Pavillon im Park nach zwölf Uhr ins Bett. Über uns dreht sich langsam ein riesiger Deckenpropeller. Das also war unser Weihnachtsabend. Wir müssen kräftig auf Vorrat schlafen, denn morgen wollen wir auf Biegen und Brechen unsere Reise beenden. Wir fliegen über Uganda nach Entebbe am Victoriasee, tanken dort und schweben gleich weiter über Waldgebirge bis nach Nairobi, der Hauptstadt von Kenia in Britisch-Ostafrika.

Im Ngorongoro-Krater

Gott, du voll Liebe und Güte, der du die Welt
so schön gemacht hast und alle Kreatur,
die geht und fleucht, angewiesen hast, dass sie
deinen Ruhm verkünde, ich danke dir bis
an mein Ende, dass du mich unter sie gestellt hast.
Franz von Assisi

Da sind wir nun. Zehntausend Kilometer von Frankfurt weg, in Ostafrika, in der Gegend des Victoriasees. Etwa auf dem gleichen Längengrad wie Leningrad und auf dem Breitengrad des Amazonasstroms in Brasilien. Vierhundert Kilometer südlich vom Äquator; so weit ist Köln von Bremen entfernt. Wir sind glücklich angelangt, mein Sohn Michael und ich, aber wir fühlen ein leises Unbehagen. Werden wir auch wirklich fertig bringen, wessen wir uns unterfangen haben?

Wir sollen den 12 500 Quadratkilometer großen Serengeti-Nationalpark in Tanganjika erforschen. Für Afrikas Riesenmaße ist das nicht viel, nur fünfmal die Fläche des Saarlandes oder knapp die Größe von Schleswig-Holstein, der zwanzigste Teil unserer westdeutschen Bundesrepublik. Aber die Grenzen dieses »Parks« sind nicht in der Wirklichkeit, sondern nur auf Kartenskizzen, auf dem Papier, zu entdecken. Er ist immerhin zweihundert Kilometer lang; mal liegt das Gelände zwölfhundert, mal über dreitausend Meter hoch. Eine einzige »Straße« geht hindurch, und auch die nur zur Hälfte. Obendrein ist sie drei Monate im Jahr sogar mit dem Geländewagen nicht befahrbar.

Und dabei ist diese Wildnis gar nicht einmal dünn bevölkert. Ihre Einwohner können sich an Kopfzahl beinahe mit europäischen Staaten messen: über eine Million sollen dort leben, steht in Büchern und Prospekten geschrieben. Allerdings nicht

Menschen, sondern Vierbeiner, vom Elefanten herunter bis zu den ziegengroßen Gazellen, von dem kleineren Getier gar nicht zu reden.

Die Serengeti ist der letzte Fleck in Afrika, wo es noch Riesenherden gibt, die über die Steppen stampfen wie einst das Meer der Bisons über die Graswellen der Prärien Nordamerikas. Hier leben die meisten und die schönsten Löwen. Wir zwei aus Frankfurt haben uns einen Plan ausgedacht, wie wir dieses Ameisenstaatgewimmel doch auszählen und herauskriegen können, woher die Riesenarmeen kommen und wohin sie ziehen. Aber noch nie hat man so etwas in Afrika versucht. Werden wir es wirklich schaffen?

Zuerst hatten wir den Plan, einfach das ganze Gebiet mit der Luftbildkamera zu fotografieren, dann eine Aufnahme an die andere zu setzen und, wie auf einer Landkarte, jedes Tier zu zählen. Aber ein Gnu ist auf solch einem Riesenbild ein kleiner Punkt. Wenn man Gnus von Zebras und Zebras von Gazellen unterscheiden will, dann muss man mit dem Flugzeug unter tausend Metern bleiben und eine nicht gar so große Fläche auf ein Foto nehmen. Und das heißt, so haben wir seufzend nach Luftbildtabellen ausgerechnet, dass wir fünfzigtausend Serienbilder knipsen müssen. Kostenpunkt, auch wenn wir es selber machen, über 250 000 DM ... So viel hat uns unser Film nicht eingebracht. Also müssen wir gleich im Fluge, vom Flugzeug aus, zählen.

Ob das geht, und ob es wirklich genau geht, probieren wir erst in einem Zoologischen Garten aus, in dem die Tiere eingezäunt leben und uns während unserer Zählung nicht weglaufen können.

Es ist, nebenbei gesagt, der größte Zoo der Welt. In ihm leben neuntausend große Tiere. Seine lückenlosen Umfassungsmauern sind sechs- bis siebenhundert Meter hoch. In diesem Tierpark hätten ganz Berlin und Umgegend bequem Platz. Das Ganze ist nichts anderes als ein riesiger, erloschener Krater, der größte auf

unserer Erde – der Ngorongoro-Krater. Wo einmal Lava brodelte, da dehnt sich jetzt unten eine riesige, von steilen Kraterwänden umgebene grüne Weidefläche.
Wir wollen, was wir von der Luft aus besehen, erst auf der Erde kennen lernen. Denn es ist gar nicht so leicht, Tiere aus der Vogelschau voneinander zu unterscheiden. So fahren wir in unserem Geländewagen von Aruscha aus auf guter, in der ersten Hälfte sogar geteerter Straße in vier Stunden bis zu dem Hochland der Riesenkrater.
Der Wagen rollt durch die Buschsteppe, an einem Gebirge vorbei, erst in ein tiefes Tal hinunter und dann an der anderen Seite in die Höhe. Je höher er kommt, umso größer und dichter werden die Bäume, bis wir richtig im Wald sind. Oben am Rand des Kraters hört der Urwald für eine Strecke auf, wir blicken nach rechts.
Michael hält wie erschrocken an, stoppt den Motor, und wir steigen aus. Mein Sohn hat die Angewohnheit, ein wenig den Kopf zurückzunehmen und die Nasenflügel zu weiten, wenn ihn etwas packt. Auch ich bin ergriffen. Ausrufe der Bewunderung geben wir beide nur vor Begleitern ab, die das von uns erwarten. Hier können wir ganz still sein. Wir blicken stumm auf eines der Wunder unserer Erde.
Man kann die Ausmaße dieses Riesenrundes gar nicht recht ausmalen; es fehlt jeder Vergleich. Denn da unten gibt es kein Haus, keinen Acker, keinen Telefonmast. Aber der Teich dort an der einen Seite ist doppelt so groß wie der Müggelsee. Wenn wir nicht beide schon Flieger wären, hier würden wir die Sehnsucht bekommen, über den Steilhang des grünen Kraterrandes hinwegzugleiten und hinzuschweben über diesen Zoo, den Gott selbst sich angelegt hat.

57 199 Zebras zählten wir in der Serengeti-Steppe.
S. 52/53: Der König der Tiere muss einem noch Stärkeren weichen (oben).
Wie viele Gnus sind auf diesem Bild? Es sind über ein halbes Tausend (unten).

Wir übernachten bei Gordon Harvey, einem der beiden Game Wardens des Nationalparks. Game Warden heißt so viel wie Wildhüter, Wildschutzbeamter.
Der Garten seines Hauses ist überwuchert von roten, blauen und goldenen Blumen, an denen glitzernde Honigvögel saugen und Chamäleons grellgrün leuchten. Das Haus der Harveys liegt in einer Lichtung des Nebelwaldes. Die Wände des Wohnzimmers haben hier und da feuchte Flecke; sie sind unvermeidbar, aber Frau Harvey hat diesen Flecken Augen, lachende Wangen, Locken und Glieder mit leichten Strichen lustig angezaubert. So sind Posaunenengel daraus geworden, die mit vollen Backen pusten, und Zebras, die in Wolken galoppieren.
Wie wir uns zu Tisch setzen, bringt Harveys schwarzer Koch noch Essig und Öl dazu und sagt erklärend: »Die Deutschen wollen das zum Salat haben.« Er hat vor fünfundzwanzig Jahren bei einem deutschen Farmer gearbeitet und zeigt uns stolz ein vergilbtes und abgegriffenes Zeugnis.
Nach Tisch treten wir noch einmal vor die Tür. Drüben am Waldrand stehen zwei Kaffernbüffelstiere. Sie käuen wieder und sehen uns an.
Gegen Abend lodert das Holz in den Kaminen, auch bei uns im Schlafzimmer. Wir sind hier 2700 Meter hoch, fast so hoch wie auf dem Gipfel der Zugspitze.
Am nächsten Morgen arbeitet sich unser zebragestreifter Wagen stundenlang oben am Kraterrand auf einer Piste entlang, die gewöhnliche Personenautos gar nicht befahren können. Wir müssen zu drei Vierteln um den Krater herum, der immerhin einen Durchmesser von zweiundzwanzig Kilome-

Die Grant-Gazelle ist die größere von den beiden Gazllenarten, die in der Serengeti weit verbreitet sind. Sie ist benannt nach dem englischen Naturforscher James Augustus Grant, der in dieser Gegend reiste und von 1860 bis 1864 die Nilquellen erforschte.

tern, an der schmälsten Stelle von siebzehn Kilometern hat. Erst drüben auf der anderen Seite sind die Steilwände etwas schräger, so dass man sich in vielen Kurven hinunterwinden kann. Man braucht also zweieinhalb Stunden, um sechshundert Meter tiefer wieder fast an die gleiche Stelle zu kommen, dicht unterhalb des Lagers.

Endlich ist die Ebene des Kraterbodens erreicht. Riesenscharen von Gnus weichen ohne Hast in vierzig, fünfzig Meter Abstand vor dem Wagen auseinander, so dass wir hindurchfahren können. Zebras galoppieren neben dem Wagen her und müssen unbedingt noch davor im gestreckten Galopp auf die andere Seite überwechseln. Es wirkt, als ob sie sportlichen Ehrgeiz hätten.

Drüben hinter einer Senke steht eine Nashornkuh mit einem Kind. Wir fahren vorsichtig bis auf vierzig Meter an sie heran. Die beiden stehen gemächlich auf. Michael hält. Sie laufen weder weg, noch greifen sie an, denn hier im Ngorongoro-Krater darf schon seit Jahrzehnten nicht mehr geschossen werden.

Ich kenne mich im Umgang mit Nashörnern ganz gut aus. Im Frankfurter Zoo konnten wir diese »schwarzen« afrikanischen Spitzmaulnashörner zum ersten Mal in Europa züchten. Unsere Nashornkuh »Katharina die Große« lässt sich melken, und wir dürfen in ihrer Gegenwart mit ihrem Kind spielen. Sie ist ungefähr so zahm wie eine Hauskuh; der Bulle allerdings ist ein wenig angriffslustiger. Würden Sie es jedoch wagen, an einen Hausrindbullen allein auf weiter Wiese heranzugehen?

Auch von der zahmen Katharina wäre ich unlängst einmal beinahe aufgespießt worden, weil ich eine Grundregel nicht beachtete, die jeder Bauer und jeder Kutscher im Umgang mit Tieren als ganz selbstverständlich beherzigen.

Gehe ich durch den Zoo, dann pflege ich öfters zwischen den weiten schweren Eisenstangen hindurch in Katharinas Stall

einzutreten. Liegt sie dösend da, dann streichle ich ihre faltigen geschlossenen Augen. Sie hat das gern.
Eines Morgens komme ich also wieder zu ihr in den Stall. Ich gehe um die ruhende Katharina herum, denke aber nicht daran, dass ich heute Schuhe mit Kreppgummisohlen anhabe. Wie ich hinter dem Nashorn in der Ecke des Stalles stehe, spreche ich es an – und im nächsten Augenblick springt Katharina mit allen vieren gleichzeitig in die Luft, wirft sich herum, schnaubt und stößt mit ihrem Horn auf meinen Leib zu. Ich rufe sie an. Sie erkennt mich an der Stimme und hält genau eine Handbreit vor mir inne. Dann ist sie gleich freundlich und lässt mit sich reden. Das war mir eine Lehre. Nashörner haben einen sehr tiefen Schlaf. Die schwarzen Massaibuben in der Serengeti machen sich einen Spaß daraus. Sie schleichen sich an ein schlafendes Nashorn heran und legen ihm einen Stein auf den Rücken. Der Nächste muss dann wieder hin, um den Stein herunterzunehmen; das geht so fort, bis das Nashorn endlich aufwacht. Natürlich ist es kein ungefährliches Spiel, aber es passt so richtig zu den Massai.
Ich will wissen, wie sich hier eine frei lebende Nashornkuh bei Annäherung eines Menschen benimmt. Deswegen steige ich aus und gehe auf die Mutter mit dem Kind zu. Wird sie angreifen? Michael beobachtet durch das Teleobjektiv der Kamera, das wir gern als Feldstecher benutzen. Die vier trichterförmigen Ohren drehen sich mir zu, das Kind geht hinter der Mutter in Deckung. Es ist, geschätzt nach der Größe unserer Zoo-Nashornkinder, etwa ein Jahr alt.
Noch ein Meter, ich möchte mich nicht ängstlich zeigen. Meine Schritte werden ungewollt immer kleiner. Dann ein Schnauben, und die Nashornkuh stürmt auf mich zu. Nur einen Augenblick später bricht Michael in Lachen aus. Grund: er sah nur auf der Mattscheibe das grausig vorstürmende Nashorn und hörte fast gleichzeitig schon die eiserne Wagentür hinter mir mit einem Knall zuschlagen. Ich müsste mit meinen

langen Beinen fast geflogen sein, meint er. Dabei war ich sogar noch in einem Bogen um den Kühler herumgelaufen.
Übrigens hatte die Nashornkuh ein paar Meter vor dem Wagen gestoppt. Sie war wohl befriedigt, dass ich verschwunden war, und trottete dann zu ihrem Kind zurück. Hätte sie wirklich angegriffen, so hätte das einem Geländewagen, in dem bequem zehn Leute sitzen können, auch nicht viel ausgemacht. Nashörner rennen nämlich nicht mit der vollen Wucht ihrer dreißig Zentner gegen das Auto, sondern stoppen kurz vorher und stoßen dann mit dem Horn zu. Dabei entsteht meistens nur eine Beule im Blech. Ich habe schon Leute gesehen, die von Kaffernbüffeln tödlich verwundet wurden, habe aber eigentlich während unserer Reisen noch nie gehört, dass jemand von einem Nashorn umgebracht worden wäre. Natürlich kann das trotzdem schon einmal vorkommen.
Vielleicht hält man mich für zu voreingenommen gegenüber wilden Tieren. Deswegen möchte ich einen Fachmann anführen, den deutschen Forschungsreisenden Oscar Baumann. Er war siebzig Jahre vor uns hier, im Jahre 1891, hat in der Nähe des Victoriasees den Manjara- und Ejassisee entdeckt und ist wohl als einer der ersten Europäer in unseren Riesenzoo herabgestiegen.
Damals reiste man noch anders. Baumann fragte in Aruscha einen Massai nach dem Weg zum Victoriasee; als sich herausstellte, dass der Mann ihn kannte, ließ ihn Baumann gleich mit einer Eisenkette um den Hals fesseln und durch einen bewaffneten Askari bewachen. Und so beschrieb Baumann seine Erlebnisse hier im Krater:
»Wir hielten einen Rasttag in Ngorongoro, den ich zur Besichtigung einiger Massai-Kraals benutzte. Ich fand dort die freundlichste Aufnahme. Um den Dornzaun unseres Lagers sammelten sich inzwischen Scharen jener Jammergestalten, die jetzt für das Massai-Land bezeichnend sind. Da waren zu Skeletten abgemagerte Weiber, aus deren hohlen Augen der Wahnsinn des Hun-

gers blickte, Kinder, die mehr Nacktfröschen als Menschen glichen, Krieger, die kaum auf allen Vieren kriechen konnten, und stumpfsinnige, verschmachtende Greise. Diese Leute verzehrten alles; gefallene Esel waren für sie ein Schmaus, aber auch Knochen, Häute, ja selbst Hörner des Schlachtviehs verschmähten sie nicht. Ich ließ den Unglücklichen nach Kräften Nahrung geben, und die gutmütigen Träger teilten ihre Rationen mit ihnen; aber ihr Appetit war unersättlich und immer neue Hungrige kamen herbeigewankt. Sie waren Flüchtlinge aus der Serengeti, wo die Hungersnot ganze Distrikte entvölkert hatte, und kamen als Bettler zu ihren Landsleuten, die selbst kaum genug zu essen hatten. Schwärme kreischender Geier folgten ihnen nach, ihrer sicheren Opfer harrend. Täglich bot sich uns von nun an der Anblick dieses Elends, zu dessen Linderung wir doch kaum etwas tun konnten. Eltern boten uns ihre Kinder zum Verkauf gegen ein Stückchen Fleisch an und wussten dieselben, als wir solchen Handel ablehnten, geschickt beim Lager zu verstecken und sich aus dem Staube zu machen. Bald wimmelte die Karawane von solchen kleinen Massai, und es war rührend zu beobachten, wie die Träger sich dieser armen Würmer annahmen. Kräftigere Weiber und Männer verwendete ich als Viehhirten und errettete dadurch eine ganze Anzahl vom Hungertode.

Am 21. März zogen wir im Ngorongorokessel weiter. In einem schönen Akazienwald unweit des Sees lagerten wir. Die Ebene vor uns beherbergte wieder zahlreiche Rhinozerosse, deren ich eines erlegte. Auch andere meiner Leute haben im Laufe der Expedition mehrfach Nashorne erlegt, da die Jagd dieser Tiere keineswegs so besonders schwierig und gefährlich ist, als es nach den Berichten der Berufsnimrode erscheinen könnte. Vor Allem ist das Nashorn nicht sehr scheu und wenn der Wind nur halbwegs günstig ist, so kann man sich ohne weiteres bis auf 30 Schritte nahen, ohne dass es sich stören lässt. Um auf 30 Schritte ein Rhinozeros zu treffen, braucht man gerade kein hervorragender Schütze zu sein, und wenn die Kugel in den Oberleib oder (mit dem kleinkalibrigen Gewehr) in den Kopf einschlägt, so fällt das Thier meist ohne Weiteres. Verwundet man es an einer anderen Stelle, so läuft es entweder davon, und zwar so schnell, dass eine Verfolgung selten Erfolg hat, oder es greift den Jäger an. Dieser Moment wird von den Nimroden meist besonders grell ausgemalt. Ihre Begleiter laufen gewöhnlich davon und nur der Nimrod hält dem anstürmenden Koloss Stand. Das klingt sehr gefährlich, der »anstürmende Koloss« ist aber so gut wie blind, ein Schritt auf die Seite genügt und er rast vorbei, bleibt dann stehen und blickt sich verwundert nach dem Jäger um, der ihm dann in aller Ruhe von nächster Nähe eine zweite Kugel in den Leib jagen kann.

Kaum hatte ich mich in mein Zelt zurückgezogen, als ein Schuss krachte. Alles lief an die Einzäunung, das Magnesium-Licht, das für solche Zwecke stets bereit war, flammte auf und zwei splitternackte Massai-Krieger wurden gefangen genommen, die versucht hatten, in den Viehkraal einzudringen. Wir begannen nun wirklich an die Möglichkeit eines Überfalls zu denken, doch ereignete sich nichts ähnliches mehr, nur einige Hungergestalten näherten sich dem Lager, auf welche die Posten ohne sie zu erkennen in der Dunkelheit Feuer gaben. Am nächsten Morgen sah ich zu meinem tiefsten Bedauern zwei dieser Unglücklichen von Kugeln durchbohrt vor der Einzäunung liegen. Neben ihnen stand ein langer hagerer Greis mit wirrem, weißen Haar, der uns wütende Flüche zurief. »Ihr schwelgt in Milch und Fleisch«, sagte er, »und schießt auf uns, die wir vor Hunger sterben. Seid verflucht!« Ich ließ dem Armen ein Stück Fleisch geben, das er mit tierischer Gier roh verschlang, um dann in seinen wilden Ausbrüchen fortzufahren. Die Karawane hatte sich schon entfernt, und immer noch tönte das Geschrei des Unglücklichen hinter uns her.«

Eine solche Hungersnot hat sich nur noch in Kriegszeiten ereignet, seitdem die Europäer, also zuerst die Deutschen und jetzt die Engländer, Tanganjika verwalten. Wir aber finden alles im Krater so, wie es vor siebzig Jahren war – den schönen Akazienwald mit Elefanten unweit des Sees, die Nashörner, die Krals der Massai, die glasperlenbehangenen Mädchen und die Geier.

Oscar Baumann brauchte volle dreiundzwanzig Tage, um durch die Serengeti bis an den Victoriasee zu ziehen. Er marschierte im ganzen 4000 Kilometer, von den 195 Eingeborenen, mit denen er aufbrach, kamen 40 während des Marsches um.

Die Ebenen und die Tierherden im Ngorongoro-Krater sind geblieben, aber Menschenwerk ist entstanden und wieder vergangen.

Eine Zebrastute mit einem niedlichen Fohlchen, das noch die vorgewölbte Kinderstirn hat, geht von uns weg, steigt durch einen Bach und dann einen grünen Hügel auf der anderen Seite bergan. Oben stehen Felsen, nein, es sind die Ruinen zweier Häuser. Hier wohnte der deutsche Siedler Adolf Siedentopf; sein unverheirateter Bruder Friedrich Wilhelm Siedentopf hatte sein Haus hinter dem Wald am anderen Ende des Kraters.

Sie hielten um 1908 etwa zwölfhundert Rinder, zogen Strauße groß und versuchten Zebras zu zähmen. Ich habe mich bemüht, über die beiden noch etwas ausfindig zu machen. Der frühere deutsche Bezirksmann von Aruscha, der noch lebt, schrieb, die beiden Siedentopfs und ihr Freund Hartung seien die drei schwierigsten Ansiedler in Deutsch-Ostafrika gewesen. Hartung wurde zur Zahlung von 200 Rupien verurteilt, weil er eingeborenen Arbeitern vor die Füße geschossen hatte, wenn sie weglaufen wollten. Er wurde im Krieg von den Massai im Ngorongoro-Krater ermordet, »leider mit ihm auch neunzehn Wambuluarbeiter«.

Die Brüder Siedentopf wurden von den Briten 1914 interniert und bekamen ihre Farm nicht wieder. Adolf war nach dem Ersten Weltkrieg in den USA Apotheker und soll sich dort aus

Schwermut vergiftet haben, Friedrich Wilhelm kam nach einem Unfall um, als er mit dem Flieger Udet in der Serengeti Löwen jagte. Schon die deutsche Regierung hatte den Kauf der Siedentopf-Farmen 1914 fast abgeschlossen, um im Krater ein Wildreservat einzurichten. Ein Engländer, der sie nach dem Krieg übernahm, konnte sich nicht halten, und so verfielen sie – gottlob.

Ein tüchtiger Mann namens Rothe, der Verwalter bei den Siedentopfs war, hat 1913 die Reste einer uralten Siedlung und eines Friedhofs aus der Jungsteinzeit am Nordende des Kraters entdeckt. Diese Siedler, die einige Jahrhunderte vor Christus gelebt haben, weideten bereits als Hirten ihr Vieh wie heute die Massai. Rothe hieß eigentlich anders, er war 1905 bei der ersten finnischen Revolution kurze Zeit Minister gewesen, dann von den Russen in Kronburg interniert worden, hatte seine Wache über den Haufen geschossen und war mit einem schwedischen Pass geflohen. In Ägypten stellte ihm die russische Geheimpolizei nach, und so kam er als Tierpfleger mit Maultieren nach Deutsch-Ostafrika. Immer wieder suchten die Russen auf Umwegen nach ihm, mal durch die Heilsarmee, mal durch Jagdgäste.

An der Mauerecke des alten Siedentopf-Hauses aber schubbern sich zwei Zebras. Ein wohlgenährter Hengst drückt sein feistes Hinterteil gegen die Kante und scheuert sich die Schwanzwurzel. Dann drängt ihn eine Stute beiseite und reibt sich fast wollüstig den gestreiften Hals an den Steinen.

Unser Zebrawagen schlingert wieder zurück auf den Kraterrand. Wir suchen nach einem Landeplatz für das Flugzeug und finden ihn im Malanja-Krater, einer fünf Kilometer breiten Mulde oberhalb des Ngorongoro-Kraters. Kongonis, hellfarbi-

Zebras erschrecken vor dem »Fliegenden Zebra« (oben).
Der Stoß eines Nashorns gegen ein Auto ist aus bestimmten Gründen nicht weiter gefährlich (unten).

D-EN

ge Kuhantilopen, machen uns Platz, als wir mit dem Wagen umherfahren, um hundertfünfzig Meter ohne Hyänenlöcher, Felsbrocken und Bodenschwellen zu finden. Ein paar schwarze Wildläufer machen sich daran, Steinhäufchen auszulegen und sie weiß zu kalken.

Von den beiden Game Wardens des Parks und ihren Gehilfen will noch keiner mit uns fliegen. Sie hausen in Luftlinie hundertdreißig Kilometer voneinander entfernt, und noch viel weiter von dem Direktor des Parks in der Stadt Aruscha. Jeden Tag um halb sieben, halb zehn und halb zwei Uhr stehen sie durch drahtlose kleine Sender miteinander in Verbindung. Man sagt, was man zu sagen hat, meldet hinter jedem Satz »stop«, drückt auf einen Knopf, und dann kann der andere seinen Satz reden. Dabei merkt man erst, wie umständlich die Unterhaltung wird, wenn nicht zwei zugleich durcheinander sprechen können. Mitunter kreischt es furchtbar, und manchmal kann man überhaupt nichts verstehen und muss auf den nächsten »blow« ein paar Stunden später warten.

Wenn die Männer ihren Dienstkram durchgegeben haben, unterhalten sich die Ehefrauen noch ein bisschen. Hat man nur Löwen, Störche und Gazellen um sich, nimmt man gern die Gelegenheit wahr, einen kleinen Schwatz zu machen.

Als die Eheliebsten hörten, dass wir beide erst in diesem Jahr fliegen gelernt haben, hielten sie Kriegsrat ab und verkündeten dem Direktor des Parks als gemeinsamen weiblichen Beschluss, die Männer dürften erst dann in das Zebra-Flugzeug einsteigen, wenn jeder mit 10 000 £, also 110 000 DM, versichert sei. Sie bestanden auf dieser Bedingung; also musste der Direktor nach London telegrafieren, um unsere Fluggast-Versicherung zu erhöhen. Michael und ich fliegen zunächst noch allein.

Nashörner werden ohne Nasenhörner geboren, die Nasenwaffe wächst den Jungtieren erst viel später (oben). Massai begrüßen sich durch das Auflegen der Hand auf das Haupt (unten).

Das ist auch besser so. Wir melden uns im Verkehrsflughafen von Aruscha ab. Jetzt brauchen wir keinen Flugplan mehr zu machen, denn wir fliegen in die Wildnis und landen auf unseren eigenen kleinen Flughäfen. Macht man einen Flugplan und kommt dann zu der angegebenen Zeit nicht auf demjenigen Flughafen an, den man als Ziel angegeben hat, so wird bald darauf eine Suchaktion gestartet. Nach uns wird nun niemand suchen. Wir sind ganz auf uns allein gestellt.
Der Motor dröhnt sein dunkles Glockenlied. Die gestreiften Flügel greifen in die Luft und heben uns empor. An den Ständern unter uns rollen die Gummiräder noch eine Weile leer über der abwärts entschwebenden Steppe. Dann stehen sie still. Drehe ich mich um, sehe ich durch den gläsernen Oberrumpf unseres Flugzeugs über den Wolken die weißen Gletscher des Kilimandscharo. Das Hochland der Riesenkrater, auf das wir zueilen, ist nach ihm der massigste Gebirgsblock in Tanganjika.
Irgendwann vor Jahrmillionen krachte und brach die Erdkruste auseinander. Von Norden nach Süden furchte sich längs durch Afrika ein tiefer Bruch ein, der Große Graben. Er fängt im Jordantal an, in ihm hat sich das Tote Meer angesammelt, und auch das Rote Meer hat ihn mit Wasser aufgefüllt. Dann geht er durch Abessinien und tief hinunter nach Ostafrika. Hier hat sich der schwüle blaue Natronsee mit seinen roten Salzkrusten, der schon zu unserem privaten Königreich gehört, in ihn eingebettet und weiter – da liegt er schräg unter uns – der Manjarasee, den Baumann entdeckte.
Michael schwenkt die Klappen aus, denn vor uns türmen sich die Riesenkrater. Unser »Zebra« verlangsamt den Flug und steigt. Lange dürfen wir das in dieser dünnen Höhenluft nicht tun, weil sonst zu wenig Kühlluft den Motor umstreicht und er sich überhitzt.
Zwischen dem Natron- und Manjarasee müssen wohl die Risse in der Erdkruste tiefer gegangen, der Druck da unten unerträg-

lich geworden sein. Die glühende Lava quoll stöhnend empor und sprudelte zähflüssig zu Vulkanriesen auf. Feuerberg erstand neben Feuerberg, ihre Füße verwuchsen und schmolzen zusammen. So türmte sich unter dem Äquator eine Trutzfestung von Feuerschlünden, hundert Kilometer lang und sechzig Kilometer breit; Riesen, die fast 4000 Meter in den Himmel ragen, so hoch wie der Großglockner.

In Italien bestaunen Touristen auf den weltberühmten Phlegräischen Feldern bei Neapel Krater an Krater. Es sind Hügel von 200 bis 400 Meter Höhe, und ihre Krater haben einige hundert Meter Durchmesser. Hier bei uns sind die Berge 3000 bis 4000 Meter hoch, die Krater sind einige Kilometer, ja bis zwanzig Kilometer breit. Alles ist ins Zehnfache vergrößert.

Die Füße dieser Riesen sind kahl, und je höher sie steigen, um so dichter bewächst sie der Wald. An ihren Häuptern hängen die Wolken, grollt der Donner und zucken die Blitze. Die Kraterberge fangen die Ostwinde vom Indischen Ozean ab, was hinter ihnen nach Westen liegt, ist trocken und kahl.

Im Inneren der Krater ruhen waldumstandene Seen, die wir nur vom Flugzeug aus sehen können, rosige Flamingoscharen umschwärmen sie.

Der Brei aus dem Erdinnern muss noch weichteigig gewesen sein, denn die Lava floss rasch auseinander, die Kuppen wurden rund und flach. Als sie erstarrten, sank unter ihnen die noch flüssige Lava in das Erdinnere zurück, die obersten Krusten brachen kreisrund ein. So entstanden die riesigen Krater – nicht durch Explosion. Denn die Hänge der Berge bestehen ganz aus Lava, es liegt nicht wie sonst bei Vulkanen Tuff und Asche von Ausbrüchen darauf. Noch heute kann man in ähnlichen Vulkanen auf Hawaii sehen, wie sich der Lavaspiegel hebt und senkt.

Es ist nicht sehr alt, dieses Hochland von 2200 bis 2600 Metern, zu welchem die Vulkane zusammengeflossen sind. Aber immerhin muss es sich schon vor der letzten Eiszeit, die hier am Äquator als Regenzeitalter verlief, aufgetürmt haben. Denn unser See im Ngorongoro-Krater, der heute nur bis eineinhalb Meter tief ist, hatte seinen Wasserspiegel früher fünfzehn oder fünfundzwanzig Meter höher und füllte ein Drittel des Kraterbodens aus.

Wir fliegen waagerecht über den Urwald des Hochlandes neben dem Krater. Baumwipfel an Baumwipfel verweben sich zu einem grünen Pelz. Auf einmal stürzt der Boden unter uns siebenhundert Meter tief weg, und es ist, als täte sich jählings ein gähnender Abgrund unter unseren Füßen auf. Aber wir schweben ja sicher in der Luft. Dann drücken wir den Knüppel nach vorn und gleiten in den Riesenkessel hinein. Wir bleiben auf etwa hundertfünfzig Meter Höhe, also nahe dem Grunde dieses gewaltigen Suppentopfs, und fliegen hin und her, immer von einer Kraterwand zur gegenüberliegenden. So teilen wir das Gebiet in übersichtliche Streifen auf.

Das Dröhnen unserer »Ente« jagt eine Gnuherde in die Flucht. Michael brüllt mir etwas zu. Ich kann es nicht verstehen. Unser Flugzeug ist innen roh, man sieht sämtliche metallenen Eingeweide. Wir haben es nicht auspolstern lassen wie ein Auto oder wie andere, vornehmere Maschinen; da der Innenraum fast immer mit Kisten und Kästen vollgeladen ist, würde die Polsterung doch bald schlimm aussehen. Wir werden das nachholen, wenn wir mit unserer »Ente« wieder sicher in Europa sind und sie nur noch zum Spazierenfliegen brauchen. Dann kleiden wir sie innen bequem aus wie ein großes Auto. Jetzt allerdings ist der Krach des Motors und des Propellers nicht abgedämpft, man versteht sein eigenes Wort nicht. Abends im Bett summt er weiter in den Ohren; ich glaube, wir werden uns zu Hause in Europa Schwerhörigenapparate kaufen müssen, wenn wir das Wochen und Monate so betreiben. So setzen wir uns beide die Kopfhörer auf und sprechen über die Kehlkopfmikrofone.

Michael fragt: »Was meinst du, wieviel Gnus das da sind, diese Herde rechts, Vati?«
Ich blicke hinunter. So senkrecht von oben gesehen ähneln die schwarzgrauen Gnus Ameisen, und wie ein aufgescheuchtes Volk Ameisen rennen sie auch durcheinander. Unmöglich, sie zu zählen! Ich zucke die Achseln, Michael auch. Er rümpft missmutig die Nase. Wir haben uns das ganz anders und viel leichter vorgestellt.
Aber dann stoße ich ihn an: Flieg noch mal drüber! Ich bemerke eine kleine abgesprengte Gruppe, ich zähle sie einzeln durch, es sind zehn Stück. Ein Ende weiter rennt eine zweite Gruppe, die auf den ersten Blick ebenso groß aussieht – also wieder zehn. Ich übe mich, mit einem Blick immer gleich dreißig zu erfassen, und lerne es, sie allmählich nicht einzeln, sondern dutzendweise oder in Gruppen zu fünfzig zu zählen. Das können dann natürlich einmal drei oder fünf mehr oder weniger sein, aber langsam bekommen wir Übung.
Noch einmal fliegen wir seitwärts an dieser Herde vorbei. Jeder zählt und schätzt still für sich. Michael kommt auf 780, ich auf 820. Aber wir müssen mal wieder die Klappen einziehen und schneller fliegen, sonst steigt die Öltemperatur im Motor zu stark an.
Wir nehmen uns Zeit und zählen dieselben Herden mehrmals hintereinander, aber jeder allein. Wir notieren die Zahlen und vergleichen. Es behindert uns, dass wir nur zu zweit sind, denn wir müssen aufpassen, dass wir vor lauter Zählen nicht gegen die Kraterwände fliegen; auch müssen wir die richtige Höhe einhalten, um die Tiere nicht durcheinander zu jagen, und wir müssen uns Punkte an den Kraterabhängen merken, damit wir nicht dieselben Stellen zweimal überfliegen und die Tiere doppelt zählen.
Wir teilen die zweihundertfünfzig Quadratkilometer Kraterbodenfläche schön parallel in Streifen auf. Dabei zählen wir keine 10 000 Gnus, wie die Wildhüter geschätzt hatten, son-

dern lediglich 5360, dazu 117 Elenantilopen, 1170 Gazellen, 19 Nashörner, 46 Elefanten, 24 Hyänen – die meisten mögen wohl versteckt in ihren Löchern sitzen – und 60 Paviane.

Wir werden das alles noch einmal zu vieren wiederholen, sobald die Game Wardens versichert sind. Wenn immer zwei Mann auf derselben Seite zählen, müsste das Ergebnis noch zuverlässiger sein.

Müde, halb taub und ein wenig benommen von den vielen Kurven an den Kraterwänden schrauben wir uns aus dem Riesenkessel in die Höhe und gleiten über den Kraterrand. Wir finden in Malanja den weiß markierten Landestreifen und gleiten auf das grüne Gras hinunter. Der Landestreifen ist zu kurz, wir haben die dünne Zugspitz-Luft hier oben nicht genügend berücksichtigt. Aber wir schaffen es.

Als die Maschine ausgerollt ist, stellt Michael den Motor ab, wir klappen unsere Türen empor, steigen aus und lassen uns gleich flach auf den Rücken ins Gras fallen. Wir sind fertig. Um uns stehen neugierige Massai mit langen Spießen, unterhalten sich aufgeregt und spucken auf die Erde. Michael und ich machen die Augen zu. Allmählich schwindet das Gefühl, als schwanke der Boden unter uns. Die Sonne scheint uns ins Gesicht und auf den bloßen Oberkörper.

Wir sind glücklich. Es wird noch Schwierigkeiten geben, wir müssen vieles besser machen. Aber es geht. Wir können die große Volkszählung auf diese Weise vornehmen.

Das viereckige Stacheldrahtverhau, in das die Maschine hineinrollen soll, damit die Gummiräder vor den Zähnen der Hyänen geschützt sind, ist noch nicht fertig. Michael wagt nicht, unser »Geflügeltes Zebra« über Nacht zwischen Hyänen und Löwen allein zu lassen, sie könnten uns die Pneus zerbeißen. Wir bohren Metallspiralen tief in die Erde und binden Flügel, Räder und Schwanz unserer »Ente« daran fest, wir blockieren die Räder mit Steinen und ziehen die Bremsen an, damit nicht ein Gebirgsgewitter sie wegrollt.

Dann legt Michael sich hinein und knipst das Licht an. Zum Lesen hat er sich ausgerechnet »Die Schwarze Haut« von Ruark über den Mau-Mau-Aufstand im benachbarten Kenia mit all seinen grausamen Grässlichkeiten von Schwarz und Weiß mitgenommen. Es wird keine gemütliche Nacht für ihn sein, hier so allein im Hochland der Riesenkrater ...

Die Löwen der Serengeti

Unser Herrgott hat des Öfteren seine schönsten
und größten Gaben dem gemeinsten Tier gegeben.
Nur die Menschen suchen sie dort nicht.
Martin Luther

Natürlich, das muss Seronera sein. Ein halb vertrockneter Fluss, ein flaches Haus mit ein paar Eingeborenenhüttchen in der Nähe, ein locker mit Bäumen bestandener Hügel – und da ist ja auch schon der Landestreifen. Kein Rauch zu sehen, keine Fahne hängt da – von wo mag also der Wind kommen? Wenn wir Seitenwind oder Rückenwind haben, ist es nicht leicht, in die Schneise zwischen diesen schütteren Bäumen hineinzugleiten. Wir gehen möglichst tief über die letzten Baumwipfel, fahren alle Landeklappen aus und können doch am anderen Ende des Landestreifens nur gerade ein paar Meter vor den Bäumen halten. Das hätte leicht Bruch geben können.

Mit einer Riesenstaubwolke kommt schon ein Geländewagen hinter uns hergefahren. Myles Turner, Game Warden der westlichen Serengeti, steigt aus: »Großartig gelandet. Sie sind der Erste, der hier herunterkommt! Dabei ist der neue Landestreifen doch noch gar nicht fertig, er soll noch einmal so lang werden.«

Michael und ich sehen uns an.

Wir haben Seronera mit Banagi verwechselt. Aber immerhin, hier sind wir gleich an Ort und Stelle. Myles Turner hat nämlich unsere große Blechhütte, etwa einen Kilometer von seinem Haus entfernt, aus ein paar Dutzend nummerierten Aluminiumtafeln zusammengeschraubt.

»Weil das ein Platz ist, wo Sie mitten zwischen Löwen sitzen«, sagt er. Myles Turner liebt Löwen.

Dass er den richtigen Platz gewählt hat, merke ich schon in der ersten Nacht. Ich liege in Afrika oft wach, denn die Nächte dauern dort das ganze Jahr hindurch zwölf Stunden. Michael legt sich abends hin und schläft sofort wie ein Murmeltier. So höre ich ganz dicht bei unserer Hütte die Löwen brüllen. Das klingt sehr heimatlich, denn ich wohne ja in Frankfurt auch im Zoo, aber hier sind sie näher, und das Brüllen dröhnt viel mehr, weil die Wände aus dünnem Blech sind und die Fenster offen stehen. Mein Feldbett scheint von diesem Donnergrollen mitzuzittern. Michael im Bett neben mir rührt sich nicht, er schläft auf dem Bauch, so wie er das schon als kleiner Junge gemacht hat.

Ich muss lächeln. Noch vor drei Wochen bekam ich in Frankfurt ein schwer zu verstehendes Ferngespräch aus Addis Abeba: Ein Beamter in einem äthiopischen Ministerium wollte wissen, wie breit ein Graben sein muss, damit Löwen nicht hinüberspringen. Nun liege ich hier mitten zwischen Löwen, die bloß ein paar Meter entfernt herumlaufen, und unsere Hüttentür ist nur angelehnt.

Ich zupfe erst mein Moskitonetz auf einer Seite unter der Matratze hervor, lüfte dann das von Michael und stoße ihn an. Er brummt unwillig wie ein kleines Kind. Dann hört er die Löwen und ist hellwach. Er schaltet das Tonbandgerät ein, das wir zwischen unseren Betten betriebsfertig aufgestellt haben. Ein Löwe muss geradezu das Mikrofon anbrüllen, das wir an einem langen Kabel zwanzig Meter vor unserer Hütte aufgestellt haben.

Da gibt es auf einmal einen Knall, das Gerät fällt vom Klappstuhl herunter und wird unter meinem Bett hindurch zur Tür hingezerrt. Das Kabelwerk klemmt sich, und die Tür klappt zu, weil der spielende Löwe draußen an der Leitung zieht. Die ganze Blechhütte dröhnt davon. Wir springen aus den Betten und leuchten mit der großen Stablampe durch einen Spalt in der Tür. Ein großer Löwe steht draußen, der aber wohl jugendlich verspielt ist, denn er hat noch keine volle Mähne. Er sieht uns interessiert an. Im Hintergrund leuchten noch ein

paar Augen. Wir schließen achtungsvoll die Blechtür und stellen ein paar Stühle dagegen.
Wie am nächsten Morgen die Sonne rötlich hinter dem Banagi-Hügel hervorleuchtet, sehen wir, dass das Fotostativ, an dem das Mikrofon angebunden war, zerbissen ist. Der Löwe hat damit gespielt und das Kabel so durch die Tür gezerrt, dass sie nach außen halb aufgebogen ist. Wir heben sie aus den Angeln, legen sie auf die Erde und springen darauf, bis sie wieder grade wird. Neben der Tür hängt bei uns ein Gummi-Wassersack. Man kann an seinem unteren Zipfel einen Hahn aufdrehen, und unter dem Strahl wäscht man sich die Hände. Wir sind sehr stolz auf dieses »fließende Wasser«, das tagsüber sogar heiß ist. Nun, unser Besucher hat einmal mit der Pranke hineingehauen und große Risse hinterlassen. Wir müssen sie mit Gummilösung wieder zukleben.
Unser Mitarbeiter Richard, der nur für ein paar Wochen hier ist, geht unterdessen in das Häuschen, das vierzig Meter von der Hütte entfernt steht. Ahnungslos sitzt er in seinem Wellblech-Örtchen, da schlendern gemütlich fünf Löwinnen dahinter vorbei, eine nach der anderen, höchstens vier oder fünf Meter von ihm entfernt. Michael und ich brüllen aus Leibeskräften: »'rauskommen, 'rauskommen. Schnell, schnell!« – Wir machen so ein Geschrei, dass Richard wirklich halb bekleidet hervorstürzt. Ich kann ihn gerade noch so knipsen, mit der letzten der Löwinnen im Hintergrund. Die Raubtiere allerdings haben sich durch unser Gebrüll nicht stören lassen, sie haben kaum den Kopf gewandt.
Unsere Serengeti-Löwen sorgen in den nächsten Wochen immer wieder dafür, dass etwas Neues los ist. Eines Tages stoßen wir auf einen Leoparden, der eine Thomson-Gazelle erlegt und, wie das Leoparden gern tun, auf einen Baum getragen und in eine Astgabel geklemmt hat. Wenig später gerät ein Rudel von zehn Löwen unter diesen Baum, die sich für die Beute des Leoparden interessieren. Dem wird die Sache ungemütlich, er geht auf der

anderen Seite vom Baum herunter und macht sich davon. Daraufhin steigt ein großer männlicher Löwe die zehn Meter bis zu dem toten Tommy hinauf, aber so viel er auch zerrt und reißt, er kann das tote Tier nicht losbekommen. Leoparden verankern ihre Beute oft sehr fest. So reißt unser Löwe das Opfer in zwei Teile und zieht mit den beiden Hintervierteln ab.

Eines Nachts erwischt eine Löwin eines der Stachelschweine, die regelmäßig den Küchengarten des Wildpflegers Myles Turner heimsuchen. Viel ist da für Stachelschweine ohnedies nicht zu holen. Gemüsepflanzen und Blumen vertragen das scheußliche Wasser aus dem Banagi-Fluss nicht, und das gesammelte Regenwasser reicht nicht für Monate zum Gießen aus. Immerhin hat das alte Stachelschwein sein Leben teuer verkauft, wie wir am nächsten Morgen aus den Spuren des Kampfes sehen. Wer weiß, was die ausgehungerte Löwin für ihren Sieg hat zahlen müssen!

Ein Rudel von elf Löwen bringt einen alten Giraffenbullen gerade an der Piste um, noch in Sicht des Hauses von Banagi. Sie brauchen drei Tage, bis sie ihn aufgefressen haben.

Dem schwarzen Pfadfinder Regowert, der draußen in der Ebene im Zelt übernachtet, sehen nacheinander zwei Löwinnen durchs Moskitonetz gerade ins Gesicht.

Der afrikanische Koch des Wildhüters Poolman bereitet in der Küche des Lagers Seronera das Abendessen, da hört er eine Hyäne vor der Tür rumoren. Er klinkt auf, um einen Stein nach ihr zu werfen – und starrt genau in die Augen eines großen Löwen, der knapp drei Meter vor der Tür auf der Erde liegt. Schnell schlägt der Koch die Tür zu, schiebt einen Tisch dagegen und klettert unter dem Dach über die Trennwand in seinen Schlafraum. Im nächsten Augenblick springt der Löwe die Hyäne an, draußen jault es, faucht und poltert. Am Morgen liegt eine tote Hyäne vor der Tür, aber auch große Büschel aus der Mähne des Löwen, ein Zeichen, dass die »Fisi«, wie die Hyänen hier auf Suaheli heißen, ihr Leben wütend verteidigt hat. Richard steckt sich ein Büschel aus der Löwenmähne wie einen Gamsbart an seinen Hut.

Wenn man als Löwe auf die Welt kommt, sollte man sich als Geburtsort die Serengeti in der Gegend des Banagi-Hügels aussuchen. Hier gibt es stets Wild in Menge, und weil nicht genug Wasser für Menschen da ist, dafür aber Malariamücken und Tsetsefliegen in Massen, ist diese Gegend nie besiedelt worden. Auch bei den Leuten, die sich zu Hause gern als mutige Löwenjäger brüsten, wurde die Serengeti bald als das Löwenparadies der Erde berühmt.

Als Tanganjika nach dem Ersten Weltkrieg unter britische Verwaltung kam, fielen Schützen aus dem benachbarten Kenia in die Gegend von Banagi ein, weil die Serengeti dicht an der Grenze dieser alten britischen Kolonie liegt und man also keine langen Safaris zu machen brauchte. Niemand hatte Bedenken, die Löwen zusammenzuschießen, denn sie galten damals als schädliches Raubzeug. Manche Jäger kamen zurück und hatten auf einer einzigen Safari hundert Löwen geschossen. Sie konnten gar nicht die Häute mit zurückschleppen und so begnügten sie sich damit, nur die Schwänze als Trophäen abzuhacken.

1929 machte man endlich zweihundertfünfzig Quadratkilometer, von den offenen Serengeti-Ebenen an bis zum Victoriasee, zu einem Wildschutzgebiet, in dem überhaupt nicht mehr gejagt werden durfte. Damals wurde auch das kleine Haus in Banagi gebaut, und 1931 zog Monty Moore dort als Wildhüter ein. Seitdem sind bis auf den heutigen Tag die Zeiten für die Löwen immer rosiger geworden.

Monty hatte noch viel Kummer. Er fand bald heraus, dass man Löwen nicht wie zu Schillings' und Maxwells Zeiten bei Nacht mit Blitzlicht an einem Kadaver zu fotografieren braucht, sondern dass es ebenso gut bei Tage geht. So wurde es in den dreißiger Jahren große Mode, ein Zebra zu schießen, es an ein Auto zu binden und in die Nähe von Löwen zu schleifen. Sie kamen

dann hervor und zerrissen es, wobei man sie vom Auto aus von allen Seiten fotografieren konnte.
Zum Schluss waren die Löwen so an dieses Spiel gewöhnt, dass sie unter ihren Schattenbüschen am trockenen Flusslauf sofort hervortrotteten, wenn sie nur das Tuckern eines Motors hörten. Monty und seine Frau hatten viele Sorgen, weil ihre Lieblingslöwen, die alle Spitznamen bekamen, gern aus dem Schutzgebiet hinausgingen und in die Nachbarschaft gerieten, wo noch gejagt werden durfte. Sie lotsten ihre Lieblinge immer wieder mit Ködern zurück in die Sicherheit, mussten aber doch oft erleben, dass eine Jagdgesellschaft ankam und ihnen stolz das frisch abgezogene Fell eines Löwen – »Simon« oder »Graubart« – vor die Haustür warf, mit dem die beiden befreundet waren und den sie lange beschützt hatten. Obwohl die Tiere, nach dem Zustand der Schuhe der Besucher zu urteilen, bequem vom Auto aus geschossen waren, mussten die Monty sich zähneknirschend und dazu noch mit liebenswürdiger Gastgebermiene anhören, was für Strapazen und grausige Abenteuer die Jagdgäste mit diesen Untieren erlebt hatten. Heute ist die ganze Gegend Nationalpark, und vom Standpunkt der Löwen bleibt eigentlich kaum noch etwas zu wünschen übrig.
Einer meiner Mitarbeiter im Frankfurter Zoo, Herr Dr. Gerhard Haas, hat sich vor zwei Jahren die Mühe gemacht, Tage und Nächte im Raubtierhaus zu sitzen und zu notieren, wie lange unsere Löwen schlafen. Selbst wenn man weiß, dass sie recht bequeme Tiere sind, ist das Ergebnis doch überraschend. Die Löwen schliefen bei uns je nach Alter und Geschlecht zehn bis fünfzehn Stunden von den vierundzwanzig Stunden des Tages fest. Dazu dösten sie aber noch eine bis vier Stunden, lagen beobachtend, also richtig wach, nur eine bis fünf Stunden und waren lediglich eine bis höchstens sieben Stunden wirklich auf den Beinen.
Wer nur Löwen im Zoo kennt, wird annehmen, sie seien nur

deswegen so faul, weil sie das Futter vor die Nase gelegt bekommen. Hier in der Serengeti sehen wir: sie haben in der Freiheit genauso wenig Tätigkeitsdrang. Im Zoo geben sie sich zwanzig Minuten oder längstens eine gute Stunde am Tage mit dem Essen ab. Und hier draußen? Kaum mehr, denn das Fangen der Beute dauert bei Löwen nur Minuten, ja oft lediglich Sekunden. Ansteckende Krankheiten, wie sie unter den Gnus und den Giraffen vorkommen, scheint es bei den Löwen nicht zu geben.

So wäre das Löwenleben in der Serengeti ein Leben in Herrlichkeit, wenn Löwen nicht auch alt würden. Mit vierzehn oder fünfzehn Jahren sind sie Greise. Eines Tages trafen wir so einen alten Burschen allein auf weiter Flur. Er lag im Schatten eines Baumes. Die Lippen hingen ihm herab und zeigten die stumpfen gelben Zähne, jede Rippe war einzeln zu zählen. Die unteren Augenlider sackten herab, und wenn das Tier ein paar Schritte ging, sah man an dem gekrümmten Rücken und den steifen Beinen, dass es Schmerzen hatte. Solche Löwen werden über kurz oder lang von Hyänen oder Hyänenhunden zerrissen.

Myles Turner sah eines Tages, wie ein Rudel Hyänenhunde einen alten Löwen umtanzte, sie sprangen wie Hunde, die spielen wollen, sie machten Scheinangriffe, der Alte fauchte und schlug nach ihnen, und sie zogen sich wieder zurück.

Ich konnte nachts nicht schlafen, weil ich an den einsamen alten Löwen dachte, und ich war in Versuchung, ihm eine Gazelle zu schießen. Wie seltsam wir doch empfinden: um dem einen zu helfen, wollen wir den anderen umbringen. Ich habe den Verdacht, dass Myles Turner wirklich aus dem Nationalpark herausgefahren ist und auf freiem Jagdgelände Beute für den alten Herrn erlegt hat. Denn Myles liebt Löwen bedingungslos. Es scheint, nebenbei gesagt, den meisten Menschen ähnlich zu gehen. Wenn Besucher so einen alten kranken Löwen finden, fragen sie stets den Wildhüter, »was er damit mache«. Dabei gilt doch in einem Naturschutzgebiet der

Grundsatz, nie einzugreifen, sondern alles sich so entwickeln zu lassen, wie die Natur es will.

Kommt da neulich der zweite Wildhüter, Gordon Poolman, der in Seronera wohnt, von einer mehrtägigen Safari aus dem »Korridor« zurück. Korridor heißt bei uns, die wir zum Arbeitsstab der Serengeti gehören, der schmale Teil des Parks in der Nähe des Victoriasees. Gordon erzählt uns, dass er am Nachmittag vorher einen Löwen angetroffen habe, der gerade ein Gnu gefangen hatte und auf ihm lag. Der Wildhüter fuhr mit seinem Geländewagen heran, verjagte den Löwen und stieg dann aus, um sich von dem frisch getöteten Gnu einen Hinterschenkel abzuschneiden. Im Gehen drehte er sich um und rief seinem schwarzen Begleiter zu, er sollte ihm das Jagdmesser nachwerfen. Der aber rief erschreckt:

»Bwana, dreh dich um, dreh dich um!«

Tatsächlich war das »tote« Gnu aufgesprungen und hatte ihn beinahe mit seinen scharfen Hörnern erwischt. Gordon konnte es im letzten Augenblick an den Hörnern greifen, festhalten und sich selbst in den Wagen schieben. In der gleichen Sekunde machte sich das Tier los, denn kein einzelner Mann kann ein ausgewachsenes Gnu länger als ein paar Augenblicke an den Hörnern von sich abdrängen.

Am Morgen darauf treffe ich Conny, seine Frau, allein vor ihrem Häuschen in Seronera an. Ich erzähle ihr den ganzen Vorfall mit dem Löwen und dem Gnu so, als ob *ich* ihn erlebt hätte:

»Stell dir vor, ich finde einen Löwen, der gerade ein Gnu gerissen hat und der drauf liegt ...«, und so weiter.

Connys Augen werden rund, sie ist sprachlos vor Staunen und Verblüffung. Allmählich bricht aber die Entrüstung durch. Schließlich bringt sie heraus:

»Aber das ist doch alles meinem Mann passiert!«

»Ja, liebe Conny, solche Geschichten darf man eben keinem Mann erzählen, der Bücher über Afrika schreibt. Gedruckt steht dann meistens zu lesen, dass ihm alles selber höchstpersönlich passiert sei. Wer von weit her kommt, hat gut lügen.«

Es geschieht gar nicht so ganz selten, dass ein scheinbar totes Beutetier unverletzt davonläuft, sobald man den Löwen verjagt. Neulich musste eine von vier Löwinnen ein Zebrafohlen auf diese Weise fahren lassen, und das Tierchen lief laut schreiend davon – ein glückliches Zebrakind. Ein paar Wochen vorher passierte dasselbe vor Myles Turners Augen mit einer Thomson-Gazelle. Genau wie ein kleiner Löwe ganz regungslos wird und nicht zappelt, wenn die Mutter seinen Hals und Kopf zwischen ihre Zähne nimmt und ihn umherträgt, ebenso ist es wohl vielen Tieren, die von Löwen gejagt werden, angeboren, sich ganz instinktiv ruhig zu verhalten, wenn sie gepackt werden. Würden sie strampeln und sich wehren, dann bisse der Löwe sofort fester zu, tötete sie oder machte sie bewegungsunfähig. So aber haben sie doch noch eine kleine Hoffnung, zu entkommen.

Ich nehme sogar an, dass diese Tiere im Rachen des Löwen weder Schmerzen noch Schreck verspüren. Ja, ich möchte fast sagen, ich *weiß* es.

Wir Menschen sind zwar in den meisten Ländern seit Jahrtausenden kaum noch in Gefahr, von Raubtieren umgebracht zu werden. Trotzdem gehört diese Lähmung als Beute noch zu unserem Instinktverhalten wie das Saugen an der Mutterbrust oder das Augen-Zukneifen im grellen Licht.

Der große Afrikaforscher David Livingstone wurde einst von einem Löwen gepackt und weggeschleppt. Er berichtete später:

»Der Löwe knurrte mir scheußlich in die Ohren und schüttelte mich so, wie ein Terrier eine Ratte schüttelt. Der Schock erzeugte einen Stupor, ähnlich wie ihn eine Maus empfinden mag, die von einer Katze gefasst wurde. Er erzeugte eine Art Unempfindlichkeit, in der weder Schmerz noch Schreck gefühlt werden, obgleich ich noch völlig bei Bewusstsein war. Es

war wie bei einem Patienten unter leichter Einwirkung von Chloroform, der alle Handgriffe der Operation sieht, aber das Messer nicht mehr spürt. Dieser einzigartige Zustand war nicht die Folge eines geistigen Vorgangs, sondern der Schock wischte alles Furchtempfinden aus und schaltete jedes Entsetzen aus – selbst im unmittelbaren Anblick des Löwen.«

Die Gefährten Livingstones vertrieben im nächsten Augenblick den Löwen von seiner Beute.

In den ersten Jahrzehnten konnten die Wildhüter in Afrika nicht im Auto umherfahren: sie mussten noch reiten und ihre Lasten mit Ochsenwagen befördern. Damals musste man Hunde mitnehmen und jeden Abend ein hohes Verhau aus abgeschlagenen Dornensträuchern aufschichten, weil die Löwen hinter den Zugtieren her waren.

Jeder Wildhüter erinnert sich noch heute an die Geschichte, die in jenen Zeiten einem von ihnen, namens Wolhuter, passierte. Er wurde zehn Kilometer vor der Unterkunftshütte von der Dämmerung überrascht. In einem trockenen Flussbett sprang ein Löwe überraschend sein Pferd an, das sich beiseite warf und den Reiter einem zweiten Löwen gerade in den Rachen schleuderte. Der packte Wolhuter an der rechten Schulter und schleppte ihn davon.

Der Wildhüter war auch zunächst völlig gelähmt und empfand keine Schmerzen. Dann sagte er sich, es sei wirklich eine schmähliche Sache, als großer Jäger so umzukommen. Während sein Körper unter dem Bauch des Löwen auf der Erde mitgeschleift wurde, verfingen sich alle Augenblicke die Sporen und wurden schließlich abgerissen. Wolhuter entsann sich seines Jagdmessers, das ihm sonst immer beim Absteigen aus dem Gürtel fiel. Er tastete vorsichtig mit der Linken danach und war erstaunt, dass es diesmal stecken geblieben war. Als der Löwe ihn endlich ablegte – wie man nachher nachmaß, nach neunzig Metern –, stieß er ihm mit der Linken das Messer zweimal in die Brust.

Das Raubtier fauchte, wich zurück, und er brüllte ihm alle

Schimpfworte ins Gesicht, die ihm einfielen. Weil sein Hund, der die ganze Zeit kläffend gefolgt war, gleichzeitig das Tier von hinten bedrängte, zog der Löwe ab. Wolhuter kletterte trotz seines verletzten Arms auf den Baum und band sich fest. Der Löwe strich unten um den Baum herum. Ein paar Augenblicke später kamen die schwarzen Gefährten nach und vertrieben das Tier.

Es stellte sich heraus, dass Wolhuter den ersten Löwen – eine Löwin – mit seinem Messer erstochen hatte. Der zweite, der ursprünglich das Pferd angesprungen hatte, war ihm gefolgt. Der Wildhüter musste sich strauchelnd, von seinen schwarzen Gefährten gestützt, noch bis zur Unterkunftshütte schleppen. Dann trug man ihn zwei Tage auf einer Bahre bis zur nächsten Eisenbahnstation, und er fuhr im Waggon einen weiteren Tag, bis er endlich in die Pflege eines Arztes kam. Der Arm blieb halb steif. Wolhuter ist aber deswegen den Löwen nie böse gewesen.

Das Erlebnis dieses Wildhüters kam einem Reporter im fernen Johannesburg zu Ohren und ging daraufhin in großer Übertreibung durch alle Zeitungen der Welt. Als ein Londoner Blatt sogar behauptete, Wolhuter habe drei Löwen eigenhändig erwürgt, schrieb der Wildhüter der Zeitung, was er wirklich erlebt hatte, und bat um eine Berichtigung. Er bekam zur Antwort:

»Wir haben die Angelegenheit nachgeprüft. Unser Korrespondent in Johannesburg ist sehr zuverlässig, wir sehen daher keinen Anlass zur Berichtigung.«

Als Wolhuter nach ein paar Jahren einmal nach London kam, suchte er im Telefon nach dem Laden, aus dem sein Jagdmesser stammte. Er fuhr mit dem Omnibus hin, kaufte ein genau gleiches und warf dann beiläufig hin:

»Ja, es sind gute Messer, ich habe mit meinem eigenhändig einen Löwen erstochen!« Wenn er allerdings erwartet hatte, damit Erstaunen oder Bewunderung zu erregen, wurde er enttäuscht. Der junge Großstädter, der ihn bediente, meinte uninteressiert: »Das glaube ich, die Messer werden auch häufig benutzt, um Schafe abzustechen!«

»Am 9.10. nachmittags gegen vier Uhr habe ich drei halbwüchsige Löwen gesehen, von denen einer etwas Merkwürdiges im Maul trug. Als er es fallen ließ, sah ich, es war eine Schildkröte. Die drei hatten das untere Schild durchgebissen und das Tier schon halb ausgefressen«, sagt Myles Turner und sieht in sein Tagebuch. »Am 15. März habe ich einen großen Löwen getroffen, der gerade dabei war, eine Hyäne umzubringen. Als das Tier tot war, ging der Löwe weiter und pirschte sich an eine zweite heran, die gerade noch entkam. – Am 21. März behauptete ein Besucher, dass er vom Wagen aus auf dem Wege von der Oldoway-Schlucht bis nach Seronera fünfundsiebzig Löwen gesehen habe. – Am 22. Juni hat eine Löwin in Sicht des Hauses innerhalb einer Stunde vier einzelne Tommies angepirscht und nacheinander gefangen.«

Myles Turner lebt mit seiner jungen kleinen Frau Kay in dem alten, lehmgebauten Wildhüterhaus am Fuße des Banagi-Hügels. Myles hat manchmal seine Launen. Besonders an Tagen, wenn er einen Malaria-Anfall gerade durch Tabletten unterdrückt, möchte er am liebsten sich selbst und andere umbringen. Aber wo Not am Mann ist, da ist er da, ganz gleich wo und zu welcher Stunde. Er hat seit seinem fünfzehnten Lebensjahr die Angewohnheit, jeden Abend in ein Buch zu schreiben, was er an Tieren beobachtet hat. Deswegen kann man sich darauf verlassen, was er erzählt.

Probieren Sie einmal selbst, wie in einem Erlebnis, das Sie immer wieder gern erzählen, allmählich die Gefahr immer größer, der Abstand immer kleiner, die Geschwindigkeit immer stärker wird, ohne dass Sie selbst es gemerkt haben.

Manche Tierbeobachtung, von der ich hier berichte, stammt von Myles. Er ist heute achtunddreißig Jahre alt, aber er kam schon mit drei Jahren nach Kenia. Sein Vater hatte im Norden, in der Gegend von Rumuruti, eine Rinderfarm. Der kleine

Myles bekam schon mit neun Jahren ein Gewehr in die Hand gedrückt und schoss Zebras. Die gab es damals dort in ebenso großen Scharen wie jetzt hier in der Serengeti. Heute ist nicht eines mehr in jener Gegend zu finden. Die Farmer nämlich sahen die Zebras und die Gnus als Schädlinge an, die ihren Kühen das Futter wegweideten. Deswegen schoss auch der kleine Myles die Zebras, und zwar mit Kugeln – sie gingen quer durch so ein gestreiftes Pferd hindurch und fuhren dahinter noch in die Erde. Wenn man den Schwanz abschnitt und ablieferte, bekam man von der Regierung einen Schilling als Prämie.

In Nairobi, der Hauptstadt von Kenia, ging Myles zur Schule. Er arbeitete später als »white hunter« – als Berufsjäger also –, der Jagdtouristen auf Safaris begleitete – bis ihm das zu bunt wurde. Viele Wildhüter in afrikanischen Nationalparks sind früher wie er Berufsjäger gewesen und haben sich später besonnen, die Tiere lieber zu schützen, als sie zu jagen. Bei seiner Safarifirma lernte Myles Turner Kay kennen, die dort als Sekretärin war, und so hausen die beiden nun seit Jahren bei wenig Wasser und viel Staub zwischen Löwen, Mambas und Zebras.

Myles hat erst mit dreißig Jahren zum ersten Mal Europa besucht. Wie das ist, wenn man gerade »aus dem Busch« eine Großstadt wie London erlebt? So wie uns Löwen neben unserem Bett tief beeindrucken, so musste Myles umgekehrt erst einmal mit den vielen Menschen auf den Straßen fertig werden, mit den großen Schaufenstern, den hohen Häusern über den schmalen Straßen und den Theatern. Beim nächsten Europabesuch in drei Jahren wird er auch nach Frankfurt kommen.

Ich kann immer nur ein paar Wochen nach Afrika fliegen, denn in erster Linie bin ich ja Zoodirektor. Michael ist immer sehr viel länger hier. Aber es ist gut, auch in der Zwischenzeit den scharfen Beobachter Myles und die anderen guten Freunde

Um eine Giraffe so aufzunehmen, muss man sehr tief fliegen.

vom Park hier zu haben, die uns aufschreiben, wo sie ein markiertes Tier gesehen haben und was sonst passiert.
Die gewaltigen Elen-Antilopen bekommen wir in der Serengeti immer nur auf einen Abstand von fünfhundert bis sechshundert Metern zu sehen, dann setzen sie sich schon in Trab und laufen davon. Ich bin erst sehr viel später dahintergekommen, warum. Es liegt an der Religion der Massai. Löwen zu beobachten ist dagegen kinderleicht, nicht schwerer als im Zoo. Man kann bis auf dreißig Meter an sie heran, auf zwanzig Meter, auf fünf, ja, bis auf einen Meter. Nur muss man in einem Auto sitzen. Es ist geradezu aufregend und aufreizend.
Wir haben heute in unserem grell gestreiften »Zebra«-Geländewagen gar nichts mit Löwen vor, wir wollen Tommies schießen – mit Narkosemitteln. Aber auf einmal entdecken wir schräg vor uns zwei Löwen, an der anderen Seite zwei Löwinnen, hinter uns noch eine andere große Löwin, die wir zunächst im Vorbeifahren gar nicht gesehen haben. Sie steht langsam auf und sieht starr nach dem Gras am trocknen Flussbett. Dort weidet ein einzelner Tommybock. Die Löwin geht auf ihn zu. Im Augenblick, da er den Kopf hebt, erstarrt sie in der Bewegung; selbst die erhobene Pranke bleibt in der Luft stehen. Nimmt der Bock den Kopf herunter, geht sie weiter.
Die zwei Löwen vor uns pirschen sich an denselben Bock heran. Sie gehen dabei drei Meter entfernt an unserem Wagen vorbei, einer davon sogar nur einen Meter, so dass ich ihn mit der Hand aus dem Fenster berühren könnte. Ich mache »pst«, aber der Löwe wendet mir nicht einmal den Kopf zu, er spannt nur auf den Tommy.
So schleichen sich von drei Seiten Löwen auf den ahnungslosen Gazellenbock zu. Auf der vierten Seite kann es ein halb-

Dieses Kongoni, eine Kuhantilopenart, bringt es auf eine Geschwindigkeit von knapp 50 km/h – wie die meisten größeren Antilopenarten (oben). Nicht selten legten sich Löwen in den Schatten unseres Flugzeuges (unten).

wüchsiger männlicher Löwe, dem gerade die ersten Mähnenhaare strupplig um den Hals sprießen, nicht erwarten. Obwohl die Entfernung noch viel zu weit ist, springt er gierig auf und rennt auf die Beute zu. Natürlich läuft der Bock weg. Wenn ich jetzt ein alter Löwe wäre, würde ich dem Bengel ein paar um die Ohren hauen, aber mit den Krallen draußen. Doch die großen Löwen tun das nicht. Jeder legt sich gelassen nieder, gerade da, wo er steht.

Wir fahren einem nach und halten acht Meter hinter ihm. Es ist für Menschen schwer erträglich, von Tieren, und gar von Löwen, wie Luft behandelt zu werden. Also mache ich die Tür auf und steige aus. Schon steht der Löwe drohend auf, faucht, brummt und kommt ein paar Schritte auf mich zu. Natürlich bin ich sofort wieder im Wagen verschwunden.

Wird man von einem Löwen auf freiem Gelände angegriffen, dann muss man stehen bleiben und ihn ansehen. Meistens verliert er dann den Mut, hält auch an und geht schließlich weg. Läuft man dagegen davon, so spielt er bestimmt Katze und Maus und packt einen. In Afrika bin ich in diese Lage noch nie geraten, meine Erfahrungen stammen nur daher, dass ich einmal Versuche mit Raubkatzen als Tierlehrer in der Manege angestellt habe – vor über zwanzig Jahren*.

Welch ein Vergnügen, einem Löwenrudel zuzusehen, das im Schatten eines Baumes liegt. Wem gehören eigentlich diese acht Kinder? Drei von ihnen sind fast doppelt so groß wie die fünf anderen. Es können also keine Geschwister sein, sie müssen verschiedene Mütter haben. Aber jede der fünf ausgewachsenen Löwinnen ist freundlich zu den Kleinen, man merkt keinen Unterschied, und im Liegen ist nicht zu entdecken, welche Weibchen Milch im Gesäuge haben. Geht ein Kind an einer Löwin oder einem Löwen vorbei, dann leckt ihm eine rauhe Zunge zärtlich über das Gesicht oder den Rücken. Die Löwen-

* Vgl. Grzimek, »Unsere Brüder mit den Krallen«, Frankfurt 1943 und Gütersloh 1955.

kinder pirschen kunstgerecht die schwarze Schwanzquaste von einem der großen männlichen Löwen an, sie stürzen sich darauf, »fangen« sie und beißen hinein. Die spitzen Milchzähnchen tun sicher weh, aber der Löwe faucht nur, zieht ein ärgerliches Gesicht und tut den Quälgeistern doch nichts. Wenn sie an ihm vorbeigehen, streichen sie zärtlich mit den wolligen Köpfchen gegen sein Kinn, so wie das unsere Hauskatze an unserem Hosenbein tut. Einer der Onkels lässt sich sogar herbei, ein Kleines umzuwerfen und es mit der Pranke zu rollen. Löwenkindern ist anscheinend alles erlaubt. Sie dürfen sogar an einem Batzen Fleisch zerren, den der Pascha im Rachen hat. Und das will bei Löwen allerhand heißen.

Löwen sind Katzen, aber doch keine kleinen Hauskatzen. Sie können nicht schnurren, und sie »waschen« sich auch längst nicht so gründlich. Ein Löwe wäscht sich sein Gesicht fast nur nach dem Futtern, aber nur die Schnauzengegend, er greift sich dabei kaum jemals bis hinter die Ohren. Allenfalls werden anschließend noch Vorderpfoten und Brust beleckt, nicht wie bei unseren Katzen auch der Bauch und die Flanken. Ebenso vergraben Löwen ihren Kot und Harn niemals, sie wischen nur vorher ein paar Mal mit den Hinterpfoten nach hinten auf der Erde.

Gewiss prügeln sich Löwenmänner in der Brunft, dass ganze Büschel von gelben Mähnenhaaren auf dem Kampfplatz herumliegen. Gewiss gibt es Schmisse und Wunden. Aber ich habe nicht gehört, dass schon einmal einer tot auf dem Platze liegen geblieben wäre. Die gelben Riesenkatzen bringen wohl Zebras, Gnus und andere Antilopen um. Das geht schnell, durch Genickbiss oder Genickbruch, und das Opfer hat meistens weniger Angst als unsere Schweine und Kühe im Schlachthof. Dass aber ein Löwe den anderen, also den Artgenossen und Mitbruder, umbringt, ist nicht üblich. Wir Menschen haben immerhin im letzten Weltkrieg in Europa fünfzehn Millionen Mitmenschen getötet. Es wäre um uns Menschen besser bestellt, wenn wir die Umgangsformen von Löwen hätten.

Am 9. Mai und wieder am 15. und 16. Juni beobachtete Myles einen großen männlichen Löwen mit gebrochener Schulter. Wahrscheinlich hatte ein Giraffenbulle oder ein Kaffernbüffel ihm in der Abwehr die Schulter gebrochen. Dieser Löwe, der sich nur schwer fortbewegen konnte, war die ganze Zeit in Begleitung eines anderen ausgewachsenen Männchens. Da der verletzte Löwe gut ernährt blieb, musste der Kamerad wohl für ihn mitjagen.

Ein paar Tage später sahen wir eine kranke Löwin in einem Rudel von sechzehn anderen in der Nähe der verlassenen alten Goldmine Kilimafesa. Auch diese Löwin wurde offensichtlich von den anderen mit durchgehalten.

Am Nikolaustag hielt sich ein sehr magerer und schwacher alter Löwe mit drei halb erwachsenen Kindern an der Autopiste zwischen Banagi und Seronera auf. Zwei Tage später wurden die gleichen Löwenkinder von einem prächtigen jungen Männchen und einer Löwin betreut. Der kranke Löwenmann hatte anscheinend seine Familie verloren und war wohl umgekommen – die Kinder aber hatten Pflegeeltern gefunden.

Besucher, die eines Tages im Nationalpark aus dem Auto stiegen und mit Thermosflaschen und Esskörben ein Picknick abhielten, verließen für kurze Zeit ihren Lagerplatz, um sich an einem Wasserloch die Hände zu waschen. Als sie wieder zurückkamen, hatte eine Löwenfamilie neben ihren Tischtüchern und Tellern Platz genommen. Die Überreste des kalten Aufschnitts waren verschwunden, die Löwenkinder hatten die Koffer aufgerissen und spielten mit Fotoapparaten und Decken. Die Löwenfamilie ließ sich von diesem herrlichen Spielplatz keineswegs gutwillig vertreiben. So mussten die Besucher über zwei Stunden der Zerstörung ihrer Habe zusehen, bis die großen Katzen die Sache über hatten und freiwillig abzogen.

Nein, ich will trotzdem die Löwen gewiss nicht zu Engeln machen. Ich spreche ja auch nur von *unseren* Löwen in der Serengeti und um Banagi. Damit uns auch etwas gruselt, wie sich das bei Löwen gehört, wiederhole ich pflichtschuldig die Menschenfressergeschichten, die zu Afrikaberichten nun einmal seit alters her gehören.

Im Jahre 1898 blockierten zwei Menschenfresserlöwen in der Gegend des heutigen Tsavo-Nationalparks, gar nicht weit von hier, in Kenia, den Bau der Uganda-Bahn fast neun Monate lang, weil sie nacheinander achtundzwanzig Kulis auffraßen und schließlich den Inspektor der Eisenbahn selbst. Der war in einem Waggon, wo er mit dem Gewehr auf dem Schoß den beiden Verbrechern auflauern wollte, offensichtlich eingeschlafen.

In der Gegend von Ankole in Uganda sollen im Jahre 1955/56 Löwen fünfundvierzig Menschen umgebracht haben. Alles Wild, von dem sie bis dahin gelebt hatten, war nämlich von den Eingeborenen gewildert worden. Ein Herr Bradshaw berichtete vor wenigen Jahren, er habe eine Löwin geschossen, die gerade dabei war, Menschenfleisch wieder hervorzuwürgen, um ihre Kinder damit zu füttern. Sogar hier in der Nachbarschaft ist im vorigen Jahr ein Jagdgast von einem Löwen getötet worden. Er hatte ihn erschossen und wollte sich mit dem Fuß auf das tote Tier stellen, um sich mit dem Gewehr in der Hand fotografieren zu lassen. Der Löwe war aber noch nicht ganz tot und zerriss ihn. Der »white hunter«, der den Mann begleitet hatte, verlor daraufhin für fünf Jahre seine Berufserlaubnis.

Aber ich spreche ja hier nicht von Löwen schlechthin, sondern von unseren Löwen in der Serengeti. Sie haben genug Wild, und sie sehen deswegen uns Menschen nicht als essbar an. Es sind eben besondere, berühmte Löwen, die sozusagen mit einem goldenen Löffel im Munde geboren werden.

Trotzdem sollten wir uns aufraffen, die Tür unserer Aluminiumhütte verschließbar zu machen, auch wenn es im Umkreis von hundertfünfzig Kilometern außer Gordon Poolman, Myles Turner und den schwarzen Pfadfindern nur Löwen und ein paar hunderttausend andere Tiere gibt.

Eine deutsche Burg in Afrika

Das Übergangsglied vom Affen
zum Menschen sind – wir.
Konrad Lorenz

»Du, Micha«, ich stoße meinen Sohn ans Knie, beuge mich zu ihm und brülle ihm ins Ohr, »da rechts hinten auf dem Berg steht eine Burg!«

Mitten in Afrika eine richtige Ritterburg wie am Rhein. Nein. Unmöglich. Es muss eine Täuschung sein. Hier liegen auf jedem zweiten Hügel Felsbrocken, einmal sehen sie wie verfallene Kirchen aus und einmal wie Riesendenkmäler.

Aber das ist kein Felsen, nein! Wir nehmen die Kopfhörer und verhandeln. Dann legen wir unser »Zebra« nach rechts in die Kurve und fliegen zurück zu dem Berg mit der Burgruine.

Es ist tatsächlich eine. Sie hat dicke Mauern mit Zinnen, einen massigen Bergfried, verfallene Häuser und einen weitläufigen Burghof. Und das alles ganz verloren nördlich weit außerhalb des Serengeti-Nationalparks zwischen Bergen und Hügeln, die locker mit Bäumen bestanden sind. Wir fliegen immer tiefer am Berghang entlang, bis der schwere Eckturm beinahe über uns ist.

Aber wir können uns die Sache nicht erklären.

Wir sind auf dem Wege nach Masabi, einer Ebene im »Korridor«, dem schmalen Teil des Nationalparks nach dem Victoriasee hin. Dort wollen wir in einer Lehmhütte der schwarzen Pfadfinder übernachten, um frühzeitig an ein Wasserloch zu gehen und dann die Tiere beim Trinken zu beobachten. Hinter uns im Flugzeug sitzen zwei Pfadfinder, unten auf der Ebene, nahe am Rande von lichtem Gehölz, stehen zwei andere, wie abgesprochen. Sie haben für uns eine Fläche ausgesucht, die frei ist von Steinen und Löchern, und haben sich so aufgestellt, dass wir genau zwischen ihnen zu Boden müssen. Bei der Burgentdeckung haben wir Zeit verloren, es ist später geworden, die Sonne steht schon am Horizont, und so müssen wir genau gegen das Licht zur Erde gehen. Mein Sohn hat Sorge, dass er in die beiden Männer hineinrasen könnte, weil er halb geblendet ist. Deswegen fährt er alle Klappen des Flugzeugs aus und setzt schon früher auf dem Boden auf.

Auf einmal gibt es einen Stoß – gar nicht einmal so heftig –, der Motor steht still, und wir sitzen zu ebener Erde. Es ist eine richtige Bauchlandung, wie sie auch manchmal großen Verkehrsflugzeugen passiert, wenn der Pilot vergisst, das Fahrgestell auszufahren oder wenn es sich verklemmt hat. Unsere langen Storchenbeine am Flugzeug lassen sich gar nicht einziehen.

Trotzdem sind sie weg.

Eines der Räder ist beim Landen in ein Warzenschweinloch geraten, und so ist erst das eine Bein und dann gleich das zweite einfach vom Flugzeugrumpf abgebrochen. So ist der Propeller auf die Erde geraten und auch noch verbogen. Sonst sieht das Flugzeug eigentlich unbeschädigt aus. Nur eine Flügelspitze ist ein wenig eingedrückt. Wer nicht weiß, dass diese Maschine eigentlich auf hohen Stelzenbeinen stehen muss, könnte denken, das muss so sein.

Wir holen erst einmal eine lange Bahn orange leuchtenden Stoff heraus, breiten ihn auf der Erde aus und beschweren ihn mit Gnuschädeln und Knochen, die hier herumliegen. So findet man uns von der Luft aus besser. Anschließend hacken wir einen meterbreiten Streifen rings um die Maschine frei von vertrocknetem Gras, damit sie uns nicht abbrennt, wenn etwa ein Steppenfeuer kommt. Schlafen können wir in der Maschine.

Nach einer Weile zeigt sich das Buschbaby, das ja von Frankfurt aus mit uns herunter in seine alte Heimat geflogen ist. Es will nicht weg von dem Flugzeug, denn so ein Baumtier ist auf dem weiten, kahlen Felde ängstlich. Unseren beiden schwarzen Helfern ist zunächst gar nicht aufgefallen, dass wir Bruch gemacht haben. Sie dachten, das muss so sein, denn sie sitzen zum ersten Mal in ihrem Leben in einem Flugzeug.

Das verhängnisvolle Warzenschweinloch ist schon halb zugefallen und verwachsen, es ist in Wirklichkeit gar nicht tief. Etwa hundert Meter entfernt stehen zwei große Warzenschweine mit vier Jungen und sehen uns interessiert an. Alle sechs tragen die Schwänzchen kerzengerade nach oben. Das sieht aus wie Antennen an Autos. Wir haben jetzt reichlich Zeit, uns mit ihnen zu beschäftigen. Wie wir sie so eingehend betrachten, drehen sie sich um und laufen davon.

Warzenschweine sind nette Tiere. Wer sie im Zoo sieht, ist entsetzt über die zehn bis fünfzehn Zentimeter langen Warzengebilde im Gesicht der Eber, über die gefährlichen, nach seitwärts und oben gebogenen Hauzähne. Die Gesichter sind sicherlich nicht schön, wenigstens für Menschenaugen. Aber wenn man die Tiere frei laufen sieht, dann wirken sie wie kleine Nashörner, oder gar wie Antilopen. Ganz anders als unsere Wildschweine und Hausschweine, haben sie keine Fettschicht unter der Haut, selbst wenn sie noch so gut genährt sind. Sobald sie in der Erde wühlen, klappen sie die Vorderfüße um und »knien« auf den Handwurzelgelenken.

Weil Warzenschweine den Löwen gut schmecken, hausen sie in Erdbauen, wo sie nachts unerreichbar sind. Sie übernehmen gern die Höhlen, die das Erdferkel in den Grund wühlt, um von unten her in Termitenbaue zu gelangen.

So ein Bau hat erst einen großen Kessel, in dem Vater, Mutter und die halb erwachsenen Kinder schlafen, und von da geht noch einmal eine Röhre schräg in einen zweiten Kessel hinab, wo zwischen September und November die niedlichen Ferkelchen geboren werden. Es sind höchstens vier, und sie haben es da unten sehr mollig, etwa 30 Grad Wärme, wie Professor Geigy aus Basel nachgemessen hat. Vielleicht ist das der Grund,

warum Warzenschweine bisher, soviel ich weiß, nur selten in Zoos Junge aufgezogen haben.
Wenn die jungen Warzenschweine erwachsen sind, bleiben sie gern bei Vater und Mutter; ihr Familienleben ist vorbildlich. Sobald sich zwei treffen, die zur selben Schar gehören, geht das jüngere auf Vater oder Tante zu, bringt seine Schnauze an die des älteren und stößt ihn ein- oder zweimal leicht gegen das Kinn. Man liebkost sich auch, indem man sich mit den Lippen am Kopf oder an der Mähne knabbert.
Wenn man eine Mutter mit kleinen Warzenschweinen verfolgt, dann stellen sie sich mitunter tot und bleiben einfach auf der Erde liegen. Nimm aber mal eins auf! Es schreit gellend, als ob es am Spieß stecke, und dann kommt auch meist die Mutter zurück. Da lässt man das Ferkelchen schnell wieder laufen, und alle stürzen zur Alten.
Einer der Wildpfleger hat eines Tages gesehen, wie ein Leopard einer Warzenschwein-Mama mit einem Kind nachlief. Die Sau wandte sich plötzlich um und griff an – der Leopard rannte davon. Ein andermal hatte sich ein Elefant aus irgendeinem Grund über ein Warzenschwein geärgert. Er trompetete und griff mehrmals wütend an. Plötzlich wurde das dem Warzenschwein zu bunt, es drehte sich um und ging auf den Elefanten los, der ganz überrascht zurückwich. – Auf dem Rasen vor dem Hause eines der Wildhüter ließen sie sich von seinem großen Hund nicht vertreiben, sondern jagten ihn in die Flucht.
Gerade wollen wir uns in unsere Decken wickeln und auf unseren Sitzen einschlafen, da leuchten weit hinten zwei Lichter auf. Myles Turner kommt mit dem Wagen angefahren. Er hat alles mit sich: heißen Kaffee in der Thermosflasche, Schnaps, Verbandzeug, Esswaren, eine zusammenklappbare Tragbahre, Decken, Schienen, seine junge Frau Kay und in einem Korb sein wenige Wochen altes Baby. Da wir nicht vor Sonnenuntergang zurückgekommen sind, ist er sofort hier herausgefahren. Das ist kennzeichnend für ihn. Man kann sich darauf verlas-

sen, er ist da, wenn man ihn braucht. Weil er seine Frau nicht über Nacht allein lassen wollte, hat er sie mitgebracht, und so musste das Baby zwangsläufig auch mit.

Am nächsten Tage sagen wir mit der Radioverbindung Telegramme durch, die nach Nairobi und nach Deutschland gehen sollen. Wir fotografieren den Schaden von allen Seiten und schicken den Film nach München, damit man im Werk feststellen kann, welche Ersatzteile wir brauchen.

Dann bauen wir ein Lager; zwei Ingenieure aus Nairobi ziehen hier heraus. Sie brauchen drei Tage, weil der eine sich geschworen hat, nie wieder in ein Flugzeug zu steigen. Er ist vor fünf Jahren abgestürzt, hat sich das Rückgrat angebrochen und war ein Jahr fast gelähmt. Aber jetzt ist er sehr lebendig. Diese beiden, ein Londoner und ein Schotte, arbeiten wie die Pferde, aber wir müssen sie in der Hitze fleißig mit Bier versorgen. Außerdem sind sie begierig, deutsche Flüche zu lernen. Wir bringen ihnen welche bei, die besonders schwer auszusprechen sind, zum Beispiel »Himmelkreuzsackschwerenotkruzitürken«.

Der eine von beiden heißt übrigens Mike (sprich Meik), also Michael. Mein Sohn Michael wird dagegen in der ganzen Gegend mit »Meikl« angeredet, wodurch er leicht von anderen »Meiks« zu unterscheiden ist.

Engländer gehen viel weniger förmlich miteinander um als wir. Wenn man sich nur etwas näher kennt, bei der Arbeit, im Büro oder sonst wo, nennt man sich beim Vornamen, auch die Mädchen und Frauen. Dafür schüttelt man sich nicht bei jeder

Elefanten finden sich im Serengeti-Nationalpark fast nur im Ngorongoro-Krater und dem Hochland der Riesenkrater, das jetzt abgetrennt werden soll (oben). Dieser Warzenschwein-Eber wurde böse, weil wir neben ihm herfuhren. Er machte Miene, unseren Wagen anzugreifen (unten). Nächste Seite: Eine Herde von Giraffen in der Serengeti in der Nähe des Lemuta-Hügels.

Gelegenheit die Hand wie bei uns, sondern nur, wenn man sich vor einer längeren Reise verabschiedet oder wiederkommt. Das finde ich viel appetitlicher.
Bis unser »Zebra« sich wieder wird in die Lüfte schwingen können, vergehen mindestens drei Wochen. Wir schleichen mit gestutzten Schwingen auf der Erde umher und kommen uns furchtbar langsam und unbeholfen vor. Aber wir haben jetzt Zeit, uns die sagenhafte Ritterburg näher zu besehen. Sie liegt im Bereich des Ikoma-Stammes, und unser Chauffeur Mgabo ist ein Ikoma. Sein Vater war noch in der deutschen Zeit in einer Mine Vorarbeiter, Mgabo hat als Kind zwischen den Ruinen dieses deutschen Forts gespielt, das noch von der Schutztruppe herstammt. Die Engländer und die Deutschen haben hier, so erzählt er, erbittert gekämpft. »Sehen Sie, dort drüben an dem Hang lagen eine Menge Tote!«
Während wir mit unserem Zebra-Wagen auf der grasüberwucherten Anfahrtstraße den Berg hinauffahren und uns zwischen den Bäumen durchwinden, läuft eine Schar Topi-Antilopen beiseite. Ein Stück der dicken, hohen Mauer ist eingefallen. Obwohl sie nur aus Felsblöcken und Lehm geschichtet ist, hat sie aber sonst die fünfzig Jahre standgehalten. Es gibt eben keinen Frost und wenig Regen hier.
Wir steigen durch diese Mauerlücke in den großen Hof des Forts. Drei Zebras erschrecken und galoppieren auf der anderen Seite durch die alte Einfahrt aus dem Burghof hinaus. Auch die Mauern der Häuser stehen noch, soweit sie nicht von Bäumen gesprengt sind, die sich an ihnen und auf ihnen angesiedelt haben.
Mgabo führt uns durch das Fort. In dem großen Haus hier mit den Freitreppen wohnte der Leutnant, dort drüben war die

Der Riedbock geht nicht hinaus in die offenen Steppen. Er lebt paarweise im Gebüsch (oben). Zebras wiehern nicht wie Pferde, ihr Rufen klingt ähnlich wie Hundegebell (unten).

Küche, und in dem kleineren Haus gegenüber lebte ein Sergeant. In der tiefen Zisterne sieht man noch an den Rändern, wie hoch einmal das Wasser gestanden hat. Zwei rote Blumen blühen an ihrem Rande.

Um das ganze Fort läuft ein halb verfallener Schützengraben. Michael wühlt im Schutt des Unteroffizierhauses. Ein paar Münzen kommen zum Vorschein. Wir kratzen sie blank: Es steht darauf »D.O.A. 1916. Fünf Heller«. Es ist also Kolonialgeld aus dem alten Deutsch-Ostafrika, das noch während des Krieges geprägt worden ist. (In Frankfurt bietet man uns auf der Deutschen Bank später zehn Mark für jedes Hellerstück.)

Ein Onkel von Mgabo bringt uns in einer der folgenden Wochen einen alten 50-Rupien-Schein, auf dem Kaiser Wilhelm mit hochgezwirbeltem Schnurrbart zu sehen ist. Wie Mgabo sagt, sollen die Deutschen, bevor sie abzogen, ihre Waffen und ihre Munition außerhalb des Forts, ein Stück davor, in einem Stollen unterirdisch eingelagert, mit Zement verschlossen und verschüttet haben. Dort hat alles vierzig Jahre lang gelegen, bis es die Engländer Anfang der fünfziger Jahre aushoben. Wahrscheinlich befürchteten sie, dass die Munition hier, so dicht an der Grenze von Kenia, von den aufständischen Mau-Mau herausgeholt werden könnte.

Michael und ich lehnen nebeneinander auf der Mauerbrüstung und sehen ins Land. Weit wellen sich die grünen Hügel und schimmern in der Ferne bläulich.

Was mögen die beiden weltverlorenen Landsleute hier gefühlt haben? Für deutsche Soldaten muss es einsam gewesen sein, denn zu ihrer Zeit musste man diese endlosen Strecken noch zu Fuß laufen. Es gab keine Autos, kein Radio, keine richtigen Konserven. Weil die Kolonie kein Geld hatte, um Telegrafenleitungen zu legen, verständigten sich die Posten mit großen Spiegeln und morsten sich Blinkzeichen zu.

Auf dem Umweg über den alten General von Lettow-Vorbeck und seinen Neffen erfuhr ich, dass der letzte Militärbefehls-

haber dieses Bezirkes, ein Major von Haxthausen, heute in Degerndorf am Inn lebt. Er schrieb mir, das Fort müsse wohl um 1900 gebaut worden sein. Seine Besatzung – ein Offizier und ein Unteroffizier mit einem Maschinengewehr – hatte in der Gegend für Ruhe zu sorgen. Der Stamm der Ikoma schlug sich nämlich ständig mit den Gaya herum, die ebenso kriegerisch waren. Meist stahlen sie sich gegenseitig das Vieh. Die Gegend war schwer zu überwachen, weil sie dicht an der Grenze der englischen Kolonie Kenia lag.
Aber die Geschichte von Tanganjika fängt keineswegs erst an, als 1885 der deutsche Kaiser einen Schutzbrief für dieses Gebiet ausstellte. Die ersten Entdecker waren nicht einmal Europäer, sondern vermutlich Chinesen. Wir haben Jahrtausende gebraucht, bis wir mit unseren Schiffen um die Südspitze Afrikas herumfanden. Für die Asiaten hingegen ist es leicht, nach Ostafrika zu kommen, weil vom November bis Februar jedes Jahres schön gleichmäßig der Monsun aus Nordosten weht und man mit ihm geradezu an die afrikanische Küste getrieben wird. Von April bis September bläst er ebenso zuverlässig umgekehrt aus Südwesten und treibt die Schiffe sicher wieder in ihre Heimat zurück. Die ersten Araber und Inder sind schon Jahrhunderte vor Christi Geburt auf diese Weise an die Küste Tanganjikas gekommen. Dort finden sich chinesische Münzen, die schon vor zwölfhundert Jahren geprägt worden sind, und uraltes chinesisches Porzellan. Um das Jahr 1000 hat ein Chinese Land und Leute beschrieben; eine chinesische Expedition brachte vierhundert Jahre später eine Giraffe nach China zurück, die dem Kaiser geschenkt wurde. Araber aus Schiras in Persien gründeten Städte auf den Inseln vor der Küste. In Kilwa wird heute noch eine arabische Chronik aufbewahrt, die von 1060 an fünfhundert Jahre lang bis zur Ankunft der Portugiesen reicht.
Der portugiesische Seefahrer Graf Vasco da Gama, der den Weg um Afrika herum nach Indien entdeckt hat, legte bei sei-

ner dritten Indienreise 1502 in Kilwa an der Küste Tanganjikas an. Er sicherte dem Emir Muhammad Kiwabi freies Geleit zu, brach dieses Ehrenwort jedoch, nahm ihn gefangen und ließ ihn erst frei, nachdem der Emir die portugiesische Oberherrschaft anerkannt und 5000 Cruzados (etwa 20 000 DM) Lösegeld gezahlt hatte. Vasco da Gama ließ dafür zur höheren Ehre Gottes eine goldene Monstranz schmieden, die noch heute in der Kirche Unserer Lieben Frau von Belém zu Lissabon zu sehen ist.

1593 bauten die Portugiesen das stolze Fort Jesus in Mombasa, es gab Rebellionen, Kriege und Metzeleien von Kannibalen, die aus dem Inneren kamen, bis die Araber aus Oman im Persischen Golf angesegelt kamen, das Fort dreiunddreißig Monate lang belagerten und 1696 endlich einnahmen.

Die neuen Sultane von Sansibar liebten ihr zweites Reich an der Küste Tanganjikas sehr, aber sie mussten immer wieder zurück, um in ihrer Heimat am Eingang des Persischen Golfs nach dem Rechten zu sehen, weil dort Verwandte ihnen den Thron streitig machen wollten.

Diese Arabersultane haben das Innere Tanganjikas nie wirklich besessen. Sie schickten Sklaven- und Elfenbeinjäger immer tiefer hinein, bis sie schließlich um 1840 den Tanganjikasee erreichten. Ihre Karawanenstraße führte über Tabora; an ihr entlang haben die Deutschen später die Eisenbahn gebaut. Über den arabischen Stationen an diesen Handelswegen wehte wohl die rote Fahne des Sultans, aber die zwei oder drei Araber, die dort lebten und den Karawanen ihre Waren für Sündengeld verkauften, hingen in Wirklichkeit von der Gnade der umliegenden Stammeshäuptlinge ab.

Diese Sklavenjagden der Araber in Ostafrika haben zwar nie ganz das fürchterliche Ausmaß des Menschenhandels erreicht, den alle europäischen Nationen und die Amerikaner in Westafrika betrieben. Bei Arabern und Indern war das Los der Sklaven wohl weniger schlimm als auf den Plantagen der Eu-

ropäer in Nord- und Mittelamerika. Und doch hatte die Sklaverei ausgereicht, das Stammesgefüge der Eingeborenen in Tanganjika ganz zu zerrütten und weite Landstriche, zum Beispiel am Tanganjikasee, zu entvölkern. Wer heute bequem mit der Eisenbahn von Daressalam über Tabora nach Muansa am Victoriasee fährt und aus dem Speisewagen in die Landschaft sieht, der ahnt nicht, dass die Strecken am Wege gedüngt sind mit Blut, Fleisch und Knochen der Sklaven, die in endlosen Märschen hier unter der Knute der Araber zusammenbrachen, dass die Erde getränkt ist von den Tränen der Mütter, denen ihre Kinder und Gatten weggerissen worden sind.
Immer mehr europäische Schiffe fuhren vor dem Bau des Suezkanals um Afrika herum nach Ostasien. Einer der arabischen Fürsten in Sansibar, Said bin Sultan, schloss daher aus Vorsicht Verträge ab, zuerst 1833 mit den Vereinigten Staaten von Nordamerika, dann mit England, Frankreich und schließlich 1859 auch mit der deutschen Hanse. Sie verpflichteten sich, an der Küste von Tanganjika kein Elfenbein und kein Gummiharz zu kaufen, sondern das Monopol des Sultans zu achten. Nur darauf kam es ihm an, nicht auf eine Herrschaft im Inland. Aber durch den grausamen Elfenbein- und Sklavenhandel drangen die Araber immer tiefer in den schwarzen Erdteil ein. Um 1850 verließ ein gewisser Said bin Habib bin Salim Safifi die Stadt Sansibar und kam erst nach sechzehn Jahren zurück. Er war in der Zwischenzeit dreimal in Loanda an der Westküste Afrikas gewesen und ist damit lange vor Stanley der erste Reisende, der den Erdteil durchquert hat.
Was solche Männer erzählten, reizte auch die Neugier von Europäern. Zwei Dinge waren es zunächst, die uns im vorigen Jahrhundert in das Innere Afrikas trieben: das Bestreben, die armen unwissenden Schwarzen zu Christen zu machen und diese unbekannten Länder zu erforschen. Handel und Habgier kamen erst später.
Der erste Forschungsreisende, ein französischer See-Offizier

namens Maizan, marschierte ausgerechnet in der Regenzeit los und hatte so prächtige Proviantkisten, dass er schon achtzig Kilometer von der Küste entfernt ermordet wurde. Mit staunenden Augen sahen 1848 die beiden deutschen Missionare Johann Rebmann und Ludwig Krapf als erste Europäer den Eisgipfel des Kilimandscharo. »Diesen beiden Missionaren fehlte fast jede körperliche Eignung für Entdeckungsreisen«, schreibt ein Engländer. »Sie hatten auch kaum die notwendige wissenschaftliche Ausrüstung. Krapf trug ein Gewehr, das ständig Unfälle verursachte. Seine Reittiere gingen für gewöhnlich mit ihm durch. Der bemerkenswerteste Gegenstand seiner Ausrüstung scheint sein Regenschirm gewesen zu sein, unter dem er und seine Leute bei schlechtem Wetter schliefen und der, wenn man ihn plötzlich aufmachte, bei einer Gelegenheit einen Löwen und bei einer anderen eine Bande von Räubern in die Flucht trieb. Aber was auch ihre Mängel gewesen sein mögen, sie wurden mehr als wettgemacht durch ihre Sprachkenntnis, ihr sympathisches Verständnis für die Eingeborenen und vor allem ihre verbissene Hartnäckigkeit und ihren Mut.«

Ihre Erzählungen von den großen innerafrikanischen Seen, in deren Nähe sie gekommen waren, reizten den Widerspruch, aber auch die Neugier der zünftigen Erdkundler. So zogen 1857 die Engländer Richard Burton und John Speke aus und entdeckten den Tanganjikasee. Während Burton krank in Tabora lag, marschierte Speke allein weiter und kam im August 1858 an den riesigsten See Afrikas, den er Victoriasee benannte. Er ist 130-mal so groß wie der Bodensee, ganz Irland hätte in ihm Platz. Die Bucht, an der unser Serengeti-Nationalpark den Victoriasee berührt, heißt nach dem großen Forscher Speke-Bucht. Als Burton in Tabora die Berichte des zurückgekehrten Gefährten hörte, bezweifelte er, dass aus dem Victoriasee wirklich der Nil fließt. Deswegen brach Speke 1860 wiederum dorthin auf, diesmal begleitet von James Augustus Grant, dessen Namen

die hübschen großen Gazellen in unserem Park tragen. Im Juli 1862 standen die beiden ergriffen an den Wasserfällen, mit denen der Nil aus dem Victoriasee strömt.
Am Anfang ihrer Reise hatten sie an der Küste den Hamburger Bürger Albrecht Roscher getroffen. Der abgesetzte König Ludwig I. von Bayern hatte ihm Geld gegeben, damit er »nach den innerafrikanischen Seen suche«. Anscheinend war es nicht viel Geld, denn Roscher war nur von zwei Dienern und zwei Trägern begleitet. Trotzdem wurde er wegen seines armseligen Gepäcks ermordet. Die Macht des Sultans von Sansibar war aber immer noch so groß, dass der Mörder auf seinen Befehl zur Bestrafung bis nach der Küste geschickt wurde.
Ein paar Wochen vor Roscher war schon der Missionar und Forscher Livingstone den Sambesi-Fluss aufwärts zum Njassasee gekommen, den Roscher als Erster entdeckt zu haben glaubte. Livingstone stieß dann 1866 bis 1869 am Tanganjikasee weiter ins Innere. Als er nach drei Jahren »wie ein Bündel Knochen« nach Udschidschi in der Nähe des Sees zurückkam, war er umso mehr enttäuscht, dass der Nachschub, den er hinbeordert hatte, teils gestohlen war, teils vierhundert Kilometer entfernt in Tabora lag. Vor allem waren gar keine Briefe aus Europa durchgekommen.
Weil man in Europa fünf Jahre lang von ihm nichts gehört hatte, schickte im Jahre 1870 der »New York Herald« den Reporter Henry Morton Stanley nach ihm aus. Stanley konnte den schwerkranken Mann jedoch nur bis Tabora zurückbringen; Livingstone weigerte sich, nach Europa zurückzukehren. Er zog nochmals aus, um den Osten des Tanganjikasees zu erforschen, und wurde dort eines Morgens von seinen schwarzen Dienern neben dem Bett kniend tot aufgefunden. Diese beiden treuen Seelen, James Chulla und Abdulla Susi, brachten den ausgemergelten Leichnam und alle seine Papiere und Instrumente bis an die Küste. Livingstone ist in der Westminster Abbey in London zwischen den Größen seiner Nation beige-

setzt worden; die beiden Diener führten später noch manche Expedition nach Zentralafrika.
In den achtziger Jahren reiste noch der deutsche Arzt Dr. G. A. Fischer in die Gegend des Victoriasees. Er konnte auf der menschenleeren Ostseite des Victoriasees, wo auch die Serengeti liegt, so schwer Nahrung auftreiben, dass er durch die Strapazen bald nach der Rückkehr starb. Ein ebenso sorgfältiger Beobachter war der Engländer Joseph Thomson, nach dem die hübschen gelb-schwarz-weißen Thomson-Gazellen benannt sind. Thomson und Fischer waren für eine lange Weile die letzten wirklichen Forschungsreisenden in Ostafrika. Wer später kam, hatte meistens geheime Nebenabsichten.
Obwohl die deutschen Kaufleute seit 1840 in Sansibar saßen und deutsche Forscher wie Roscher und von der Decken als Erste nach Tanganjika gezogen waren, blieb die deutsche Regierung an diesem Lande ganz uninteressiert. 1870 hatte der deutsche Konsul in Sansibar dem Auswärtigen Amt berichtet, dass der Sultan sich unter die deutsche Schutzherrschaft stellen wolle. Aber es kam niemals eine Antwort.
Auf englischer Seite ging es nicht viel anders. Der Geograf Henry Hamilton Johnston, der die Hänge des Kilimandscharo bereiste, erwarb 1884 in Moschi Grund und Boden. Er schrieb dem britischen Außenministerium, dass die Stämme dort sich gern unter den Schutz Großbritanniens stellen wollten. Das Foreign Office fragte beim englischen Konsul in Sansibar zurück. Dieser wusste von der ganzen Sache noch gar nichts und riet daher ab. Als Johnston nach England zurückgekehrt war, ahnte er nicht, was sich in denselben Gebieten inzwischen abspielte.
Im Auftrage der Deutschen Kolonialgesellschaft, die seit 1884 im neuen Deutschen Reich entgegen dem Rat Bismarcks den Erwerb von Kolonien propagierte, war nämlich Dr. Carl Peters zusammen mit dem Grafen Otto Pfeil und anderen unter falschem Namen und als Mechaniker verkleidet mit einfachen

Fahrkarten dritter Klasse von Triest aus nach Sansibar gefahren. Obwohl sie dort ein Telegramm Bismarcks erwartete, der sie davor warnte, auf irgendwelchen Schutz von der deutschen Regierung zu rechnen, sammelten sie im Inland Kontrakte mit eingeborenen Häuptlingen. Die Leute mussten vorsorglich unterschreiben, dass sie nicht Untertanen des Sultans von Sansibar seien. Es setzte ein wahrer Wettlauf mit General Lloyd Mathews ein, der vom Sultan mit hundertachtzig Soldaten in die gleiche Gegend geschickt wurde. Die Häuptlinge erklärten sich abwechselnd für Peters und die Deutschen oder für Mathews und den Sultan. Einer sagte sogar, es käme nur darauf an, wer den schöneren Fahnenstoff zum Hissen der Flagge bringe. Zum Teil waren die »Häuptlinge« nur kleine Dorfälteste oder unwichtige Verwandte der richtigen Stammesfürsten. Als aber Peters mit seiner Sammlung von »Dokumenten« nach Berlin zurückkam, änderte Bismarck unter dem Druck der öffentlichen Meinung in Deutschland seinen Standpunkt völlig und stellte der Deutschen Kolonialgesellschaft einen Kaiserlichen Schutzbrief für die neu erworbenen Gebiete aus. Der Sultan von Sansibar wandte vergeblich ein, dass er in diesen Gebieten sogar einige Garnisonen unterhalte: ein deutsches Geschwader zwang ihn kurzerhand, die Schutzherrschaft anzuerkennen.

Carl Peters machte eine neue Geheimreise nach Uganda, wo er wieder Unterschriften sammelte. Als er an die Küste zurückkam, sah er, dass es diesmal vergeblich gewesen war. Bismarck hatte inzwischen zusammen mit der britischen Regierung die deutschen und die englischen Einflussgebiete in Ostafrika abgesteckt, und Uganda fiel dabei an England. Dafür untersuchte eine Kommission, die aus einem Engländer, einem Deutschen und einem Franzosen bestand und in der der Sultan von Sansibar gar nicht vertreten war, was eigentlich zu dessen Reich gehörte. England empfahl dem Sultan, auf die Gebiete des Kilimandscharo zu Gunsten des Deutschen Reiches zu verzichten.

Im Austausch für die Abtretung von Helgoland erkannte Deutschland 1890 an, dass Sansibar dem englischen Einfluss unterstand. Am 1. Januar 1891 übernahm das Deutsche Reich selbst die Verwaltung des neuen Schutzgebietes Tanganjika unter dem Namen Deutsch-Ostafrika.

Der »wohlgefüllte« Friedhof der Benediktiner in Daressalam aus jenen Jahren zeugt dafür, dass die neue Kolonie viele Opfer unter den Deutschen forderte, die damals hinströmten.

Schon 1888 gab es die erste Revolte, als die Deutschen noch im Auftrag des Sultans von Sansibar die Zölle an den Küsten übernahmen. Der Führer der Rebellen, Buschiri, war zunächst noch ritterlich, er schützte selber einen Bischof vor dem wütenden Mob und schickte ihn mit fünf europäischen Frauen unter sicherem Geleit zur Küste. Dann aber wurden die Kämpfe immer erbitterter, von Wissman musste als Kaiserlicher Kommissar mit Truppen aus Ägypten und Zulus aus Portugiesisch-Ostafrika eingreifen. Er nahm die Festung Buschiris ein, schlug die Rebellen, und schließlich fand man ihren Führer halb nackt und verhungert in einer Hütte. Er wurde gefesselt nach Bangani gebracht, wo man ihn am 15. Dezember 1889 hängte.

Gefährlicher war schon der Aufstand des Häuptlings Mkwawa vom Volke der Hebe, die unter dem Vater Mkwawas aus neunundzwanzig Stämmen zusammengeschlossen worden waren. Mkwawa forderte Abgaben von allen Karawanen, die durch sein Land zogen. Das brachte ihm Schwierigkeiten mit der neuen deutschen Verwaltung.

Tanganjika stand vier Jahrzehnte unter deutscher Verwaltung. Eine Massaifrau brachte uns noch diesen alten Geldschein (oben). Auf einem Hügel bei Ikoma im Norden der Serengeti entdeckten wir diese alte Burg. Sie ist um 1900 von der deutschen Schutztruppe gebaut worden (unten). Nächste Seite: Haben Zebras weiße Streifen auf schwarzem Grund oder schwarze Streifen auf weißem Grund? Im Hintergrunde Gnus.

RUPIEN 500 RUPIEN
№ 00223
№ 00223
500
DIE
DEUTSCH-
OSTAFRIKANISCHE
BANK
zahlt bei ihrer Kasse in Daressalam
dem Einlieferer dieser Banknote ohne Legitimationsprüfung
FÜNF HUNDERT
RUPIEN
Daressalam, den 2. September 1912.
DEUTSCH-OSTAFRIKANISCHE BANK
500
500
500

KEX
633

So zog schließlich Leutnant von Zelewsky mit 1000 Mann aus, um den mächtigen schwarzen König zu unterwerfen. Mkwawa lenkte ein und schickte ihm eine Abordnung mit Geschenken entgegen. Doch wurden diese Sendboten, vielleicht infolge eines Missverständnisses, unter Feuer genommen: nur ein Überlebender kehrte zu Mkwawa zurück und berichtete über das Unglück.

Daraufhin legte der König einen Hinterhalt in einem dicht bewachsenen Tal, brachte dort zweihundertfünfzig Schwarze und zehn deutsche Soldaten um und eroberte dreihundert Gewehre, drei Feldgeschütze und eine Menge Munition.

Mkwawa konnte sich bis 1898 halten, dann setzte der neue deutsche Gouverneur eine Belohnung von 5000 Rupien auf seinen Kopf. Sie tat ihre Wirkung. Ein junger Bursche, den die Deutschen gefangen genommen hatten, verriet, dass er der Diener Mkwawas war und dass sein Herr schwer krank drei Stunden entfernt im Busch lag. Major Merkl fand dort wirklich zwei Gestalten am Boden liegen und schoss die eine sofort in den Kopf. Es war Mkwawa, aber er war längst tot und steif. Er hatte erst seinen alten Diener und dann sich selbst mit einem Schuss in den Bauch getötet.

Der Kopf des großen Häuptlings wurde abgetrennt und in ein Museum nach Deutschland geschickt. Sein Volk begrub den Rumpf mit großen Feierlichkeiten; die Hebe hörten nicht auf, Mkwawa am Jahrestage seines Todes zu besingen. Als das Land britisch wurde, brachten sie als erste Bitte vor, den Kopf ihres Königs zurückerhalten zu dürfen. Die deutsche Regierung gab jedoch an, dass er nicht in Deutschland sei.

Für Wochen lag unser fliegendes Zebra mit abgebrochenen Beinen auf der Nase (oben). In Uganda und den Nationalparken des Belgischen Kongos sind die Kaffernbüffel zahm wie Kühe. Michael konnte an sie herangehen und sie filmen. Warum sie in der Serengeti so scheu sind, entdeckten wir beim Studium der Massai-Gebräuche (unten).

Nach dem Zweiten Weltkrieg nahm sich der gegenwärtige Gouverneur von Tanganjika der Sache selber an und setzte sich mit dem Direktor des Übersee-Museums in Bremen in Verbindung. Dr. Helmut O. Wagner, der ein guter Bekannter von mir ist, war gleich bereit, den kugeldurchlöcherten Schädel auszuliefern. So kam das Haupt des toten Häuptlings 1953, also nach über einem halben Jahrhundert, wieder zu seinem Volke zurück. Adam Sapi, der Enkelsohn des Rebellen, schickte dem verständnisvollen Museumsdirektor zum Dank eine ganze Sammlung wertvoller völkerkundlicher Gegenstände.
Ein anderer großer Freiheitskämpfer war der Häuptling Siki; als man ihn besiegt hatte, ging er mit seiner ganzen Familie in sein Pulvermagazin und sprengte sich selbst in die Luft.
Carl Peters, der den Fürsten Bismarck eigentlich gezwungen hatte, Deutsch-Ostafrika zum Schutzgebiet zu erklären, wurde Kaiserlicher Hochkommissar in der Gegend des Kilimandscharo. Bald drangen aber hässliche Gerüchte von dort zur deutschen Hauptverwaltung in Daressalam. Es wurde erzählt, dass Schrecken, Plünderung und Prügeleien regierten. Eine der schlimmsten Nachrichten war die von einem schwarzen jungen Mann, der gehängt worden war, angeblich weil er Zigaretten gestohlen habe; in Wirklichkeit jedoch, wie man munkelte, weil er eine von Peters' afrikanischen Konkubinen besucht hatte.
Peters wurde 1893 zurückgerufen, und nach drei Jahre dauernden Untersuchungen enthob man ihn 1897 seiner Ämter »wegen Missbrauchs der Amtsgewalt«. Später allerdings wandte sich die öffentliche Meinung zu seinen Gunsten. Kaiser Wilhelm II. gab ihm Anfang 1914 auf dem Gnadenwege die Pension als Reichsbeamter wieder. Adolf Hitler nannte ihn »einen strengen, aber mustergültigen Verwaltungsbeamten« und ließ 1934 sogar sein Bild auf eine Briefmarke setzen.
In dem englischen Handbuch von Tanganjika heißt es hierzu: »Es würde ein Fehler sein, ihn als typisch für alle deutschen Kolonisten anzusehen. Zum Unglück für sein Land und für den Ruf

seiner Landsleute bekam er die Gelegenheit, innerhalb weniger Monate all das zunichte zu machen, was von Wissmann und Leutnant Ehlers mit unendlicher Geduld und in durchaus versöhnlichem Geist erreicht hatten, nachdem sie 1890 die deutsche Flagge gehisst hatten*.«

Einer der größten deutschen Kolonisatoren durfte im Dritten Reich niemals auf einer Briefmarke erscheinen: nämlich Emin Pascha. Er wurde 1840 unter dem Namen Eduard Schnitzler in Oppeln geboren, studierte Medizin und wechselte in Albanien, wo er später praktizierte, zum Islam über. Damals nahm er den Namen Emin an. 1876 trat er in ägyptische Dienste und wurde erst Effendi, stieg dann zum Bey und schließlich zur Würde eines Paschas auf. Bald tat er keinen ärztlichen Dienst mehr, sondern wurde schließlich Gouverneur der Südprovinz des Sudan. Ich habe schon erzählt, wie Michael und ich in deren Hauptstadt Juba unlängst mit dem heutigen schwarzen Gouverneur zusammen den Heiligen Abend verbracht haben.

Als die Schreckensherrschaft des Mahdi anbrach, wich Emin Pascha nach Zentralafrika aus, und man hörte lange Jahre nichts mehr von ihm. Schließlich fand ihn Stanley dort. Emin Pascha aber ging nach Ostafrika und trat in deutsche Dienste. Der Gouverneur Wissmann schickte ihn 1890 in die Gegend des Victoriasees, um zu verhüten, dass die Engländer dort zu

* Um nicht einem toten Mann womöglich Unrecht zu tun, möchte ich noch die andere Seite zu Wort kommen lassen. Danach hatte bereits 1892 die englische Mission in Moschi an das Kaiserliche Gouvernement in Daressalam über die vermeintliche Hinrichtung der Konkubine und ihres Geliebten berichtet. In einer amtlichen Untersuchung sei die Haltlosigkeit dieser Behauptung festgestellt und aktenmäßig festgelegt worden. Erst als sich Peters 1895 um ein Reichstagsmandat bewarb und in Wahlreden scharf gegen die Sozialdemokratische Partei wandte, habe ihn Bebel im Reichstag angegriffen und sich dabei auf einen Brief von Dr. Peters an den englischen Bischof in Uganda, Dr. Tucker, gestützt. In diesem Brief gab Peters seine Schuld unumwunden zu. Dr. Tucker habe später unter Eid ausgesagt, Peters nie gekannt und nie einen Brief von ihm erhalten zu haben. Auch Bebel soll im Reichstag zugegeben haben, einer Fälschung aufgesessen zu sein. Auf jeden Fall aber ähnelte die Reise von Dr. Peters zum Entsatz Emin Paschas auch nach seiner eigenen Darstellung mehr einem Kriegszug als einer Expedition.

viel Einfluss gewännen. Mit Emin zog als Sanitätsoffizier Dr. Franz Stuhlmann, der wie er wissenschaftlich hoch interessiert an Völkerkunde, Zoologie, Botanik und Himmelskunde war. Weiter waren Kapitän Wilhelm Langheld und ein deutscher Gefreiter namens Kuhne bei ihm.

Emins Reise war nicht nur wissenschaftlich ungemein erfolgreich, sondern er konnte auch arabische Sklavenkarawanen abfangen, die Gefangenen befreien und die Reste des Sklavenhandels am Victoriasee vernichten. Im Oktober 1892 wurde Emin Pascha auf dem Gebiet von Belgisch-Kongo von arabischen Sklavenhändlern die Kehle durchgeschnitten. Sie hatten ihm verübelt, dass er als Moslem für die Christen arbeitete.

»Emin hat durch versöhnliche Mittel weit mehr Landfläche wirklich unter deutsche Verwaltung gebracht, als Carl Peters es jemals durch seine Methode der ›Abschreckung‹ erreicht hat«, schreiben die Engländer. »Emin und seine Kameraden waren dabei in keiner Weise Einzelbeispiele des guten Typs der deutschen Kolonialbeamten.«

Das amtliche Handbuch, welches die britische Regierung von Tanganjika vor ein paar Monaten herausgegeben hat, zählt die zahlreichen Aufstände in der ersten Zeit der deutschen Herrschaft auf und fügt hinzu, dass Deutschland schließlich die letzte europäische Macht gewesen sei, die sich bemüht habe, Kolonialbesitz zu erwerben. So hätte alles etwas übereilt durchgeführt werden müssen; die ersten Kolonialbeamten, heißt es weiter, waren größtenteils Offiziere, die nur ihren europäischen Dienst kannten.

Die eingeborenen Soldaten stammten nicht aus Ostafrika, sondern waren Zulus, Sudanesen und Suahelis von der Küste. Sie

Rechts ein schwärzlicher Giraffenbulle. Giraffen sind innerhalb derselben Herde sehr verschieden in ihrer Zeichnung und Farbe. Früher hat man auf Grund von einzelnen Fellen in den Museen Europas geglaubt, sie danach in Unterarten aufteilen zu können.

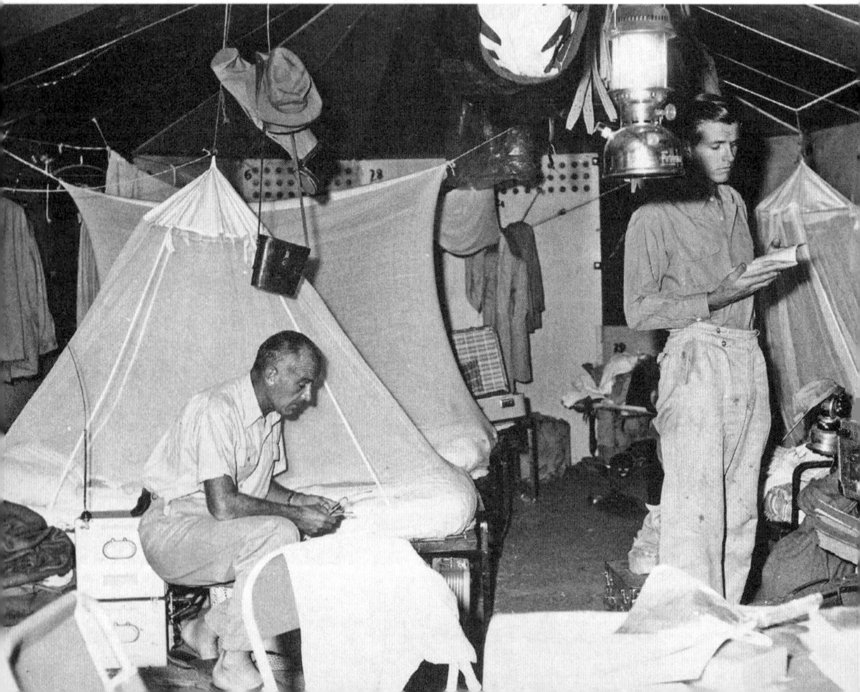

marschierten als »Herrscher« durch das Binnenland und brachten die Eingeborenen damit auch gegen die deutsche Verwaltung auf. »Es ist aber nur gerecht und fair zu sagen, dass viele der deutschen Beamten sich für das Volk, das sie verwalteten, sehr interessierten und eine sympathische, versöhnliche Haltung ihm gegenüber einnahmen.«

Im Jahre 1905 ging das Gerücht durch die Lande, dass in einem Nebenfluss des Rufiji ein Ungeheuer lebte. Das Wasser, das dieses Tier umspülte, sollte Krankheiten, Hunger und viele andere üble Sachen verhüten, ganz gleich, ob man es trank oder sich über den Körper spritzte. Bald setzten Pilgerzüge zu dem Fluss ein, die in keiner Weise den Verdacht der deutschen Verwaltung erweckten.

Auf einmal verbreitete sich jedoch das Gerücht, das Wunderwasser bewirke, dass europäische Gewehre statt Kugeln Wasserstrahlen von sich gäben, oder es lasse die Kugeln vom Körper des Getroffenen wie Wassertropfen herabfallen. Selbst wenn diese Wunder nicht einträten, so stünden die Erschossenen, die vor ihrem Tode die Medizin getrunken hätten, nach drei Wochen lebendig wieder auf.

Allerdings fehlte den kugelfesten neuen Rebellen ein Führer wie Buschiri oder Mkwawa. Sie waren obendrein darauf angewiesen, aus Telegrafendraht Gewehrkugeln zu machen und mit ihren Vorderladern Scherben von Seltersflaschen zu verschießen. Trotzdem machten sie der Kolonialverwaltung von 1905 bis 1907 sehr schwer zu schaffen.

Dieser neue große Aufstand erregte in der Heimat umso mehr Aufsehen, als man gerade erst in Südwestafrika mit der Rebellion der Herero fertig geworden war. Als der Benediktiner-Bischof Cassian Spieß mit zwei Brüdern und zwei Schwestern getötet wurde, schickte die deutsche Regierung zwei leichte

In dieser Blechhütte hausen wir mitten in der Steppe.
Tagsüber wird sie unerträglich heiß, aber dann sind wir ja draußen.

Kreuzer, eine Kompanie Marinesoldaten und farbige Soldaten von den melanesischen Inseln des Pazifik nach Ostafrika. In dem Krieg, der nun wütete, sollen an die hunderttausend Menschen umgekommen sein, weil die Ernte vernichtet und oft das Vieh weggetrieben wurde. Nach diesen großen Aufständen schuf man in Deutschland das Reichskolonialamt. Sein erster Minister wurde Dr. Bernhard Dernburg, der Darmstädter Bankdirektor. Er reiste zunächst persönlich in den Schutzgebieten umher und berichtete schließlich im Februar 1908 dem Finanzausschuss des Reichstages, »dass die Pflanzer im Krieg mit jedermann stehen, mit mir selbst, mit der Regierung, mit den örtlichen Beamten und schließlich mit den Eingeborenen. Es macht einen sehr ungünstigen Eindruck, so viele weiße Leute mit Nilpferdpeitschen umherlaufen zu sehen.«

Er setzte statt der militärischen eine Zivilverwaltung ein, die aber leider nur noch sieben Jahre tätig sein konnte.

Das britische Regierungshandbuch schließt den Bericht über die Jahre der deutschen Verwaltung mit dem Shakespeare-Zitat: »Was Menschen Böses tun, das überlebt sie. Das Gute wird mit ihnen oft begraben.«

Das Schulwesen für Afrika, das die Deutschen einführten, habe zum Beispiel recht günstig von den angrenzenden britischen Schutzgebieten abgestochen. So gab es 1911 im damaligen Deutsch-Ostafrika 287 europäische und 1256 afrikanische Lehrer mit 67 000 Schülern sowie 31 höhere Schulen. Die Eingeborenen wurden nicht gezwungen, Deutsch zu lernen.

Als der Erste Weltkrieg ausbrach, war gerade ein halbes Jahr vorher der deutsche General von Lettow-Vorbeck nach Tanganjika gekommen, der schon den Boxeraufstand in China mitgemacht, bei der Herero-Rebellion in Deutsch-Südwestafrika verwundet worden war und die Kolonialtruppen von Kamerun befehligt hatte. Er hatte sich also schon reichlich Überseewind um die Nase wehen lassen.

In Tanganjika hatte von Lettow-Vorbeck nur 250 deutsche Offiziere und 2500 Afrikaner unter seinem Kommando. Dem Kreuzer »Königsberg« standen dort drei englische in den Gewässern von Tanganjika gegenüber. Trotzdem gelang es dem deutschen Kreuzer, zweimal auf offener See von Hilfsschiffen Kohle aufzunehmen, einen der englischen Kreuzer zu vernichten und sich dann in den Rufiji-Fluss zurückzuziehen, wohin ihm die englischen Schiffe wegen ihres größeren Tiefgangs nicht folgen konnten. Man musste eiligst schwere Haubitzen aus England herüberbringen, um die »Königsberg« zu vernichten. Ihre Mannschaft aber entkam mit den Kanonen und der Munition und focht unter Lettow-Vorbeck weiter. Zweimal durchbrachen deutsche Hilfsschiffe die Küstensperre und brachten Waffen und Munition.

Lettow-Vorbeck überfiel mit seiner kleinen Schutztruppe bald die Eisenbahnen in Kenia und Uganda und zerstörte ihre Stränge, bald brachte er wieder Rhodesien und Belgisch-Kongo in Unruhe. Englisches Militär, das aus Indien herübergeholt wurde, schlug er, trieb es in die Schiffe zurück und hatte so Ruhe bis 1916.

Inzwischen hatte sich Deutsch-Südwestafrika ergeben. So kam General Smuts von dort mit vielen Truppen, die aber von Malaria-Epidemien heimgesucht wurden, so dass er wenig gegen die deutsche Schutztruppe ausrichten konnte. Im November 1917 ging von Lettow-Vorbeck mit seiner kleinen Truppe auf portugiesisches Gebiet über, führte dort zehn Monate lang Guerillakrieg, erschien dann plötzlich im September 1918 wieder auf deutschem Territorium, fiel anschließend noch einmal in Rhodesien ein und ergab sich erst am 25. November 1918, einige Tage nachdem das Deutsche Reich die Waffen gestreckt hatte.

Er hatte zweifellos mit geringsten Hilfsmitteln den ganzen Krieg hindurch große Teile der alliierten Truppen in Ostafrika gebunden und von anderen Kriegsschauplätzen fern gehalten. Den Einwohnern Tanganjikas selbst allerdings, die zu »schüt-

zen« vorher Engländer und Deutsche gewetteifert hatten, brachte dieser Krieg der Europäer in ihrem Lande, der sie im Grunde wenig anging, nur Blut und Elend.
Die Engländer berichten, dass von Lettow-Vorbeck bei der Übergabe einen tadellosen Eindruck auf sie machte. Er stellte seine Offiziere vor, und der englische Kommandeur die seinen. Die Deutschen durften als Anerkennung dafür, wie ausgezeichnet sie gefochten hatten, ihre Waffen behalten. Eine der ersten Sorgen Lettow-Vorbecks sei es gewesen, zu erreichen, dass seine schwarzen Soldaten ihren rückständigen Lohn bekamen.
Die Influenza hatte 1917/18 wie in aller Welt auch in Tanganjika gewütet und achtzigtausend Schwarze umgebracht. Als dann 1924 die Regenzeit ausblieb, konnte man rechts und links vom Bahndamm die Schädel der Verdursteten liegen sehen, die vergeblich versucht hatten, hier Wasser zu bekommen. Die Briten hatten Tanganjika vom Völkerbund treuhänderisch zur Verwaltung übertragen bekommen, bis auf die übervölkerten Watussi-Königreiche Ruanda und Urundi, die Belgisch-Kongo angegliedert wurden.
Unter deutscher Herrschaft hatte man die Bevölkerung des eigentlichen Tanganjika auf drei Millionen geschätzt. Da Michael und ich vorhaben, bei Hunderttausenden Tieren in Tanganjika Volkszählung zu machen, interessiert es uns, wie man eigentlich in solch einem halbwilden Land die Menschen zählt – ohne Meldeämter und Standesamtsregister. 1931 mussten die Häuptlinge vier verschiedene Sorten Samenkörner abgeben. Die eine Sorte war schwarz und dick, das bedeutete Männer. Bräunliche Körner mit zwei Haaren daran stellten Frauen dar; sie konnten sogar fliegen, wenn man sie in die Luft warf. In ein anderes Säckchen wurden kleine runde Samen gelegt, das waren die Mädchen, und kleine längliche von einer Grasart vertraten die Buben. Für jeden Untertan ein Körnchen ins Töpfchen. Das ist ein schönes Verfahren, aber leider für Zebras und Gnus nicht anzuwenden. Mit Hilfe

dieser Art »Volkszählung«, die also schon viel genauer war als die früheren Schätzungen, ermittelte die neue Verwaltung fünf Millionen Schwarze. Ihre Zahl wächst jedes Jahr um zwei Prozent an.

Ein Teil der ausgewiesenen und enteigneten deutschen Siedler durfte 1925 zurückkommen. Das Dritte Reich förderte die Wiedereinwanderer durch Geldhilfen und Darlehen sehr, und so lebten 1939 bei Ausbruch des Zweiten Weltkriegs in Tanganjika 4054 Briten, die 499 Farmen besaßen, und 3205 Deutsche mit 558 Farmen, während als nächststarke europäische Gruppe 893 Griechen mit 260 Gütern folgten.

Die letzte Volkszählung im Jahre 1957 ergab: 8,6 Millionen Schwarze – sie haben sich also in den letzten fünfzig Jahren fast verdreifacht –, 72 000 Inder, 20 600 Europäer und 19 000 Araber. Die Inder sind meistens als Kulis und billige Arbeitskräfte zum Bahnbau herübergeholt worden. Weil sie genügsam und fleißig sind und in den entlegensten Gegenden kleine Läden aufmachten, wo es kein Europäer aushalten würde, sind die meisten von ihnen zu Wohlstand gekommen. Sie beherrschen heute einen großen Teil des Handels.

Einer der liebenswürdigsten von ihnen ist der britische Zollbeamte in Aruscha, der jedes Mal unsere Instrumente und Habseligkeiten zu kontrollieren hat. Er ist unbestechlich, korrekt wie ein preußischer Beamter und dazu doch hilfsbereit und gutherzig. Michael und ich haben in unserem Leben noch nicht sehr viel mit Indern zu tun gehabt, und so hat dieser Zollbeamte es eigentlich bewirkt, dass wir uns alle Inder sympathisch vorstellen. Ein einzelner Mann kann in der Fremde durch sein Benehmen viel Gutes oder Schlechtes für sein Land tun.

Wir zählen die Tiere

Die Sache der Tiere steht höher für mich als die Sorge, mich lächerlich zu machen, sie ist unlösbar verknüpft mit der Sache der Menschen.
Emile Zola

Jeden Morgen laufe ich jetzt mit dreitausend gelb-schwarz-weißen Thomson-Gazellen um die Wette.

Auf dem Kühler des zebragestreiften Geländewagens liegt waagerecht ein derber Ersatzreifen. Dahinein packe ich ein Kissen, setze mich darauf und stemme die Beine gegen die beiden Wasserkanister, die an der Front des Wagens neben den Scheinwerfern festgeschnallt sind. So sitze ich festgeklemmt und kann auch in Kurven, und wenn der Wagen Sätze macht, nicht so leicht hinuntergeschleudert werden. Unser schwarzer Fahrer Mgabo fährt zwar schnell und kühn, aber er ist dabei noch niemals in ein Loch geraten oder hat mir einen Dornenzweig ins Gesicht schlagen lassen.

Denn ich sitze in der Badehose da – ich habe mir längst alle Angst vor der Äquatorsonne abgewöhnt und trage seit Jahren in Afrika kaum jemals einen Hut. Die heiße Luft umströmt meinen Körper, ich spüre förmlich ihre Wellen.

Einige der weidenden Gazellen laufen neben uns her. Das wirkt ansteckend auf die anderen. Hunderte, Tausende wollen es uns gleichtun, der Wettlauf scheint ihnen förmlich Spaß zu machen. 56 km/h sind ihre Höchstgeschwindigkeit, und wenn man nicht zu stark auf den Gashebel drückt, dann müssen sie unbedingt noch in gestrecktem Lauf dicht vor dem Auto auf die andere Seite überwechseln. Die schlanken großen Impala-Antilopen mit ihren geringelten, ausladenden Hörnern tun das grundsätzlich und springen dabei mit allen vier Beinen gleichzeitig mit einem hohen Satz in die Luft.

So fahren wir jeden Morgen von unserer Blechhütte aus zweieinhalb Stunden dorthin, wo zwei Mechaniker unserer flügellahmen D-ENTE neue Beine anschrauben. Das kostet sie hier in der Steppe ganze Ströme von Schweiß, denn sie müssen ohne elektrischen Strom all die Hunderte Schraublöcher millimetergenau mit der Hand durch den Stahl bohren. Zwar leben die beiden seit langen Jahren in Afrika, aber in der großen Stadt Nairobi, und so erzählen sie uns jedes Mal begeistert, wie bei Tag Zebras dicht am Flugzeug waren oder dass nachts Hyänen neben ihrer Hütte geheult haben. Ihr größter Wunsch ist es, Löwen aus der Nähe zu sehen. Das lässt sich machen. Wir brauchen sie nur mit dem Wagen zwei Kilometer weit in die Steppe zu fahren.

Die Lehmhütte, die ihnen zum Schlafen dient, wird sonst von den schwarzen Pfadfindern des Parks auf ihren Pirschgängen als Unterschlupf benutzt. Sie hat ein Kegeldach aus Stroh. Vor drei Monaten trafen zwei dieser mutigen Leute eines Tages vor der verschlossenen Tür der Hütte auf Blut- und Schleifspuren. Sie folgten ihnen und fanden den halben Schädel und die Kinnlade einer Frau. Sie musste wohl verwundet oder schwer krank gewesen sein und hatte sicher gehofft, in der Pfadfinderhütte Hilfe und Schutz zu finden. Vor der verschlossenen Tür war sie dann in der Nacht von Raubtieren zerrissen worden. Man hat nicht herausbekommen, wer sie eigentlich war.

Während wir eines Tages außerhalb der Parkgrenzen in der Gegend von Ikoma querfeldein fahren, hält uns ein kleiner Junge an und bittet um Hilfe. Wir nehmen ihn in den Wagen, er weist uns den Weg. Im Innern einer großen Hütte liegt ein schwer verwundeter alter Mann stöhnend auf der Erde. Seine Angehörigen haben ihm Rinderhäute untergelegt. Obwohl sein Leib verbunden ist, wird die Blutlache unter ihm immer größer. Er atmet schwer. Draußen steht der schwarze Sanitätsgehilfe, der eine Art kleines Hospital in dem Flecken Ikoma leitet. Er rackert sich vergeblich ab, seinen kleinen Lastwagen wieder in Gang zu bringen. Wir bocken sein Gefährt auf, borgen ihm unsere Luftpumpe, und Mgabo ist zwei Stunden lang beschäftigt, den Reifen zu flicken. Die Dorfleute helfen vergnügt mit, sie schwatzen und lachen, während der Alte drinnen im Halbdunkel der Hütte röchelt. Wie wir endlich den Wagen wieder in Gang gebracht haben, weigert er sich hartnäckig, sich wegschaffen zu lassen. »Nein, lasst mich hier sterben, in meinem Haus, zwischen meinen Frauen!« Wir können das gut verstehen.

Seine Leute erzählen, er sei bei der Arbeit auf seinem Feld von einem Kaffernbüffel angefallen worden, der ihm den Leib aufgerissen hat. Wir glauben, dass er wohl gewildert und das Tier mit einem Giftpfeil angeschossen hat, denn Kaffernbüffel greifen nicht so leicht aus heiterem Himmel an. Der Alte stirbt ein paar Stunden später auf seinem Lager aus Rinderhäuten.

Wir selber haben Büffel nur als harmlos kennen gelernt und können Fotos vorweisen, auf denen wir mitten in Büffelherden stehen. Ich halte sie für etwa so gefährlich wie Hauskühe, wobei nicht zu vergessen ist, dass auch unsere zahmen Bullen und sogar auch einmal eine Kuh hier und da Menschen angreifen, verletzen oder gar töten.

Myles Turner, der Wildhüter der westlichen Serengeti-Hälfte, hat ja früher den größten Teil seines Lebens als Jäger, sogar als Berufsjäger verbracht. Ihn frage ich, wie es denn mit der Bösartigkeit der Kaffernbüffel stehe. Myles überlegt, rechnet in Gedanken nach und meint dann: »Na, so achthundert bis neunhundert Büffel habe ich sicher schon in meinem Leben geschossen.« Ob er dabei in Gefahr gekommen sei?

»Nein. Das heißt doch, einmal. Der Büffel war verwundet. Er flüchtete zwei-, dreimal in ein Gebüsch. Aber immer wieder stöberten wir ihn auf und trieben ihn hinaus. Bis es ihm zu dumm wurde und er endlich zum Angriff überging.«

Etwa zwei Kilometer von unserem Lager am Banagi-Hügel entfernt haben die Arbeiter eine »Ziegelei« angelegt; aus Lehm formen sie viereckige Stücke und lassen sie an der Sonne trocknen. Leider war der Platz dieser »Ziegelei« vorher schon lange der Standpunkt eines alten Büffels. Der denkt nicht daran, ihn wegen der Lehmziegel aufzugeben, sondern steigt mitten in die halbfesten Brote hinein und stellt sich hartnäckig über Mittag unter den Baum, in dessen Schatten er schon immer gedöst hat. Im Nationalpark wird nicht geschossen, also muss man warten, ob ihm die Sache nicht doch zu bunt wird; wenn nicht, nun, dann wird man versuchen, ihn anderswie zu vertreiben.

Allerdings weiß man nie, was so einem alten Büffel-Herrn in den Kopf kommt. Vor vierzehn Tagen landeten wir über das Haus von Myles hinweg und störten dabei einen Büffel, der nicht weit davor stand. Das knatternde Ungetüm in der Luft brachte ihn derart auf, dass er wild herumsprang und im Zorn einen Busch angriff.

Zwischen dem Haus des Wildhüters und unserer Blechhütte ziehen täglich vier alte Bullen durch. Einer scheint blind oder fast blind zu sein, er folgt jeder Bewegung des einen seiner jüngeren Kameraden und hält seinen Kopf stets dicht an dessen Flanke. Ein anderer fast blinder alter Bulle hat vor zwei Monaten die Straße von Banagi nach Ikoma blockiert. Er stand eine Zeit lang fast täglich etwa fünfzig Meter von ihr entfernt unter einem Baum und machte den Radfahrern zu schaffen. So bekamen unsere Boys viel seltener Besuche aus Ikoma, und jeder, der durchkam, erzählte haarsträubende Dinge von dem alten Kaffernbüffel.

Die schwarzen Studenten von der Ingenieurschule in Kampala pflegen im Königin-Elisabeth-Nationalpark in Uganda für ein Vierteljahr praktisch zu arbeiten, meistens beim Straßenbau. Einer von ihnen fuhr nach Feierabend auf dem Gepäcksattel seines Kameraden nach Hause. Am Weg stöberten sie einen Büffel auf, der böse wurde und sie angriff. Zwar trat der Radfahrer tüchtig in die Pedale, aber der Büffel holte sie ein und war mit seinen Hörnern schon neben ihnen. Er wollte zustoßen. Da stülpte ihm der zweite Student auf dem Gepäcksattel in Angst und Verzweiflung seinen Hut über die Augen. Das Tier war so verdutzt und erschreckt, dass es zur Seite sprang und weglief.

Wenn die Rinderpest durchs Land zieht, kommt es vor, dass sich kranke Kaffernbüffel mitunter völlig anders benehmen. Dann greifen sie überraschend an und haben hier und da auch schon auf Autos eingestoßen. An Mut fehlt es ihnen überhaupt nicht. Es ist schon beobachtet worden, wie sich ein Bulle gegen einen Löwen stellte, der ihn angriff, und das Raubtier durchbohrte. Die Reste des Löwen fraßen die Krokodile.

In einem anderen Fall ging eine kleine Herde von Kaffernbüffeln gegen drei Löwen vor, die gerade zwei Gnus gejagt hatten und sie verzehren wollten. Die Büffel trieben die Löwen von ihrer Beute weg und hielten sie eine Stunde lang fern; Zeit genug für die Geier, die nicht viel davon übrig ließen.

Mit Elefanten haben Kaffernbüffel gemeinsam, dass sie mitunter ihre angeschossenen Kameraden nicht im Stich lassen. Sie stoßen sie mit den Schnauzen an, um sie zum Aufstehen zu bewegen. Während Nashörner, Flusspferde und Giraffen recht leicht zu erlegen sind, haben Büffel ein zähes Leben. Wenn sie nicht gut getroffen sind, laufen sie noch lange weiter, verkriechen sich im Gestrüpp und können dann unvermutet angreifen, wenn der Jäger suchend umhertappt, ohne zu wissen, wo das Tier eigentlich steckt. So etwas ist dann nach Ansicht mancher Leute sehr »heimtückisch« und »bösartig« von einem Kaffernbüffel ...

Lange hing unser »Geflügeltes Zebra« an einem Flaschenzug unter einem Dreifuß aus gefällten Bäumen, nun hat es wieder feste eigene Füße, auf denen es über die Steppe rennen und sich in die Lüfte schwingen kann. Auch die anderen Schäden

Angesichts der Aufgabe, dieses Ameisengewimmel zu zählen, wurde uns unbehaglich.

sind behoben. Wir fordern die beiden Mechaniker auf, den ersten Probeflug mitzumachen. Sie haben das Zebra ja schließlich wieder auf die Beine gebracht und müssen am besten wissen, ob man sich ihm anvertrauen kann. Aber sie lehnen dankend ab. Der eine hat ja ohnehin geschworen, nie wieder ein Flugzeug zu besteigen, und auch der andere zieht es vor, auf der Erde zu bleiben und im Auto zu fahren. Ich gehe zur Maschine hinüber und bemerke, dass Michael den zweiten Pilotensitz nicht wieder eingeschraubt hat. Sollte er wirklich die Absicht haben, allein zu fliegen?

Ich frage ihn. Er erwidert: »Wenn etwas passiert, muss wenigstens einer von uns übrig bleiben, sonst war hier alles umsonst.«

Ich werde böse; es kommt zu einer Art Kraftprobe zwischen uns beiden. Michael erdreistet sich, mir zu sagen: »Du weißt, der Pilot hat allein zu entscheiden, ob er Passagiere mitnimmt.«

Das ist stark. Ich bin wütend. Väter werden das manchmal, wenn ihre Söhne sie kommandieren wollen. Doch die anderen stehen dabei, ich darf mir nichts anmerken lassen.

Als aber Michael sich in seinen Khakihosen bückt, um den biegsamen Wasserkanister aufzuheben und ins Flugzeug zu setzen, hole ich weit aus und schlage ihm aus Leibeskräften hinten drauf. Seit alters herrscht zwischen uns die unfeine Sitte, den anderen im unrechten Augenblick und völlig unerwartet auf den Oberschenkel zu schlagen oder wo es sonst gerade passt.

Unsere beiden Frauen haben vergeblich versucht, uns das auszutreiben. Ich habe mit der Zeit einen recht harten Handschlag entwickelt. Diesmal scheint mir der Hieb besonders gut gelungen zu sein, ich spüre es am Brennen meiner Hand. Michael tut wie immer gerade so, als habe er überhaupt nichts gespürt. Ahnungslose Besucher sind manchmal peinlich erschrocken,

Wir zählten 168 000 Flamingos am Natronsee (oben).
Das Buschbaby machte die zehntausend Kilometer lange Reise im Flugzeug mit (unten).

wenn so etwas mitten in einem an sich friedlichen Gespräch passiert. Sie wissen nicht, dass wir uns in solchen Augenblicken besonders gut verstehen.
Wie auch jetzt. Der Bann ist gebrochen. Wir schrauben den zweiten Pilotensitz ein, wir rollen langsam über die Steppe, um einen lochfreien Startstreifen zu finden, wir drücken auf den Gashebel, und mit dem vertrauten Gebrumm lassen wir unsere Freunde hinter uns auf der Erde zurück.
Alles geht gut. Es geht *immer* alles gut, wenn man auf Unheil vorbereitet ist. Die wirklichen Schicksalsschläge treffen uns unerwartet aus heiterem Himmel.
Wir haben gestern früh um halb sieben Uhr über unseren Feld-Radiosender Colonel Molloy, der als Direktor des Nationalparks in Aruscha sitzt, gebeten, aus Nairobi in Kenia eine kleine Leihmaschine herzubeordern. Sie soll die beiden Mechaniker und ihr Handwerkzeug zurückholen, denn der eine hat sich schweren Herzens entschlossen, ausnahmsweise doch zu fliegen.
So eine Durchsage mit unserem Park-Radiokasten ist gar nicht einfach. Unsere Leute in Frankfurt wundern sich, dass wir ihnen grundsätzlich nur englisch telegrafieren. Aber buchstabieren Sie einmal durch ein heiseres Radio, das fortwährend kreischt, zischt und knattert, buchstabenweise deutsche Wörter durch, von deren Bedeutung der Empfänger in der nächsten Station nichts ahnt.
Einmal hat sich der Direktor selber bemüht, uns ein endloses Telegramm von über hundert Wörtern fast zwei Stunden lang Buchstaben für Buchstaben zu übermitteln, und trotzdem saßen wir beide noch am Abend bei Hyänengesang zusammen und versuchten einen Sinn in den Wortsalat zu bringen. Diesmal sind wir empört, als uns durchgegeben wird, wir sollten noch einen Platz für eine Dame schaffen. Also bringt der Pilot der Chartermaschine auch noch seine Frau oder seine Freundin mit! Schließlich müssen *wir* die Maschine bezahlen, und wir wollen alle Sitze ausnutzen.

Aber unser Zorn ist unberechtigt. Der kleinen Cessna-Maschine entsteigt der Pilot allein. Er ist allerdings weiblich.
Das Wiederfliegenkönnen wird gefeiert. Im Dunklen vor unserer Blechhütte machen wir eine richtige Feuerzangenbowle. Michael muss sich hinknien. Gordon schlägt ihm mit der flachen Seite eines Massai-Schwertes auf die Schulter, dass es knallt, er überreicht Michael ein kleines gestreiftes Pferd mit zwei Schwingen. Frau Harvey hat diesen Pegasus aus Blech geschnitten, bemalt und eine Urkunde dazu geschrieben:

DIE SCHWINGEN DER SERENGETI
verliehen an
MICHAEL GRZIMEK

durch die Beamten der Östlichen und der Westlichen Serengeti und ihre Ehefrauen in Anerkennung seines Tieffliegens und seines hochfliegenden Geistes, seiner Schonung gegenüber dem Leben von Mensch und Tier, seiner ständigen Bereitschaft, jedermann jederzeit an jeden Platz zu fliegen, seines Lächelns über unseren Zorn, dafür, dass er niemals klagt, und vor allem: für alle seine unermüdlichen Verdienste um die Sache der wilden Tiere.

Die Sache droht sehr feierlich zu werden; Conny hat schon Tränen in den Augen. Ich rette die Festlichkeit durch einen zweiten Ritterschlag von hinten, als Michael sich zum Danke bückt.
Die Bowle ist stark und löst allerlei Folgen aus. Ein Kanonenschlag, den Hermann Gimbel heimlich auf dem Metalldach detonieren lässt, wirft uns fast auf die Erde. Michael wird von den anderen gefesselt und mit einem gelben Nylonhalsband um den Bauch verziert, mit dem wir sonst hier die Zebras markieren. Obwohl unser Wasser so knapp ist, werden die meisten

Gäste bis auf die Haut nass. Mein Sohn verbrennt sich an einem Feuerwerkskörper die Hand. Als die Poolmans mit den beiden Mechanikern abfahren, stellt Hermann ihnen insgeheim oben auf den Jeep vor das Ausstiegsloch eine Schüssel mit Wasser. Die schwappt beim Fahren langsam aus, die Insassen werden nass bis auf die Haut, glauben aber in ihrer beseligten Stimmung, es regne.

Am nächsten Tage sagt Conny Poolman ganz begeistert: »It was a wonderful party, like Christmas Eve – es war eine wundervolle Gesellschaft, wie am Heiligen Abend!« – Ich bin über diese Feststellung zunächst etwas verblüfft, denke aber dann an unseren Weihnachtsabend in Juba und dass Engländer Weihnachten ähnlich feiern wie wir Neujahr.

Es ist schön, so mitten in der Steppe ein Haus zu haben. Wenn es auch nur aus Blech ist. Gehen wir in Europa unserer Arbeit nach und es will bei dem trüben Wetter im Winter kaum hell werden, oder haben wir die vielen Mitmenschen da oben mal wieder so richtig satt, dann denken wir manchmal im Stillen an die weiten weichen Wellen der Serengeti und unsere zweite Heimat da unten, die graue Blechhütte zwischen Löwen und Zebras. Sie ist so klein, dass man sie auch von der Luft aus nur findet, wenn man den Seronera-Fluss entlangfliegt, bis man auf den Banagi-Berg stößt. Da steckt sie dann irgendwo zwischen den lockeren Bäumen.

Sie hat keinen Fußboden, sondern die Blechtafeln sind einfach zusammengeschraubt und auf die Steppe gestellt. Auszukehren braucht man also nicht. Der Fußboden besteht aus feinem, leicht rötlichem Staub. Deswegen sieht man sich vor dem Schlafengehen seine Füße lieber gar nicht erst an, wenn wieder einmal

Das Buschbaby springt in hohen Sätzen wie ein kleines Känguru über die Steppe (oben). Es muss jede Flasche untersuchen (unten links). Die Kafferntrappe dreht uns stets den Rücken zu, damit sie notfalls weglaufen und dabei auffliegen kann (unten rechts).

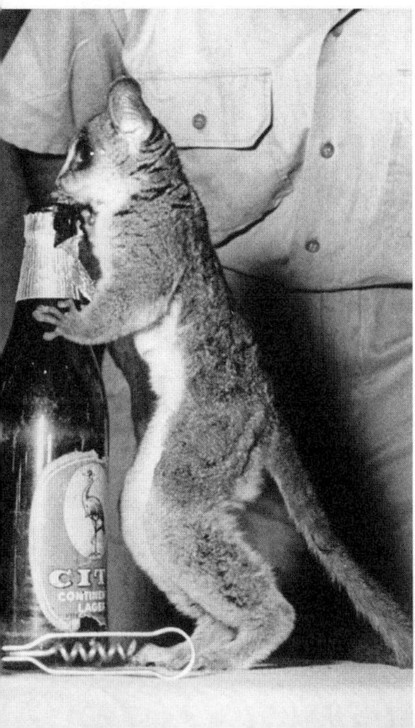

das Wasser knapp ist. Auch auf dem Kopf kratzen darf man sich nicht, sonst hat man sofort kohlschwarze Fingernägel. Michael und ich fragen uns oft, was wohl Eri, seine Frau, und Hilde, meine Frau, sagen würden, sähen sie diese Wirtschaft.
Nachts ist es kühl, über Mittag dafür furchtbar heiß, aber wir sind tagsüber noch nie in unserer Hütte gewesen. Auch die Boys kochen in einem kleinen, offenen Wellblechschuppen, der ein paar Meter entfernt steht.
Eines Nachts hüpft unser Buschbaby zur offenen Tür hinaus. Es hat zwar sicher nicht die Absicht, uns davonzulaufen, aber wer weiß, was ihm da draußen alles passiert. Dort gibt es Schlangen. Erst hören wir es an der Blechwand entlanghüpfen. Es will offensichtlich durch eines der Fenster wieder hereinkommen, aber die sind vergittert. Wir nehmen die großen Laternen und versuchen es wieder einzufangen. Doch der kleine Kerl spielt Haschen mit uns, er entdeckt den Baum neben dem Haus und springt daran in die Höhe. Zu guter Letzt hockt er fünf Meter hoch über dem Dach unserer Hütte. Im Schein der großen Taschenlampe können wir ihn gut sehen, denn der Baum hat um diese Jahreszeit nicht ein Blatt. Wir rufen, wir werfen vorsichtig mit Steinen, doch der Ausreißer rührt sich nicht. Schließlich nehme ich Michael auf die Schultern, er klettert auf das Dach, ich gebe ihm eine lange Stange hinauf, und er schlägt gegen den Ast, auf dem das Buschbaby sitzt. Es tut einen Plumps, und das Tierchen fällt auf das Dach. Einem so ausgezeichneten Springer macht das gottlob nichts aus.
Es ist nicht leicht, unser Buschbaby, das zehntausend Kilometer aus meinem Frankfurter Arbeitszimmer bis hier herunter mit uns gereist ist, richtig zu ernähren. Da es keine Mehlwürmer zu kaufen gibt, müssen wir Heuschrecken für unseren

Den Tüpfelhyänen, nicht den Löwen, fallen die meisten Jungen der Steppentiere zum Opfer (oben).
Unübersehbar sind die Scharen der Thomson-Gazellen (unten).

kleinen Pflegling fangen. Das ist schwieriger, als es sich zunächst anhört. Erstens sehen die Heuschrecken haargenau aus wie ein Stückchen von dem vertrockneten Gras. Wir entdecken sie erst, wenn wir durch das Gelände gehen und sie dabei von uns wegspringen. Will ich aber dann einen Hut oder die Decke oder die Hand auf so einen Hüpfer tun, dann ist er immer im letzten Augenblick davongesprungen.
Allmählich finden wir heraus, dass es zwei Jagdarten für Heuschrecken gibt. Entweder man merkt sich genau, wo eine hingesprungen ist, und nähert sich ihr dann ganz langsam, Zentimeter um Zentimeter, zum Schluss Millimeter um Millimeter, bis man mit der Hand dicht über ihr ist. Solche ganz langsamen Bewegungen nehmen sie anscheinend kaum wahr. Oder man jagt die Sprungkünstler müde, geht ihnen fortwährend nach, bis sie vierzig-, fünfzig-, sechzigmal weggehüpft sind und nicht mehr so recht können.
Unsere Boys müssen jeden Tag »Dudus« fangen und in ein leeres Marmeladenglas sperren, damit wir abends sehen, ob sie auch wirklich auf Jagd gewesen sind. Außerdem isst unser Buschbaby gern trockene Käsebiskuits und langt mit dem Kopf bis tief in die Marmeladengläser.
Es hat hier in unserer Hütte ein herrliches Reich. Wir haben nämlich an den Blechwänden leere Kisten so aufgestapelt, dass ihre Öffnungen in den Raum hineinsehen. Die benutzen wir als Regale. Wir legen unsere Vorräte dort hinein, in die eine Kiste lauter Beutel mit Suppenpulver, in die nächste Gemüsekonserven, in die dritte Fleischbüchsen, Stapel frischer Ananas, die nachreifen, Kohl, Apfelsinen, Äpfel. Da wir ein eigenes Flugzeug haben, können wir alle paar Tage frische Vorräte aus Nairobi oder Aruscha heranholen.
Außerdem haben wir einen hochmodernen Kühlschrank, der natürlich nicht elektrisch, sondern mit Petroleum betrieben wird. So können wir sogar richtiges Speiseeis machen, wozu wir unserem tüchtigen schwarzen Koch Desusa allerdings

immer erst die Gebrauchsanweisung von den Eispulverbüchsen übersetzen müssen, da er ja nicht Englisch lesen kann.
Ein sympathischer Mann, dieser Koch, intelligent und fleißig. Wir haben ihn noch niemals von der Küche aus zu unserer Hütte Schritt gehen sehen, er läuft immer Trab. »Bwana makuba isst dunkles Brot, damit er nicht dick wird. Ich möchte auch nicht dick werden, deswegen laufe ich Trab«, antwortet er, wenn man ihn fragt, warum er immer so rennt. »Bwana makuba«, der Suaheli-Ausdruck für »großer Herr«, bin übrigens ich. Michael und unsere zeitweiligen anderen Helfer werden von den schwarzen Boys mit den Vornamen angeredet. »Bwana makuba« ist kein so besonders hoher Titel, ich höre, dass sich die Schwarzen gelegentlich untereinander auch so anreden.
Wenn unser Eisschrank nicht mehr richtig kühlt, muss man ihn abstellen, auftauen lassen und – was sicher keine Hausfrau in Deutschland wüsste – einfach auf den Kopf stellen, mit den Beinen nach oben. So bleibt er einen Tag stehen.
Einmal allerdings half auch das nichts. Selbst die Petroleum-Glasglühlichtlampen, die übrigens für halb Afrika in Deutschland hergestellt werden, brannten immer trüber. Sie haben sonst ein grelles, scharfes Licht; früher hingen sie über den Verkaufsständen auf unseren Jahrmärkten. So eine Lampe ist ziemlich kostspielig, aber gutes Licht muss man an den langen Abenden in Afrika haben.
Michael ließ die trüben Funzeln ausgehen, nahm die Glühstrümpfe ab und band neue dafür hinein, er füllte immer wieder zum Vorheizen Spiritus auf die Pfannen, aber nichts wollte helfen. Endlich kamen wir hinter die Ursache. Der neue Verkäufer in dem indischen Laden in Ikoma hatte uns statt Petroleum einen ganzen Kanister Insektenbekämpfungsmittel zum Einfüllen in die Fliegenspritzen verkauft. Das war für ihn ein arges Verlustgeschäft, aber wir wunderten uns, dass das Zeug überhaupt gebrannt hatte, und wir waren froh, dass er uns nicht etwa Benzin abgegeben hatte. Hier wird ja alles in diesel-

ben Kanister gefüllt. Vor ein paar Monaten hat jemand in Kenia aus Versehen oder aus Dummheit Benzin in die Glühlichtlampen gefüllt und ist bei der Explosion verbrannt.

In den Kistenregalen an den Wänden liegen auch unsere Bücher, die Foto- und Filmapparate, Schreibmaschinen, Stricke, Werkzeug, kurz, es sieht aus wie in einem indischen Dorfladen in Afrika. Überall kann das Buschbaby in Riesensätzen herumspringen, auch unter dem Blechdach, wo wir an Haken viele Dinge angehängt haben, die wir aus dem Wege haben wollen.

Wenn wir bei Tisch sitzen, springt es von Kopf zu Kopf, holt sich seinen Anteil von den Tellern und isst ihn auf meiner Schulter. Abends muss es in seinen Kasten, sonst rumort es die ganze Nacht auf den Moskitonetzen herum. Aber es lässt sich nicht so leicht einfangen; es hat seinen Stammplatz auf der Kiste mit den Medikamenten und Fieberthermometern. Will man es dort greifen, dann beißt es in die Finger. Deswegen muss ich warten, bis der kleine Kerl mit mir spielt. Er überfällt eine Hand von mir, stellt sich auf die Hinterbeine, breitet die Ärmchen weit aus, schimpft und schlägt sich mit meinen fünf Fingern herum. Bei dieser Gelegenheit kann ich ihn dann in sein Häuschen setzen, ohne dass er das übel nimmt.

Ich habe Sorge, dass nun wieder viele Leute an mich schreiben und bitten, ich möchte ihnen Buschbabys besorgen. Deswegen möchte ich auch die Schattenseiten so eines Knirpses nicht verschweigen. Buschbabys haben die sehr unfeine Angewohnheit, sich den eigenen Urin in die Handflächen der Füßchen und der Ärmchen zu spritzen, ihn dann zu verreiben und einem mit diesen nassen Händchen ins Gesicht zu springen. So werden alle Wände und Möbel, auf denen sie entlangspringen, parfümiert, und das Zimmer riecht entsprechend, wenn man nicht ständig das Fenster offen haben kann.

Wenn ich weiter oben Seronera-»Fluss« sagte, so gilt das nur für die Regenzeit; dann allerdings muss man manchmal tagelang warten, bis man den reißenden Strom mit dem Auto überqueren kann. In der Trockenzeit, also von Juni bis Oktober, ist er nur ein leeres Bett, in dem hier und da Tümpel mit Wasser stehen geblieben sind. Dort trinken alle Tiere, die Familien der Pfadfinder in den Hütten um Turners Haus waschen auch ihre Wäsche darin, holen ihr Wasser und waschen sich täglich selber mit Seife von Kopf bis zu Füßen. Wie dieses stehende Wasser aussieht und riecht, kann sich jeder vorstellen.

Wir holen diese Flüssigkeit in großen Eisentonnen mit dem Auto, und die Boys waschen darin unsere Wäsche. Das ist der Grund, warum man im afrikanischen Busch alles gelblich, khakifarben tragen muss. Unsere Unterhosen, die ja eigentlich weiß sind, nehmen bei jeder Wäsche immer mehr diese Farbe an. Wenn wir sie sauber mit nach Frankfurt bringen, fassen unsere Ehefrauen sie vorsichtig zwischen zwei Finger und werfen sie in die Schmutzwäsche.

Richtig weiß bekommt man die Wäsche hier nur mit Regenwasser, das sehr knapp ist. Es wird in der Regenzeit in Banagi und in Seronera von den Dächern mit Röhren in unterirdische, zementierte Zisternen geleitet. Man hat sogar zementierte Kanäle von den großen Felsblöcken aus dorthin gebaut. Diese Zisternen stehen unter Schloss und Riegel. Wir holen nur jede Woche einmal eine Tonne Wasser zum Kochen und Zähneputzen. Zur Vorsicht läuft das noch durch den Bakterienfilter.

Der Küchenhilfsboy Jambuna hatte eines Tages mal wieder vergessen, Wasser oben in den Filter nachzugießen. Als ich ihn ausschalt, erwischte ich ihn kurz hinterher, wie er das Wasser gleich unterhalb des Filters in den reinen Behälter goss, »damit es schneller geht«.

Über Jambuna muss man abwechselnd jammern und lachen. Mal steht er tiefsinnig neben kochenden Eiern und hält die Eieruhr in der Hand, hat sie aber vorher nicht umgedreht. Dann kocht er mit dem Eierwasser Tee, der merkwürdig blaugrün aussieht. Wir müssen ihn abends stets mit dem Wagen bis zu den Hütten fahren, wo die Boys schlafen, weil er Angst vor

Löwen hat. Wenn wir ihm nicht ständig Tabletten eingeben, bekommt er immer wieder Malariaanfälle. Wir müssten ihn längst entlassen haben, bringen es aber nicht übers Herz.
Alle Boys naschen gern Zucker, auch die Streichhölzer nehmen verblüffend schnell ab. Lachend erzählt unser Koch Desusa, wie ihm die Hausfrau, bei der er als Junge Kochen lernte, das Naschen abgewöhnt hat. Obwohl er sich nicht erwischen ließ, zog sie ihm am Monatsende das Geld für ein Pfund Zucker ab. Er hatte nämlich nicht gemerkt, dass sie jeden Tag flink eine lebende Fliege fing und in die Zuckerdose setzte. Eine Weile später war die Fliege entflohen, und so wusste sie, dass Desusa mal wieder den Deckel aufgemacht hatte.
Eines Abends sitzen wir bei Licht vor der Tür. Plötzlich hören wir Hufe dröhnen und haben knapp Zeit aufzuspringen: schon stürmt ein ausgewachsenes Gnu ins Lager bis auf zwei Meter vor unseren Tisch. Wir brüllen es an, das Tier steht, starrt auf uns, dreht sich dann herum und läuft weg. Kaum haben wir uns niedergesetzt, da hören wir schon wieder Galoppieren, und zum zweiten Male kommt das Gnu aus der Finsternis; diesmal stoppt es erst einen halben Meter vor uns. Wir werfen ihm unsere Jacken an den Kopf – es verschwindet im Dunkeln. Uns langt das. Wir holen die Signalpistole aus der Hütte und warten auf seine Wiederkehr. Diesmal hört sich die Einleitung ungeheuerlich an; der Donner der Hufe wird immer lauter und kommt rasch näher. Noch einmal erscheint das Geister-Gnu, aber jetzt wirft es die Stühle um, verfehlt den Tisch um Zentimeter, saust an uns vorbei und springt mit lautem Platschen in das Wasserloch hinten im Flusslauf. Wir haben nie herausbekommen, was in dieses Gnu gefahren war.
Die Wildhüter unseres Parks sind nun schon seit ein paar Wochen durch Lloyds in London als Fluggäste von uns versichert. So sind Michael und ich jeden Tag emsig dabei, die große Volkszählung der Serengeti-Vierbeiner vorzunehmen. Wir haben unser Riesenreich dazu in zweiunddreißig Bezirke eingeteilt, die

wir uns einzeln vornehmen. Das ist gar nicht leicht, denn es gibt ja noch keine Landkarte, sondern nur eine einfache Skizze, auf der die meisten Flüsse und Hügel gar nicht zu finden sind. Auch die Entfernungen stimmen nicht. So suchen wir nach einem typischen Steinblock oder einem trockenen Flusstal und nehmen das dann als Grenze zum nächsten Bezirk. Oder wir visieren einen Vulkan am Horizont an, der uns als Richtpunkt dient. Wo selbst das nicht geht, werfen wir auch einmal einen Papierbeutel voll Kalk hinunter, der dann aufplatzt und einen weißen Markierungspunkt abgibt.

Michael macht den Piloten. Er muss höllisch aufpassen, dass er immer über dem einmal ausgesuchten Bezirk bleibt und Streifen hin- und herfliegt, die stets den richtigen Abstand haben. Wir fliegen genau nach dem Kompass von Osten nach Westen und zurück, denn bei dem Ostwind, der hier ständig bläst, haben wir dann immer genau Rückenwind oder Stirnwind und werden nicht so leicht seitlich abgetrieben. Für gewöhnlich fliegen wir fünfzig bis hundert Meter hoch. In dieser Höhe kann man beiderseits fünfhundert Meter bequem überblicken, die Tiere unterscheiden und auch noch die Jungtiere erkennen. Meistens sitzen außer Michael zwei Zähler im Flugzeug, einer von ihnen bin immer ich. Wir sehen nach derselben Seite. So können wir nachher vergleichen, was bei jedem herausgekommen ist. Das ist eine gute Sicherung gegen ungenaues Zählen. Jedem von uns liegt eine Liste auf dem Schoß, auf der die zwanzig wichtigsten Tierarten Spalten haben.

Ist die Erde leer oder läuft nur mal hier eine Hyäne und dort eine kleine Gruppe Strauße herum, dann fliegen wir mit einer Geschwindigkeit von 220 Kilometern in der Stunde. Ist es aber unten belebt mit Tieren, dann schwenkt Michael die Klappen aus, und wir werden immer langsamer, bis herunter auf 50 Kilometer. Stundenlang können wir in der Bergluft allerdings nicht so langsam fliegen, sonst überhitzt sich der Motor. Jeder von unseren Zählern muss im Blick haben, wie breit ein Streifen von fünfhundert Metern aus dieser Höhe ist. Dazu haben wir in Banagi die gleiche Entfernung mit weiß gekalkten Steinen auf der Erde markiert und fliegen mit unseren Helfern erst ein Dutzend Mal darüber, bis sie den richtigen Abstand sicher schätzen können. Am Ende der Streifen müssen wir immer wieder in Kurven umkehren, und das geht bei Leuten, die es nicht gewohnt sind, über die Magennerven. Da vor den Pilotensitzen nur Glas ist, hat Michael gute Sicht. Er kann sofort langsamer werden, wenn sich vorn etwas an Tieren zeigt. So fliegen wir die ganze Serengeti und das Hochland der Riesenkrater in Streifen von einem Kilometer Abstand ab. Da wir zu unseren Zählbezirken von Banagi aus auch noch einen recht langen Zu- und Abflug haben, lässt sich ausmalen, welche endlosen Strecken wir zu fliegen haben und wie viel sündhaft teures Benzin wir verbrauchen. Denn das Flugbenzin kommt über das Meer, dann auf der Tanganjika-Eisenbahn weiter bis an den Victoriasee, wird vom Schiff umgeladen und reist endlich mit dem Lastwagen in der Trockenzeit, wenn die Gegend befahrbar ist, bis zu unseren Stützpunkten. Jeden Kilometer kostet es mehr, und meistens sind die Kanister und Tonnen nur noch halb voll. So löst sich unsere Habe in Knattern und Gestank auf.

Was die Steppentiere von diesem dröhnenden »Zebra« in der Luft halten? Einzelne Kongoni-Antilopen, Gnus und Topi-Antilopen und Zebras kümmern sich erstaunlich wenig darum. Ja, auf unserem Landestreifen mussten wir einmal durchstarten und konnten nicht landen, weil ein Thomson-Gazellenbock nicht aufzustehen geruhte.

Kleine Gruppen von fünf bis fünfzehn Zebras oder Gnus laufen dagegen von der Flugbahn unserer Maschine zur Seite, aber meistens nicht weiter als hundert Meter. Oft versuchen sie, genau wie vor dem Auto, unseren Weg noch schnell zu überqueren. Große Herden von über fünfzig Tieren flüchten viel weiter, mitunter mehrere hundert Meter weit, ehe sie wie-

der stehen bleiben und uns nachgucken. Wir können von hier oben prächtig beobachten, dass es nur einzelne, besonders ängstliche Tiere in so einer Herde sind, die plötzlich davonstürmen und die anderen mit ihrer Flucht anstecken. Je mehr Gnus zusammen sind, umso größer ist die Aussicht, dass ein oder mehrere mit solch empfindlichen Nerven darunter sind; daher fliehen große Herden eher als kleine Gruppen und Einzeltiere.
Die gelben Gazellen bleiben meistens ganz ruhig. Erst wenn wir ganz dicht, etwa auf zwanzig oder zehn Meter hinuntergehen, fangen sie an zu flüchten, aber ganz anders als die großen Gnus und Zebras. Die kleinen Kerle flitzen im Zickzack mit Hakenschlagen nach allen Richtungen auseinander. Wahrscheinlich ist das ein gutes Mittel, um Adler, die sie schlagen wollen, zu verwirren.
Auch wenn wir den Motor abstellen und im Gleitflug segeln, bemerken uns Zebras schon in fünfzig Meter Höhe. Giraffen, die an Bäumen stehen, stören sich überhaupt nicht an dem Flugzeug, und auch sonst kann man nahe an sie heranfliegen, sie laufen höchstens fünfzig Meter weit. So ist es auch mit den Straußen. Meistens fangen sie mit gestelltem Schwanz und Flügelschlagen an zu tanzen; sie wollen drohen und Eindruck machen. Paviane rennen in gestrecktem Lauf unter die nächsten Bäume.
Es ist schwer, eine große Gnuherde von fünftausend Köpfen zu zählen, weil sie beim niedrigen Überfliegen durcheinander laufen und dann wirklich wie ein wimmelnder Ameisenhaufen aussehen. Sobald wir solch ein Riesenvolk von weitem entdekken, stoßen wir steil empor. Unsere gute »Ente« steigt ja schräg in die Luft, beinahe wie ein Fahrstuhl. Dort oben ziehen wir dann in aller Seelenruhe unsere Kreise und machen aus, wie groß die Herde ist. Wir merken uns auch genau, wohin sie zieht, damit wir sie im nächsten Zählbezirk nicht noch einmal aufnehmen.

Wir fliegen oft drei Stunden hintereinander. Es will etwas heißen, so lange jeden Bruchteil einer Sekunde auf die Erde zu spähen, nichts zu übersehen, schnell im Geiste alles zusammenzuzählen und zu behalten, bis sich ein Augenblick ergibt, es rasch zu notieren. Wir können keine Pausen machen, denn wir wollen nicht ohne Not im freien Gelände mit drei oder vier Insassen starten und landen.

Bald lispeln wir auch noch im Schlaf Zahlen. Eines Abends fürchte ich, dass meine Ohren gelitten haben, denn ich höre ständig Brummen, Summen und Sausen. Aber dann finde ich unter meinem Kopfkissen einen winzigen Radioapparat, den mir Michael hingeschmuggelt hat. Eine Firma hatte ihn uns mitgegeben, damit wir ihn in Afrika ausprobieren. Er ist sehr trennscharf, empfängt hier aber nur Geräusche, Störungen und Jaulen, nichts von Musik.

In derselben Nacht träume ich, Michael und ich flögen über Brüssel, von wo aus wir früher so oft nach Belgisch-Kongo abgereist sind. Auf einmal setzt der Motor aus. Wir landen elegant in einer engen Straße, aber unsere Flügel bleiben genau auf zwei Drähten hängen. Ein Flügel wird sogar angebrochen. Unsere Passagiere, ich weiß nicht, wer es ist, klettern heraus, einer sagt: »Nie wieder fliege ich mit diesem Ding!« Wir laden unser Gepäck aus, aus einem Kasten kommt eine giftige Gabun-Viper heraus und beißt mich. Michael rennt in die nächste Apotheke. »Schlangenserum haben wir nicht da«, sagt der Inhaber, »aber ich werde es sofort in Paris bestellen ...«

Auch Michael hat in der gleichen Nacht neben mir vom Fliegen geträumt. Er ist mit unserer neuen Maschine in eine Halle gerollt, deren Tür nicht weit genug offen war. Beide Flügel sind abgebrochen, er steht mit dem Rumpf allein darin. So fliegen wir von morgens bis abends und fliegen auch noch nachts im Bett.

Geier und andere Raubvögel, die bei einem Aas am Boden hokken, bleiben meist sitzen, wenn wir sie überqueren. Auf fliegende Vögel passen wir höllisch auf. Störche und Raubvögel weichen einem Flugzeug immer erst im allerletzten Augenblick aus. Sie rechnen wohl nicht mit der rasenden Geschwindigkeit solch eines Metallvogels.

Da wir Zähler auf den Boden sehen, hat Michael allein genug zu tun, den Geiern auszuweichen. Er hält sich weit fern von ihnen. Denn wir wissen, dass der Zusammenstoß auch mit einem kleineren Vogel unseren sicheren Tod bedeuten kann. Herr Repple, unser Fluglehrer, ist im letzten Krieg beinahe mit einer großen Junkers-Maschine abgestürzt, weil eine anprallende Wildente ein tiefes Loch in den Metallflügel geschlagen hatte und darin sogar liegen geblieben war. Raubvögel weichen nach unten aus; dabei lassen sie ihre Flügel ausgebreitet und werfen sich auf die Seite, so dass die Schwingen eine senkrechte Linie zum Erdboden bilden.

Segeln Bussarde und Geier neben unserer Flugbahn, so zeigen sie keine Furcht, sondern beobachten nur aufmerksam das Flugzeug. Sie haben ja wohl in der Luft keine Feinde. Da wir sie so rasch überholen, habe ich immer den Eindruck, sie flögen rückwärts, mit dem Schwanz voran.

Die großen Kafferntrappen auf der Erde ducken sich, wenn wir angeschossen kommen, und strecken den Hals waagerecht vor. Dabei drehen sie den Kopf so, dass sie mit einem Auge nach oben blicken und das Flugzeug beobachten können. In dieser merkwürdigen Haltung rennen diese Laufvögel seitlich davon und gehen nur selten in den Flug über.

Auch unsere europäischen Störche, die hier gerade überwintern, und die hübschen Kronenkraniche machen nur kurze Flüge von zwanzig Metern zur Seite, selbst wenn wir nur vierzig Meter hoch sind.

Wir sind froh, dass wir mit der Zählung der Steppentiere auf ziemlich übereinstimmende Summen kommen. Obwohl ich fast immer links sitze und die anderen Zähler auf der rechten Seite abwechseln, kommt insgesamt heraus, dass auf der linken Seite im Ganzen fast genauso viele Tiere gezählt sind wie rechts (48,7% zu 51,3%). Bis dahin hatte man immer angenommen, dass in der Serengeti noch über eine Million großer Tiere leben. Wir dagegen haben in wochenlangen Flügen gezählt:

Gazellen	(Gazella thomsonii thomsonii und Gazella granti robertsi)	194654
Gnus	(Connochaetus taurinus albojubatus)	99481
Zebras	(Equus burchellii boehmi)	57199
Topi-Antilopen	(Damaliscus korrigum eurus)	5172
Elen-Antilopen	(Taurotragus oryx pattersonianus)	2452
Impalas	(Aepyceros melampus melampus)	1717
Kaffernbüffel	(Syncerus caffer aequinoctialis)	1813
Kongonis	(Alcelaphus buselaphus cokii)	1285
Giraffen	(Giraffa camelopardalis tippelskirchii)	837
Wasserböcke	(Kobus defassa raineyi)	284
Störche	(Ciconia ciconia ciconia)	178
Oryx-Antilopen	(Oryx beisa callotis)	115
Elefanten	(Loxodonta africana africana)	60
Pferde-Antilopen	(Hippotragus equinus langheldii)	57
Nashörner	(Diceros bicornis bicornis)	55
Strauße	(Struthio camelus massaicus)	1621

Insgesamt leben also im Serengeti-Nationalpark 366980 große Tiere. Vielleicht sind es auch zehntausend mehr, die wir übersehen haben. In jedem Falle nur ein Drittel so viel, wie man annahm, und doch sind es immer noch unvorstellbare Massen. Aber werden sie da weiterleben können? Reichen die Ebenen, die Gebirge, die Flussniederungen und Buschsteppen des Parks aus, um diese letzten Riesenherden zu erhalten? Wir haben schon jetzt große Herden von Gnus außerhalb der

Grenzen des Parks angetroffen. Gerade ist man dabei, ihn zu verkleinern und seine Grenzen zu verlegen. Niemand kann hinter den Armeen der Gnus, den Heerscharen der Gazellen herfahren, niemand weiß, wohin die hunderttausend Hufe stampfen. Wir sind voller Ahnungen und unruhig.

Zebras werden gelb gefärbt

Wenn du einen kranken Hund gesund pflegst,
wird er dich später nicht beißen. Das ist
der Hauptunterschied zwischen Tier und Mensch.
Mark Twain

Wir haben heute große Dinge vor.
Aber zunächst einmal stelle ich beim Frühstück fest, dass wir Tabletten-Tag haben. Weil wir diesmal an einem Donnerstag in Afrika angekommen sind, müssen wir jetzt jeden Donnerstag zwei Resochin schlucken. Hermann verlässt sich auf seinen Wandkalender, an dem er jeden Morgen einen Tag abstreicht, und behauptet, es sei erst Mittwoch. Er wettet ausgerechnet um eine Flasche Gin und verliert sie, weil er nicht daran gedacht hat, dass ich eine Schweizer Kalenderuhr am Handgelenk habe. Sie zeigt, den Wievielten wir im Monat haben, was für ein Mond scheint und was für ein Wochentag ist – all das ist auf Expeditionen viel wichtiger, als zu wissen, dass es nicht acht Uhr, sondern schon halb neun ist.
Resochin schmeckt gallebitter, muss aber runter. Einer der beiden Mechaniker, die unlängst unser Flugzeug wieder repariert haben, ist vor einem Jahr ganz plötzlich zusammengebrochen. Er musste mit schwerer Malaria fünf Wochen im Krankenhaus liegen. Weil er in dem gesunden, fieberfreien Nairobi lebt, hatte er keine Tabletten genommen, als er kurz vorher an den Victoriasee geflogen war, um dort an einer Maschine den Propeller auszuwechseln. Auf unseren ersten Afrikareisen mussten Michael und ich noch täglich Atebrin einnehmen, wovon allmählich der ganze Körper gelb wird.
»Jambo, bwana« – ein vierzehnjähriger Junge steht in der Blechtür und will uns vier Hühnereier verkaufen. Wir lehnen dankend ab, wir holen uns lieber frische Eier mit dem Flugzeug

aus Nairobi. Da erklärt der junge Mann großzügig, er *schenke* uns die Eier. Natürlich wollen wir uns nicht lumpen lassen und schenken ihm mehr zurück, als wir sonst bezahlt hätten. Die Eier sind, wie sich hinterher herausstellt, alle vier faul und verstänkern uns obendrein unseren Kochtopf.

Wir wollen also heute ernstlich auf Zebrajagd gehen. Denn wir wissen jetzt zwar seit ein paar Wochen, dass wir 367 000 Schützlinge in unserer Serengeti haben, darunter 57 000 Tigerpferde – bei uns leben also immer noch halb so viel Pferde, wie alle Bauern in der Schweiz zusammen in ihren Ställen haben –, aber Michael und ich möchten auch gern wissen, was unsere gestreiften Pferdchen eigentlich tun.

Vom Flugzeug aus werden wir das nie herausbekommen. Ich möchte ein Beispiel erzählen. In unseren Notizen steht am 25. Januar vorigen Jahres verzeichnet, dass die großen Gnuherden sich sehr merkwürdig benehmen. Wenn sie an einen kleinen, ausgetrockneten Bach kommen, der nur sechzig Zentimeter breit und vielleicht nur zwanzig Zentimeter tief ist, dann laufen sie erst eine ganze Weile daran entlang, bis sie endlich an einer Stelle eins nach dem anderen im Gänsemarsch hinübersteigen. Dabei könnten sie doch in breiter Front einfach über diese Furche hinweg weitergehen! Ja, wenn man sie im Tiefflug jagt, dann stauen sie sich vor diesem trockenen Bachbett, laufen nach beiden Seiten daran entlang und machen lieber wieder kehrt.

Vier Wochen später hat Michael an den Rand geschrieben: »Unsinn!«

Wir waren nämlich inzwischen zu Fuß an solchen »Bächlein«. Sie sind in Wirklichkeit über zwei Meter tief und sechs Meter breit. Gras, das uns von oben fünf bis zehn Zentimeter lang zu sein schien, stellte sich als einen halben bis einen Meter hoch heraus. Und wissen wir, ob die Zebraherde, die wir gestern am Lemuta-Hügel und heute vierzig Kilometer weiter gesichtet haben, wirklich dieselbe ist? Ja, weiden überhaupt im Dezember die gleichen Zebras im Nationalpark wie im

Juli? Wir sind also hinterher, Mittel zu finden, um einzelne Zebras und ganze Herden wieder zu erkennen. Das ist nicht so einfach.

Gute Ratschläge bekommen wir genug. Fallgruben bauen, Betäubungsmittel ins Trinkwasser gießen. Nun bin ich ja selbst Tierarzt und weiß nur zu gut, wie lange ein Pferd dursten muss, bis es so ein Zeug trinkt, und wie genau man die Menge berechnen muss. Trinkt eins zu viel, dann stirbt es, und Mengen, die für ein Zebra gerade reichen, bringen wieder andere Tierarten um, die aus demselben Wasserloch trinken. In der Regenzeit von November bis Juni gibt es überall genug Wasser, und auch noch in der Trockenzeit müsste man die Betäubungsmittel zentnerweise herumfahren.

Aber hier in Ostafrika gibt es in der benachbarten Kolonie Kenia ein paar recht gute Tierfänger. Den erfahrensten von ihnen, Carr Hartley, kenne ich seit langem. In den letzten Jahren fängt er allerdings nicht mehr viel Tiere, weil die Zoologischen Gärten die landläufigen Steppentiere aus seiner Gegend, also Zebras, Gnus und die häufigeren Antilopenarten, selber züchten und nicht mehr viel dafür zahlen. Dafür hält er immer halbzahme Löwen, Leoparden, Hyänen, Kaffernbüffel und Giraffen auf seiner Farm, damit die amerikanischen und deutschen Filmgesellschaften dort ohne Zeitverlust und große Strapazen die Abenteuer für ihre Spielfilme drehen können.

Carr Hartleys Halbbruder ist unser Wildhüter Gordon Poolman hier in der Serengeti. Er hat jahrelang bei Carr gearbeitet, ein Finger an der rechten Hand ist heute noch steif davon. Eines Sonntags kam nämlich ein Amerikaner zu Carr Hartley herausgefahren und wollte durchaus den Kampf eines Leoparden mit einem Schwarzen aufnehmen. In Wirklichkeit war das natürlich ein noch nicht ganz ausgewachsener, zahmer Leopard, der mit seinem Wärter, einem halbwüchsigen Jungen, spielt. Gefilmt sieht das dann für Kinobesucher sehr gefährlich aus.

Carr Hartley arbeitet am Sonntag nicht, doch der Amerikaner wollte keine Zeit verlieren, er bot immer mehr Geld und machte Carr auf diese Weise schließlich weich. Da der Leopardenjunge in der Kirche war, musste ihn ein anderer vertreten. Dieser Boy traute dem Leoparden nicht recht, er geriet beim Spiel in Angst und lief weg. Sofort hatte ihn das Tier am Genick gepackt, biss richtig zu und riss ihn mit den Pranken an der Brust. Gordon griff dem Raubtier mit den Fingern in den Rachen und drückte ihm die Lippen zwischen die Zähne. Je mehr der halbzahme Leopard den Mund aufmachen musste, umso heftiger krallte er sich in der schwarzen Haut fest. Die Filmleute wagten nicht, einzugreifen. So musste Carr Hartley, der endlich dazukam, den zahmen Leoparden erschießen. Der schwarze Junge war so zugerichtet, dass er im Krankenhaus genäht werden musste.

Gordon ist ein unglaublich mutiger Kerl, aber er macht gar nichts aus sich her. Seine Frau Conny stammt aus London. Wie sie mir nach Jahr und Tag einmal erzählt hat, habe ich ganz ahnungslos in der ersten Minute ihr Herz gewonnen. Ich kam nämlich in ihre Wohnstube und sagte, der Fußboden sei so schön sauber, dass man davon essen könne. »Weißt du«, gestand sie mir später, »man haust so jahraus, jahrein in der Steppe, und niemand bemerkt, wie man sich in der Küche und in den Stuben abplagen muss. Dann kommt auf einmal so ein Doktor aus Europa und lobt meine Bohnerei!« Dabei standen der guten Conny die Tränen in den Augen.

Was haben wir mit Gordon Poolman am Steuer unseres zebragestreiften Wagens schon alles angestellt! Mit dreißig, vierzig Meilen querfeldein durch hohes Gras. Gordon hat einen sechsten Sinn oder einen besonderen Schutzengel, er wird niemals in ein Honigdachsloch fahren und die Achse brechen oder gegen einen Termitenbau prallen.

Zum Beispiel jetzt neben diesem großen Straußenhahn. Der zweieinhalb Meter hohe Riesenvogel macht im Rennen spielend Schritte von dreieinhalb Meter Länge. Gordon gibt gerade so viel Gas, dass ich in gleicher Höhe mit dem Tier bleibe und mit der Praktisix in rasender Fahrt bequem mit $\frac{1}{1000}$ sec und dem gewöhnlichen Objektiv Fotos mache. Michael hat die Wagentür ausgehoben und liegt, mit einem Strick festgebunden, auf dem Bauch. Er filmt in Zeitlupe, so dass man später das Muskelspiel und den Bewegungsablauf genau studieren kann. Der Geschwindigkeitsmesser im Wagen zeigt dreißig Meilen, also knapp 50 km/h. Dem Straußenhahn macht dieses Wettrennen offensichtlich gar nichts aus. Als wir nach zweiundzwanzig Minuten anhalten, läuft er noch zwei Kilometer weiter, ein Zeichen, dass er keineswegs erschöpft ist. Strauße müssen unglaublich tüchtige Herzen haben.

Sie haben auch *mutige* Herzen, wenn es sein muss. Unlängst trafen wir einen Hahn und eine Henne, die acht Küken führten. Eine Hyäne griff an und wollte eins davon schnappen. Es gab ein großes Durcheinander, der Hahn kümmerte sich um die Kinder, die Henne aber ging auf die Hyäne zu, schlug sie in die Flucht und verfolgte sie noch einen guten Kilometer weit. Nach ein paar Tagen trafen wir die gleiche Familie wieder, es waren inzwischen nur noch sechs Junge dabei.

Ein andermal stand ein Straußenpaar in einer völlig kahlen Ebene mit ausgebreiteten Flügeln nebeneinander. Sie gaben so ihren Kindern Schatten.

Wenn ein Strauß hier wegläuft, dann kann es geschehen, dass er auf einmal verschwunden ist, obwohl er noch gar nicht den Horizont erreicht hat. Geht man ihm dann nach, sieht man ihn mit lang ausgestrecktem Hals flach auf der Erde sitzen. Daher stammt wohl das Märchen von dem Vogel Strauß, der den Kopf in den Sand steckt und glaubt, nicht gesehen zu werden. Die alten Araber haben es zuerst niedergeschrieben, und seitdem haben es durch die Jahrhunderte die Römer und alle Bücherschreiber nach ihnen abgeschrieben. Vor allem halbwüchsige Strauße legen sich gern so auf die

Erde. Kommt man nahe an sie heran, dann springen sie jählings auf und sausen davon.
Straußenhähne können brüllen und brummen wie Löwen. Dazu blasen sie die Luft aus der Speiseröhre in den Mund, halten den Schnabel fest zu und drücken sie so zurück in den Schlund, die Speiseröhre. Die weitet sich stark aus. Der Mageneingang wird dabei zugekniffen, so dass die Atemluft nicht auch noch in den Magen eindringt. Der ganze nackte rote Hals bläht sich auf diese Weise wie ein Ballon auf, und es ertönt ein dumpfes, weittragendes Gebrüll, das wohl den anderen Hähnen oder auch den Hennen anzeigen soll: hier ist mein Reich!
Wenn ein Straußenhahn verliebt ist, benimmt er sich nicht minder merkwürdig als wir Menschen in der gleichen Lage. Der Strauß setzt sich dann auf seine langen Beine, schlägt die Flügel rhythmisch abwechselnd nach beiden Seiten, legt den Kopf zurück und reibt den Nacken auf dem Rücken. Sein Hals und seine Beine sind um diese Zeit leuchtend rot. Uns scheint das ein sehr komisches Verhalten für den größten Vogel der Welt, aber die Straußenmädchen wissen, was damit gemeint ist. Sie laufen spielerisch davon, und er rast in gewaltigen Sätzen hinter ihnen her.
Für die alten Ägypter war der Strauß das Sinnbild der Gerechtigkeit, denn ihnen war nicht entgangen, dass seine Feder die einzige Vogelfeder ist, bei der die Fahnen beiderseits vom Schaft genau gleich breit sind. Jede andere Feder hat eine schmale und eine breitere Fahne, der Schaft teilt sie also »ungerecht« auf. Die alten Ägypter hatten auch schon entdeckt, dass Straußenfedern für Menschen ein hübscher Schmuck sind. Solange aber nur die Ritter im Mittelalter ihre Helme damit schmückten, genügte es, die wilden Strauße zu jagen. Als im vorigen Jahrhundert Straußenfedern auch bei den Damen Mode wurden, sah es auf einmal für die Strauße recht bedrohlich aus. In Arabien und Persien hatte man sie ohnedies längst ausgerottet; in Nordafrika nördlich der Sahara findet

man heute höchstens einmal noch Schalen von Straußeneiern aus alten Zeiten.

Dass man nämlich nur die Straußen*hähne* jagte, ist kein Vorzug, ganz im Gegenteil. Der Straußenhahn hat mehr zu tun, als nur die Eier zu befruchten, er ist ein richtiger Kindervater. Der Hahn scharrt sich eine Mulde in die Erde und setzt sich hinein, die Hennen legen ihm die Eier vor die Brust, und er schiebt sie sich mit Hals und Schnabel unter den Leib. Der Straußen-Ehemann brütet vom späten Nachmittag bis in den frühen Vormittag, die Frau muss also viel weniger stillsitzen. Wir wissen zwar bis heute noch nicht recht, ob Strauße in Freiheit in Einehe leben oder mehrere Hennen haben. Wenn aber die meisten Hähne weggeschossen sind, dann schlagen sich die Hennen beinahe um die letzten. Auf jeden Fall werden dem brütenden Hahn so viel Eier vor die Nase gelegt, dass er zum Schluss einen ganzen Berg hat und sie nicht zudecken kann. So wird im Endergebnis keines ausgebrütet.

Die Strauße sind dadurch vor der Ausrottung bewahrt worden, dass man lernte, sie in Gefangenschaft zu züchten. Manchen anderen Tieren, deren Fell in Mode kam, ist es ähnlich gegangen, den Chinchillas, den Nutrias, den Silberfüchsen und den Nerzen. Nur aus den Straußenfarmen und noch mehr aus den Zoologischen Gärten wissen wir überhaupt einigermaßen, wie sich die Strauße vermehren. Die erste Straußenfarm wurde 1838 in Südafrika aufgemacht, und dann folgten bei den hohen Federpreisen bald welche in Algerien, Sizilien, in Florida, ja bei Nizza in Südfrankreich.

Strauße pflanzen sich gar nicht so schwer fort, wenn man ihnen nur recht viel Platz gibt. Die Zäune müssen wenigstens zwei Meter hoch sein, denn wenn ein Strauß erst einmal in Fahrt ist, springt er mühelos anderthalb Meter. Ein wütender Straußenhahn ist nicht zu unterschätzen. Er tritt mit seinem

Der Strauß ist der ausdauerndste Läufer von allen Steppentieren.

zweizehigen Fuß ohne weiteres einen Menschen gegen den Kopf und schleudert ihn mehrere Meter weit fort. Vor dem Ersten Weltkrieg zahlte man für einen guten Zuchthahn bis zu 30 000 Mark. Denn während man 1840 im Jahr nur 1000 Kilo Federn aus Südafrika ausführte, waren es 1910 schon 370 000 Kilo geworden. Man rupft den Hähnen die Federn nicht aus, sondern schneidet sie dicht über der Haut ab. Die Federn der Hennen sind zwar nicht begehrt, aber wenn man ihnen die Eierstöcke wegoperiert, bekommen sie ein Hahnengefieder.

Ein Straußenei wiegt 1,5 bis 2 Kilogramm, also so viel wie 25 bis 36 Hühnereier. Die Schale ist so dick wie Porzellangeschirr. Deswegen ist es eine erstaunliche Leistung für das Straußenkind, diese harte Kapsel nach 42 Bruttagen zu sprengen. In europäischen Zoos ist es nur einmal, und zwar vor wenigen Jahren in Basel, gelungen, kleine Strauße nicht nur auszubrüten – die Basler machten das wie die Straußenfarmen mit der Brutmaschine –, sondern auch aufzuziehen. Von elf Straußenküken, die auskrochen, wurden allerdings nur zwei groß, und die auch nur, weil man ihnen eine ständige Wärterin beigab, die sie unaufhörlich unterhielt und ihnen das Essen vorpickte.

Kleine Strauße wachsen wie Spargel, jeden Tag einen Zentimeter. Sobald sie richtig auf den Beinen stehen können, fangen sie schon an, die gleichen verrückten Tänze zu vollführen wie die großen. Sie rennen auf einmal in die Gegend, drehen sich dann um sich selber, schlagen mit den Flügeln und setzen sich dabei hin. Unser Zebra-Flugzeug begeistert die Strauße in der Serengeti auch hin und wieder zu solchen wilden Tanzvorstellungen. Kleine Strauße, die in Afrika beim Hause künstlich als Lieblingstiere aufgezogen werden, folgen den Menschen wie treue Hunde. Geht die Familie baden, dann schwimmt der junge

Es galt, mit Hilfe einer Bambusstange vom Autodach aus dem flüchtenden Zebra eine Schlinge über den Kopf zu streifen.

Strauß todesmutig wie ein Entlein im Wasser herum. Hier in der Serengeti fangen die Strauße im September an zu brüten, und zu Weihnachten laufen sie mit ihren Küken herum.
Unseren 1606 Serengeti-Straußen wird es hoffentlich auch in Zukunft nie so ergehen wie zum Beispiel denen in Südwestafrika. Dort war man vor dem Ersten Weltkrieg darauf verfallen, sie streng zu schonen, weil ihre Federn so kostbar geworden waren. Während des Krieges da unten hatte außerdem niemand so recht Zeit, nach ihnen zu schießen. Weil inzwischen aber Straußenfedern aus der Mode gekommen und ganz billig geworden waren, fand man nach Kriegsende, es seien viel zu viel Strauße da, und machte sie vogelfrei. Also fuhren geschäftstüchtige Leute mit dem Auto hinter ihnen her, schossen sie tot und kamen oft von einem Ausflug mit vier- bis fünfhundert Häuten zurück, aus denen dann die genarbten Brieftaschen und Damenhandtaschen gemacht wurden. Die hundert bis hundertfünfzig Kilogramm Fleisch, die so ein Strauß hat, wollte niemand haben, besonders wenn so ein Vogel schon an die dreißig Jahre alt war. So verpesteten die toten Strauße die ganze Gegend, weil die Hyänen und Geier den plötzlichen Segen gar nicht schafften.
Auf Liebe und Gunst von uns Menschen ist ohnehin nicht sehr zu bauen. Wenn sie aber überdies noch dem Geldbeutel und der Damenmode gelten, können sie sich sehr schnell ins Gegenteil umkehren. Darum wollen wir, dass hier in dieser weiten Wildnis, in der sich Menschen ohnedies kein Brot schaffen können, ein paar hunderttausend Tiere für immer unabhängig von uns leben. In der Serengeti sollen unsere Enkel und die Enkel der Schwarzen einmal sehen, wie Afrika aussah, ehe wir Europäer das Christentum und den Sklavenhandel, die Menschenrechte und die Maschinengewehre, die Impfspritze und die Autos hinbrachten.
Aber wir haben ja heute Morgen vor, Zebras zu fangen und anzumalen. In einer weiten Ebene am Grumeti-Fluss, die von

lockeren Baumhainen eingefasst ist, weiden fünfzig oder sechzig und achten wenig auf unseren gestreiften Wagen. Mitten im Gras liegt ein totes Giraffenkind, das sich noch warm anfühlt. Keine Verletzung ist daran zu sehen, woran mag es wohl gestorben sein?

Michael lenkt den Geländewagen auf sechs Zebras zu, die etwas abseits weiden. Sie stutzen, nehmen die Köpfe hoch, spitzen die Ohren nach uns, werfen sich dann herum und galoppieren davon. Es ist nicht schwer, sie mit dem Wagen einzuholen.

Auf dem Dach kauert Gordon Poolman und hat eine lange Bambusstange in der Hand. Sie ist am oberen Ende eingekerbt, und in der Kerbe liegt die Schlinge eines Hanfstricks, mit einem dünnen Faden festgebunden, so dass sie stets schön offen bleibt. Der Faden reisst durch, wenn man wirklich in der Schlinge etwas fängt.

Michael steuert den Wagen so, dass der Zebrahengst dicht neben dem Kühler herläuft. Ich halte meine Praktisix zum Fenster hinaus und habe das runde Hinterteil bildfüllend auf der Mattscheibe. Der Strick soll vor der Nase des Zebras unter sein Kinn und um den Hals herum. Aber wir haben gehörig Fahrt auf dem Wagen, er springt und tanzt und holpert im Grase, dass wir uns dauernd die Köpfe anschlagen, der Fahrtwind bläst den Hanfstrick zurück, und das Zebra weicht immer wieder nach rechts aus. Wir sind so im Schwung, dass wir nur in sanftem Bogen umbiegen können, um wieder an das Tier heranzukommen. Würden wir jäh bremsen, so flöge Gordon über den Kühler vor die Räder. Bei scharfen Kurven müsste er seitwärts herunterstürzen. Denn festbinden mag er sich nicht, das kann erst recht Unfälle geben.

Endlich ist die Schlinge über dem Kopf. Michael bremst ganz langsam, so dass der Strick nicht am Hals ruckt. Gordon springt herunter, wir hinterher, packen alle das Seil und lassen uns langsam und widerstrebend von dem Hengst mitziehen, bis er endlich stillsteht. Dann wird er gepackt und angestrichen.

Wir haben gedacht, es könne nicht schwierig sein, ein Zebra rot oder grün zu färben, denn schließlich ist die Haarfärbekunst, nach den Köpfen der Frauen zu urteilen, doch hoch entwickelt. Aber dabei gab es Überraschungen für uns. Frauenhaare, die wirklich rot oder lila bleiben sollen, müssen gedämpft und gekocht werden. Mit dem bloßen Waschen oder Anstreichen oder Einpudern ist es keineswegs getan. Wir haben mit den gelehrtesten Fachleuten in der Farbindustrie verhandelt, aber sie konnten uns auch nicht raten, wie man ein Zebra kalt einfärbt. Pferdehaare sind nun einmal sehr kurz, von Einbrennen hätte selbst dann keine Rede sein können, wenn wir einen fahrbaren Frisiersalon mitgeführt hätten. So sind wir auf die alte Pikrinsäure zurückgekommen, die Haut und Haare quittegelb macht.

Am dauerhaftesten scheint sie unsere Hände und unsere Hosen zu färben; die Zebras können sich damit trösten, dass nicht nur sie gelb werden. Außerdem wird die leuchtende Farbe später schmutzig bräunlich, und wenn die kurzen Haare ausfallen, wachsen ohnedies weiße nach. Das Anstreichen befriedigt uns also nicht. Wir haben schon etwas anderes erfunden, das aber erst auf dem Wege zu uns nach Afrika ist. Heute wollen wir zunächst einmal beobachten, wie sich die anderen Zebras einem quittegelben gegenüber benehmen. Werden sie es als aussätzig ansehen und meiden oder gar beißen? Dann hätte es keinen Sinn, sie zu markieren.

Wir lassen den Hengst wieder frei, folgen ihm in großem Abstand und beobachten durch die Feldstecher, wie er wieder zu den anderen stößt. Verjagen sie ihn, beißen sie ihn? Nichts dergleichen. Sie benehmen sich, als wäre er immer gelb gewesen. Gut so, das hilft uns weiter.

Der Ngorongoro-Krater ist ein einziger Zoologischer Garten (Gnus und Zebras) (oben). Die Topis, eine Kuhantilopenart, haben blauschwarze Schenkel und gelbe Socken (unten).

Es dauert nur drei bis fünf Minuten, bis einem gehetzten Zebra die Puste ausgeht und es langsamer laufen muss. Trotzdem will die Sache bei dem zweiten, das wir jagen, nicht recht klappen. Immer wieder entwischt es zwischen die Baumgruppen. Obwohl die Stämme weit auseinander stehen, ist doch ständig wieder einer im Wege. Michael kann nicht dicht an den Flüchtling herangelangen.

So tauschen Gordon und Michael die Plätze. Ich bin zwar dagegen, dass mein Sohn sich auf dem gefährlich schaukelnden Wagendach als Cowboy betätigt, denn auch Mgabo bietet sich dazu an, und Gordon Harvey, der Wildhüter von der östlichen Serengeti, möchte es auch. Doch Michael besteht darauf, emporzuklettern: »Du siehst doch ein, Vati, dass man Sachen, die ein bisschen gefährlich sind, nicht immer nur von den anderen machen lassen kann.«

Na schön; ich gebe nach. Jetzt ist es eine Stute, die wir jagen. Sie ist geschickter als der Hengst vorhin. Immer wenn die Halsschlinge über die Stirn bis unter die Augen gleitet, nimmt sie den Kopf so tief, dass er fast die Erde berührt oder zwischen die Vorderbeine gerät.

Michael klopft, wir halten. Die Strickschlinge hat sich verwickelt, sie wird neu angebunden. Rasch sind wir mit dem Wagen wieder neben unserer Stute.

Auf einmal gibt es einen Ruck, Gordon bremst jäh.

Michael ist vom Wagen geschleudert worden. Im gleichen Augenblick bin ich bei ihm. »Micha!« Da sehe ich das Loch vorn in seinem Hals. Blut. Michael ist benommen. Die beiden Wildpfleger heben ihn an und setzen ihn gegen das Wagenrad. Ich untersuche die Wunde. Sie blutet nicht stark, aber sie scheint tief

Zuerst versuchten wir, die Zebras gelb zu färben, damit wir sie aus der Luft wieder erkennen konnten (oben). Wilddiebe schießen mit Giftpfeilen nach Gnus – mit dem Tausend-Millimeter-Objektiv aus weiter Entfernung aufgenommen (unten).

zu sein. Ich habe Angst, dass die Luftröhre oder eine Schlagader zerrissen ist oder dass es eine Blutung nach innen gibt.
Michael wird zusehends schwächer und blasser. Ich ziehe die Augenlider hoch, um zu sehen, ob die Lidbindehäute rosa bleiben. Das wäre ein gutes Zeichen. Die Lidbindehäute sind grauweiß verfärbt.
Michael wird bewusstlos. Ich lege ihn rasch flach auf den Rükken. Aber ich muss ihn ein Stück unter den Wagen schieben, weil das der einzige schattige Platz ist. Wir haben Mittag, die Sonne steht genau senkrecht über uns am Himmel. Gordon Poolman hat den Packen für erste Hilfe aufgemacht, den wir zum Glück dabeihaben; sonst liegt er immer im Flugzeug.
Michael kommt in der flachen Lage bereits wieder zu sich; er schlägt die Augen auf. Seine ersten Worte: »Hast du auch alles notiert und geknipst?«
»Nicht sprechen, Michael, du darfst jetzt nicht sprechen!«
Nun, nachträglich, wird mir klar, was eigentlich passiert ist. Das Zebra hat den Kopf immer tiefer genommen. Michael ist mit der Bambusstange, an der die Schlinge hing, ebenfalls immer tiefer gegangen, bis das Ende der Stange bei einem Schwanken des Wagens auf die Erde stieß. Sie spießte sich ein; und da der Wagen sehr rasch fuhr, bohrte sich das andere Ende der Bambusstange in Michaels Hals.
Als der Stoß ihn traf, fiel er zum Glück gleich hintenüber vom Wagen. Wäre er festgebunden gewesen, hätte ihn die Stange sicher durchbohrt.
Aber die Wunde! Was, frage ich mich besorgt, mag in der Halswunde stecken? Schmutz, Holzsplitter sicher. Womöglich sind aber auch Muskeln zerrissen.
Wir legen Michael hinten in den Wagen und fahren bis zum Flugzeug. Wir brauchen zwanzig Minuten. Schräg vor uns stehen zwei Löwinnen hoch in einem Baumwipfel und sehen uns an. Zu anderen Zeiten hätten wir jetzt gehalten und sie gefilmt.
Weiter. Und fahr rasch, Gordon Poolman, denke ich, fahr rasch

und doch vorsichtig. Bloß keine heftigen Erschütterungen jetzt, bloß nicht ... Er bremst gerade neben der Maschine.
Ich stütze meinen Sohn, schiebe ihn auf den zweiten Pilotensitz, schnalle ihn fest. Dann die Haube 'runter, Zündung ein, gestartet, Hilfspumpe probiert. Ungeduldig warte ich, bis die Öltemperatur hoch genug ist. Endlich.
Wir fliegen quer über Land auf den Victoriasee zu. In Musoma gibt es ein kleines Hospital; der indische Chirurg, der es leitet, hat einen guten Ruf.
Seitdem Michael nicht mehr liegt, es geht nicht anders, fühlt er sich gleich viel elender. Ich halte den Steuerknüppel in der Hand, sehe auf den Kompass und spähe voraus, ob nicht bald die blinkende Fläche des Sees in Sicht kommt. Und beobachte Michael. Sein Kopf schwankt. Immer wieder sinkt er vornüber und rafft sich dann für ein paar Augenblicke wieder auf. Seine Hände sind mit Schweiß bedeckt.
In Musoma war ich noch nicht. Obacht also, aufgepasst, damit ich mich zwischen diesen vielen Bergen und den Pflanzungen der Eingeborenen nicht verfliege. Michael spürt meine Sorge, dass ich Angst habe, Angst um ihn; er lächelt mir zu und macht eine Handbewegung: Halb so schlimm, Vati!
Aber ich zähle die Minuten und warte auf den See und dass Musoma näher kommt ...
Der Landestreifen des Städtchens wirkt, von oben gesehen, riesig groß und sehr modern. Aber das täuscht, er ist alles andere als eben; es zeigt sich, als ich die Maschine aufsetze. Kaum ist sie holpernd ausgerollt und steht, ist schon ein Afrikaner da und hält mir ein Buch hin, in das ich mich eintragen soll. Ich lasse ihn stehen, laufe an ihm vorbei über den Platz und suche nach einem Auto. Weit und breit ist keines zu sehen, alles ist leer, öde und flach, kein Auto, kein Europäer, nichts.
Endlich ein Haus. Ich klopfe an. Der jungen Dame, die mir öffnet, rufe ich zu, ich müsse sofort einen Wagen haben, um einen Verletzten ins Krankenhaus zu fahren. Sie versteht mich.

Zwei Minuten später sitze ich in einem Volkswagen, dem allerdings die Windschutzscheibe herausgeschlagen ist.
Im Hospital dann. Der indische Arzt macht einen guten Eindruck. Er besieht sich die Wunde, schüttelt den Kopf und meint, er müsse Michael sofort in Narkose legen, um zu sehen, was innen im Hals los sei. Seine schwarzen Operationsgehilfen binden sich weiße Masken vor Nase und Mund.
Der Operationsraum ist wie das ganze kleine Krankenhaus: bescheiden, ohne Kachelwände. Aber blitzsauber.
Ich muss draußen warten.
Das dauert und dauert. Endlich, nach bald zwei Stunden, bringen sie Michael, noch schlafend, ins Krankenzimmer hinüber. Die freundliche schwarze Schwester hat inzwischen das Bett zurechtgemacht. Der Doktor hat noch einen langen Holzsplitter aus dem Wundkanal geholt, hat die Wunde gesäubert und vernäht. Michael soll mindestens drei Tage im Hospital bleiben.
Ich sitze neben seinem Bett und sehe ihn an. Ich kann nicht lesen. Wie leicht, denke ich, hätte das übel ausgehen können. Und ich überlege: *Sind Zebras und Löwen es wirklich wert, sich in Lebensgefahr zu begeben? Wird die Regierung nicht trotzdem, sosehr wir uns hier auch abmühen, den Park verkleinern und die Grenzen so legen, dass die Tierherden sich nicht halten können? Wird nicht vielleicht später eine selbständig gewordene Eingeborenenregierung alles mit einem Federstrich zunichte machen?* Fragen über Fragen und keine Antwort.
Michael wacht auf und besteht darauf, dass ich in das Hotel gehe; Besucher müssen das Hospital vor zehn Uhr abends verlassen.
Es ist dunkel, Straßenlaternen gibt es nicht, und außerdem haben wir Neumond, wie meine Armbanduhr und der Himmel richtig anzeigen. Wie in jeder afrikanischen Stadt liegen auch hier die Häuser weit auseinander, sie ist daraufhin angelegt, dass man mit dem Auto fährt und nicht zu Fuß geht.
Das einzige kleine Hotel soll am Seeufer liegen. Aber ich laufe

kreuz und quer, bis ich endlich hinfinde. Hier am Victoriasee ist es auch abends heiß, ich bin verwöhnt von unserem Steppenhochland in der Serengeti. Natürlich weiß schon jeder an der Bar, was uns passiert ist, aber ich bin zu müde, um immer wieder alles zu erklären. So nehme ich noch schnell ein heißes Bad und gehe ins Bett, kann aber dann die halbe Nacht nicht schlafen. Ich habe weder eine Zahnbürste noch Rasierzeug mit.
Am nächsten Morgen fährt mich der Hotelbesitzer in die Ladenstraße des Städtchens. Ich lasse mir bei einem indischen Schneider für ein paar kurze Hosen Maß nehmen und kaufe Zwirn sowie Nadeln und Knöpfe aller Größen ein. Endlich werden wir unsere Hemden wieder richtig zuknöpfen können. Gegen elf Uhr will ich mit frischen Äpfeln aus Südafrika ins Krankenhaus zu Michael gehen – aber da sitzt er schon im Hotel und ist auch noch ärgerlich, dass er zwei Stunden auf mich hat warten müssen. Aber so ist er. Da er es im Krankenhausbett nicht aushält, soll ich ihm noch drei Tage lang Spritzen geben und ihm nach einer guten Woche die Fäden aus der Wundnaht ziehen.
Zwanzig Minuten später fliegen wir schon wieder nach Banagi zurück. Wir folgen von Musoma aus erst dem Seeufer, bis wir in die Speke-Bucht kommen. Hier stößt der Serengeti-Park an den See. Dann schweben wir nach Westen über den »Korridor«, wo die Flüsse zum See hinströmen. Ihre Ufer sind von schmalen Waldstreifen eingefasst, zwischen ihnen dehnen sich graugrüne Steppenflächen. In dieser tsetseverseuchten Niederung finden die Tierherden während der Trockenzeit noch am ehesten Nahrung und Wasser. Dann kommen die Hügel, die noch auf keiner Karte stehen und von denen so mancher noch nicht einmal einen Namen besitzt. Ihre runden Kämme sind locker mit Bäumen bestanden, nur hin und wieder zeigt einer eine Felswand.
Wir kennen jeden dieser drei-, vierhundert Meter hohen Berge, denn wir sind ja wochenlang ihre Hänge in Streifenflügen

hinauf- und hinuntergestiegen. Wo die Kette der Berge aufhört und die weiten, baumlosen Steppen beginnen, da drosseln wir den Motor. Jenseits der Steppen liegt das Hochland der Riesenkrater, der Ngorongoro. Wir aber gleiten über die Lehne des Banagi-Hügels hinunter und rollen aus.

Eine Woche später fangen wir Zebras im Ngorongoro-Krater. Wir möchten gern wissen, ob seine Tierherden heraussteigen und während der Regenmonate draußen in den weiten Grasflächen der Serengeti weiden. So erzählen es die Jäger seit alters, und so hat auch Professor Pearsall aus London vermutet, der vor zwei Jahren einen sehr gründlichen Bericht über die Serengeti für die Regierung von Tanganjika verfasst hat. In der Regenzeit sollen diese Herden bis in die Mitte der großen Grasebenen kommen. Von der anderen Seite sollen die Tierherden aus dem »Korridor« ebenfalls in die Grasebenen ziehen, bis alle dort beinahe zusammenstoßen.

Wenn man also den Nationalpark verkleinert, einen Strich mitten durch die freien Steppen in der Mitte zieht, dann könnten sich die großen Herden aus dem »Korridor« immer noch frei in den neuen Grenzen bewegen. Sie sollen ja, so sagt man, nur die eine, die westliche Hälfte der Steppen in den Regenmonaten brauchen. Was in der anderen, östlichen Hälfte in der Nähe der Riesenkrater auf den Steppen weidet, soll aus dem Ngorongoro kommen.

Niemand hat das bisher wirklich beobachtet und bewiesen. In der Regenzeit kann man nicht in den Steppen umherfahren. Schon der tüchtige Geologie-Professor Fritz Jaeger, der heute noch in Zürich lebt, hat 1906 berichtet, dass die deutschen Siedler Siedentopf damals immer wieder versucht haben, in großen Treibjagden mit Hilfe von Massai die Gnuherden aus dem Krater herauszutreiben. Die Siedentopfs wollten ihn allein für ihre Rinderherden haben. Es ist ihnen aber niemals gelungen, die Herden wichen aus und blieben darin. Auch wir haben bei unseren häufigen Flügen nicht eine einzige Herde auf der Wanderung über die Kämme des Kraters angetroffen. Als neulich beim Tierzählen sechs-, siebentausend Gnus in den Ebenen der östlichen Serengeti weideten, sind wir gleich in den Ngorongoro geflogen und haben dort noch einmal gezählt, denn nach der alten Theorie mussten diese Gnus in der Ebene ja vom Krater herkommen. Dort aber waren genauso viele wie vorher. Das ist uns unheimlich, weil sich die Pläne für die Verkleinerung des Parks auf ebendiese alten Ansichten stützen.

Also wollen wir Zebras und Gnus im Ngorongoro-Krater markieren und aufpassen, ob man sie später in den Steppen draußen wieder findet. Wir fliegen in den Riesenkrater hinein und landen dort auf einem Stück Steppe, an dessen vier Ecken Gordon Harvey unten schon seine Leute aufgestellt hat. Er ist mit seiner Frau zweieinhalb Stunden im Wagen von seinem Haus am Rand des Kraters hinuntergefahren. Frau Harvey packt einen großen Fresskorb aus. Die beiden leben ja oben in den Wolken wie im Paradies; bei ihnen wachsen nicht nur Blumen, sondern auch Kresse, Salat, Lauch, Tomaten, Erdbeeren, alle Sorten Gemüse. Nach englischer Sitte essen wir den Salat einfach aus der Hand oder legen ihn zwischen die Butterbrote. Die Harveys sind gastfreundliche, reizende Leute. Ihre erwachsenen Söhne leben heute über alle englischen Kolonien der Welt verstreut.

Unsere Zebra-Fangerei im Krater ist ein Fehlschlag. Es ist nämlich kühler hier oben, die Zebras halten länger aus und werden nicht so schnell müde. Dabei lernen sie, dass man vor dem Wagen besser nicht nach vorn wegläuft, sondern nach der Seite und in immer kleineren Kreisen. Wir können in dem schlüpfrigen Gras bei der hohen Geschwindigkeit nicht so scharfe Kurven fahren, und so fallen unsere Opfer inzwischen in Trab, in Schritt, ja, sie bleiben stehen und sehen unserer Kurverei interessiert zu.

Dann fängt es an zu regnen, und zu allem Unglück stürzt unser Geländewagen auch noch um. Ich falle mit Gesicht und Kamera hinaus in den Schmutz; zum Glück gerät niemand unter das Auto. Wie wir den Wagen auf die Räder stellen wollen, glitscht er uns auf dem schlüpfrigen Boden immer wieder weg. So hakken wir erst Löcher neben die beiden unteren Räder in den Boden und wuchten ihn dann von der anderen Seite aus hoch. Es glückt. Sobald er wieder auf allen vieren steht, stellt sich heraus, dass das ganze Öl ausgelaufen ist. Ohne Öl kann Gordon Harvey nicht die zweieinhalb Stunden bis zurück zu seinem Haus fahren.

Da hat Michael den rettenden Einfall. Er läuft mit mir eine halbe Stunde bis zu unserem Zebra-Flugzeug. Wir haben erst vor zwei Tagen Öl aufgefüllt, neun Liter müssen noch drin sein. Da der Motor gut mit sechs Litern auskommt, können wir mit gutem Gewissen zwei ablassen.

Leider ist der passende Schraubenschlüssel neulich in Nairobi in der Werkstatt »organisiert« worden. Einer vom Auto passt. Als Michael aufgeschraubt hat, läuft ihm das Öl brühheiß über die Finger. Trotzdem zwingt er sich, die Öffnung schnell wieder zu schließen, ehe alles ausläuft und wir dann für einen Tag im Krater gefangen sind. Wir füllen die schwarze Schmiere um.

Inzwischen ist ein Gewitter aufgezogen, im Ostteil des Kraters kracht und blitzt es, und auch bei uns fängt es an zu regnen. Ehe sich die Wolken ganz zuziehen, steigen wir mit unserer »Ente« in die Lüfte und schlüpfen noch durch das letzte Loch hinaus. In den Wolken können wir ja nicht fliegen, sonst wären wir in Gefahr, irgendwo gegen einen Vulkan zu prallen. Über den Serengeti-Steppen ist der Himmel klar. Wir donnern auf den Banagi-Hügel zu, der fern am Horizont auftaucht. Unsere Pläne sind nicht geglückt. Aber wir sind schon dabei, neue zu machen.

Wir entdecken Wilddiebe

> Es gibt auf der Welt nur ein lügenhaftes Wesen, das ist der Mensch. Jedes andere ist wahr und aufrichtig, indem es sich unverhohlen gibt als das, was es ist, und sich äußert, wie es sich fühlt.
>
> *Arthur Schopenhauer*

So viele Menschen fliegen heute schlafend über die Tiefen des Ozeans oder sie bekommen gebratenes Huhn zu grünen Erbsen serviert, während ein paar Kilometer senkrecht unter ihnen die Wunder des Urwalds leuchten. Solche eiligen Luftomnibusbenutzer sollten einmal in ihrem Leben wirklich fliegen. So wie Michael und ich das heute Morgen tun.

Ein strahlend junger Tag. Wir wollen keine Tierherden zählen, keinen Nachschub aus Nairobi holen, wir werden einfach durch die Lüfte segeln. In Kurven geht es in die Höhe, bis der Banagi-Hügel und der Seronera-Hügel immer kleiner unter uns werden. Langsam wandert der weiße Zeiger des Höhenmessers um das Zifferblatt herum. Unsere 250 Pferdestärken haben gute vierundzwanzig Zentner hinaufzutragen. Weil Banagi schon 1650 Meter hoch liegt, die Luft also so dünn ist wie über dem Feldberg im Schwarzwald, brauchen wir vier Minuten, bis wir die ersten tausend Meter gestiegen sind, über sechs Minuten für die zweiten, und dann geht es immer langsamer.

Ständig sehen wir weiter über die Serengeti hinweg. Jetzt können wir schon den L'Engai, den »Berg Gottes«, sehen, aus dessen spitzem Kegel in manchen Jahren noch Rauch aufsteigt. Dann blinkt auf der anderen Seite fern der Silberstreifen des Victoriasees.

Wir haben die Klappen an den Flügeln auf äußerste Steigung gestellt und die Blätter des Propellers so gedreht, dass er über dreitausendmal in der Minute kreist. So klimmt unser gutes »Zebra« tapfer Stück für Stück in den Himmel.

Wie wir die weißen Haufenwolken erreichen, fliegen wir einfach in eine davon hinein. Blendend heller Nebel ist um uns, aber wir wissen, dass die rasch aufsteigende Luft im Innern des Wolkenballens uns noch höher reißt. Inzwischen nähert sich auf einem kleinen Zifferblatt ein Zeiger immer mehr einem gelben Warnstrich. Das heißt, der Motor fängt an, sich zu überhitzen, weil wir in der dünnen Luft zu langsam fliegen. Es ist nicht mehr genug Fahrtwind da, um die schwer arbeitende Maschine abzukühlen.

Also ziehen wir unsere Klappen wieder mehr in die gestreiften Flügel und verstellen die Luftschraube, so dass wir waagerecht vorschießen. Der Zeiger auf dem Höhenmesser steht still, nach zehn Minuten fällt die Motortemperatur. Der Kampf nach oben geht wieder los, Fuß um Fuß, Meter um Meter.

Endlich sagt Michael: »Höher schafft sie es nicht mehr, jetzt ist die Luft zu dünn.« Wir schweben jetzt 5733 Meter über dem Meeresspiegel oder 4100 Meter über unserem Blechhäuschen unten auf der Steppe. Aber wir sehen nichts mehr davon, denn wir sind hoch über weißen Haufenwolken. Unter uns dehnt sich eine unirdische Welt. Wir nehmen das Gas weg und schalten die Zündung aus.

Es wird still. Unheimlich still. Der Propeller wird langsamer und steht schließlich bewegungslos, eine einfache Latte mit zwei gelben Enden. Wir drücken unsere Landeklappen auf 45 Grad, in äußerste Steilstellung. Jetzt ist unsere »Ente« ein Segelflugzeug, und wir haben wirklich das Gefühl zu fliegen, in der Luft zu hängen wie ein Geier. Sie rauscht unter unseren zwölf Meter breiten Schwingen hinweg. Der Höhenmesser zeigt, dass wir in der Sekunde drei bis vier Meter sinken. Wenn

»Tiefangriff« gegen Wilddiebe (oben). Wir müssen vorsichtig einen Giftpfeil aus dem Flügel herausziehen, der sich dort festgeklemmt hat (unten).

D-ENTE

wir tiefer, in dichterer Luft sind, wird das noch langsamer gehen. Ich überschlage, dass wir mehr als eine Viertelstunde ohne Motor still durch die Luft gleiten können, bis wir wieder auf der Serengeti stehen.

Drüben ragen die Gletscher des Kilimandscharo aus der weißen Wolkenlandschaft empor. Auch über dieser höheren Welt aus Wasserdämpfen ist er immer noch ein fürstlicher Berg. Weil es nun lautlos um uns ist, können wir ohne Mikrofone miteinander reden. Wir blicken hinab auf die weichen Täler, die geballten Gebirgszüge der Wolken. Eine unwirkliche Welt – schlanke, kühle Götterhände haben sie gebildet als versöhnlichen Entwurf für die harte Erde da unten. Man möchte in einer dieser tröstlichen Wolkenlandschaften weich aufsetzen und sich ausstrecken und dem Flüstern der Geister lauschen. Wir schließen die Augen, wir einzigen lebendigen Menschen in dieser zweiten Welt, und wir halten uns mit einer Hand ...

Klatsch, spüre ich plötzlich einen brennenden Schmerz auf meinem linken Oberschenkel. Fünf Finger zeichnen sich rot darauf ab. Michael aber blickt schon wieder genauso abwesend mit seinen graublauen Augen ins Weite wie vorher, er kann ein befriedigtes Spottlächeln fast ganz unterdrücken.

Das ist nämlich stille Übereinkunft zwischen uns beiden: man muss den andern nicht nur überrumpeln, sondern das möglichst auch in einem recht stimmungsvollen, poesiegeladenen Augenblick tun. Das ist Michael gelungen. Wir stehen wieder eins zu eins.

Uns fröstelt in unseren kurzen Hemden, weil der Motor nicht mehr wärmt. Es ist gut zu wissen, dass ein Fingerdruck genügt, um ihn wieder anzuwerfen.

Vor sechs Monaten flog ein Pilot in einer kleinen »Cessna« über den Kraterbergen und Salzseen. Er schraubte sich über die Wolken, um die Gebirge sicher zu überqueren, fand aber

1606 Strauße zählten wir in der Serengeti.

dann wohl keine Öffnung mehr, durch die er noch die Erde sah. Es ist sehr gefährlich, blind durch die Wolken nach unten zu stoßen. Man weiß ja nicht, ob sie nicht bis auf zehn Meter über der Erde hinabreichen oder dem Boden als Nebel aufsitzen, ob nicht Berge in sie hineinragen. Im Flughafen Nairobi hörte man den Piloten durch das Radio sagen, dass er nur noch für fünf Minuten Benzin habe und nicht wisse, wo er sei. Seitdem hat man nie wieder etwas von ihm gesehen, niemand weiß, ob sein Flugzeug in der beißenden Natronlake versunken ist oder zerschellt in irgendeinem der tiefen Risse des Gebirges liegt.

Wir gleiten in eine der schwarzgründigen Wolkenschluchten hinein, sinken wie in einem Fahrstuhl dicht neben den Planken des gewaltigen Wolkenungetüms hinab und sehen wieder die weite Serengeti-Steppe um uns, bunt getupft von Sonnenflecken und Wolkenschatten.

Michael stößt mich an: »Vati! Dort, gerade unter uns. Siehst du?«

Da unten zieht sich ein seltsames Gespinst quer über eine Ebene, die von zwei baumbestandenen Flusstälern eingefasst ist. Menschen laufen daran entlang. Sie bemerken uns nicht, weil wir mit abgestelltem Motor segeln. Sie haben aus Dornengestrüpp einen Zaun quer über die Steppe gezogen, einen richtigen Stachelverhau. Alle zwanzig, dreißig Meter ist ein kleines Loch, durch das die Gnus, die Antilopen und Zebras auf ihren Wanderungen schlüpfen können.

In diesen Löchern sind Drahtschlingen, wir wissen das. Hier würgen sich die Tiere langsam zu Tode oder werden noch lebend von Hyänen und Schakalen zerrissen. Auf den Bäumen am Flusstal hocken Hunderte von Geiern.

»Wilddiebe!«, sagt Michael wütend.

Wir stellen den Motor noch nicht an, sondern gleiten immer tiefer und näher. Fünf der Männer da unten zerhacken ein Zebra. Sie schleppen die roten Fleischstücke, über eine

Stange geworfen, zu zweien in einen Unterschlupf unter den Bäumen.
»Jetzt müsste man ein Maschinengewehr eingebaut haben, das durch den Propeller schießt«, sagt Michael zu mir.
Ich drücke auf die rote Starttaste, der Motor stottert ein-, zweimal, dann beginnt sich der Propeller wieder zu drehen. Dröhnend stürmt das »Fliegende Zebra« vier, fünf Meter über der Erde dahin.
Die Wilddiebe lassen alles fallen, sie rennen ein paar Schritte und werfen sich dann flach auf die Erde. Mit dieser Überraschung aus heiterem Himmel haben sie nicht gerechnet. Wir ziehen leicht den Knüppel, damit wir über die Wipfel der Bäume am Ende der Fläche hinwegkommen. Dann eine Kurve und wieder zurück. Ein paar wollen zu dem Flusslauf mit den Bäumen laufen. Wir brausen heran, und schon werfen sie sich wieder hin.
Beim nächsten Anflug knien einige; sie versuchen mit den Bogen nach uns zu schießen. Lächerlich, das muss natürlich weit hinter uns in die Luft gehen.
In uns erwacht der Kampfgeist. Sollen wir ganz hinunter, aufsetzen und ausrollen? Ein paar von den Tierquälern gefangen nehmen? Aber wer weiß, wo hier wieder Warzenschweinlöcher zwischen dem Gras drohen. Wir haben auch gar keine Waffe, die Wilddiebe aber sind sicherlich mit Giftpfeilen ausgerüstet. Außerdem sind wir keine Polizisten und haben keine Vollmacht, jemanden zu verhaften. Mit der Polizeiverwaltung möchten wir nicht in Schwierigkeiten kommen.
Zwischen unseren Füßen steckt im Boden die Leuchtpistole, mit ihr kann man Notsignale hinausschießen. Keine tödliche Waffe, gewiss nicht, aber ein Schuss wird den Räubern einen gehörigen Schrecken einjagen. Also gut. Ich schnalle mich los und angele in den Blechkästen hinter unseren Sitzen nach der Munition. Ich reiche Micha eine der roten Papppatronen, er drückt sie in die Messingröhre, verschraubt sie und wendet zu einem neuen Anflug.

»Los!« Michael drückt ab. Das Ergebnis ist verblüffend. Doch nicht für die da unten: für uns. Ehe wir begreifen, was eigentlich passiert ist, pfeift uns der Wind um die Köpfe, saust durch ein handtellergroßes, fast rundes Loch in dem gebogenen Gehäuse aus Plexiglas. Der Schuss ist nach oben losgegangen, zwischen unseren Köpfen hindurch; der Verschluss der Feuerwerkspistole war nicht in Ordnung. Wenn die Patrone nicht das Glas, sondern einen von uns getroffen hätte? Uns schaudert.

Nur um nicht vor uns selbst das Gesicht zu verlieren, machen wir noch einmal einen Anflug auf die Räuberbande, steigen dann auf hundertfünfzig Meter und lenken unser gestreiftes Ross in Richtung seines Stalls.

Die Wilddiebe haben doch getroffen! Wie wir unsere Maschine in ihre hohe Hecke aus Dornen rollen, entdecken wir den Pfeil. Er hat sich hinter dem Vorflügel verklemmt. Die Spitze ist umgebogen, er ist gar nicht leicht herauszubekommen. So stecke ich meinen Kopf zwischen Michaels Beine und hebe ihn auf den Schultern hoch. Er zieht das Geschoss vorsichtig mit einer Zange heraus.

»Nimm dich in Acht«, warne ich ihn, »du weißt ja, die Pfeilspitzen sind vergiftet.«

Wer sich an so einem Ding den Finger ritzt, ist rettungslos verloren. Für dieses Pfeilgift gibt es noch kein Gegenmittel.

Es wird aus einem Baum (Apocanthera frisiorum) hergestellt, der ganz harmlos aussieht, etwa wie ein verkümmerter italienischer Olivenbaum. Er trägt kleine Beeren, die rot werden, wenn sie reif sind, und sogar eine ganz gute Marmelade abgeben. Denn durchaus nicht jeder Baum dieser Art ist giftig, nur einige wenige sind es, die man schwer herausfindet. Die Eingeborenen, welche sich darauf eingestellt haben, entdecken die Todesbäume vermutlich daran, dass Leichen kleiner Tiere, von Insekten und Nagern, darunter liegen. Das Gift wird herge-

Zwei alte Impala-Antilopen-Böcke

NEW STANLEY HOTEL
KFX 633

stellt, indem Zweige und Wurzeln klein gehackt und zu einem Brei verkocht werden. Er wird immer mehr eingedickt, bis er eine zähe Masse ist. Diese wird dann in Büchsen gefüllt, mit Blättern zugebunden und in die Wilddiebgegenden geschmuggelt. Ein Brocken, so groß wie ein kleines Stück Seife, reicht gerade für einen Pfeil und kostet einen Schilling, also etwa sechzig Pfennig.

Hat man solche Giftpfeile, braucht man gar nicht gut schießen zu können. Es genügt, wenn man das Tier oder einen Menschen am Bein verletzt; das Opfer ist unrettbar verloren. Zwar ist es nicht ganz so harmlos wie mit modernen Gewehren, mit diesen Pfeilen Löwen zu töten. Aber man ist fast ebenso Herr über Leben und Tod in der Steppe. Das Fleisch der auf diese Weise getöteten Tiere kann man ohne Schaden genießen, man schneidet nur ein Stück um die Wunde herum aus und wirft es weg.

Pfiffige Leute, die rasch Geld verdienen wollen, verdünnen das Pfeilgift mit schwarzer Erde oder verkaufen überhaupt irgendeinen anderen Teig dafür. Man könne das leicht nachprüfen, sagte man mir. Dazu macht man sich einen kleinen Schnitt in die Wade, dass Blut herauskommt und am Bein hinunterläuft. Bringt man das Gift mit der Blutspur in Berührung, so bilden sich sofort Blasen im Blut, und sie steigen immer höher an dem Bein empor. Ehe sie die kleine Wunde erreichen, muss man die Blutbahn davor schnell abwischen. Ich habe es ausprobiert, aber bei mir wollten keine Blasen aufsteigen.

Gordon Poolman kommt gerade mit seinem Geländewagen aus dem »Korridor« zurück. Er ist der Einzige von uns allen, der immer eine Pistole im Gürtel hängen hat. Auch Gordon hat gestern etwas erlebt. Dicht am Duma-Fluss fand er allein auf weiter Flur einen alten Mann. Mitleidig und misstrauisch zugleich lud er ihn in den Wagen. Was er denn so mutterseelen-

Hier hatten wir in der Masabi-Steppe eines unserer Lager (oben).
Ein Gepard im vollen Lauf. Er gilt als das schnellste aller Säugetiere (unten).

allein in dieser menschenverlassenen Gegend wolle? Der klapprige Alte erzählte, er hätte einen jungen Burschen bei sich gehabt. Aber der sei im trockenen Flussbett des Duma von einer Schlange gebissen worden und in zehn Minuten gestorben. Er hätte ihn unter einen überhängenden Felsblock am Ufer gelegt und mit Zweigen zugedeckt.

Gordon Poolman fuhr an den Waldstreifen, mit dem das Duma-Ufer bestanden ist, bis dicht an die Stelle, wo das Unglück geschehen sein sollte. Der alte Mann zitterte und wagte nicht auszusteigen, beschrieb ihm aber genau den Platz, wo er die Leiche zurückgelassen hatte. Unser Freund Gordon fand dort nur noch ein paar Knochen und viele Hyänenspuren.

Wir kleben, leimen und schrauben ein Stück Folie vor das Loch in der Windschutzscheibe und buchstabieren dann bei der Radiodurchsage um zwei Uhr einen Telegrammtext durch, der von Aruscha aus nach München abgesandt werden soll. Es ist gar nicht leicht, alles auf Englisch auszudrücken; was heißt zum Beispiel »Windschutzscheibe«?

Aber wir besitzen hier in der Steppe eine ganze Bibliothek von Lexika, Fachbüchern, Landkarten. Wir sind längst dazu übergegangen, alles doppelt zu haben, in Afrika und Europa, weil die Luftfrachten viel zu hoch sind. Selbst Hemden, Wäsche, Kleider, Schuhe bleiben hier, da man die Khakisachen in Europa ohnehin nicht trägt. So haben wir einen richtigen Haushalt in Afrika, denn einer von uns ist ja meistens unten oder wenigstens ein englischer Mitarbeiter. Und auf diese Weise haben wir auch den Kummer mit dem Haushalt gleich doppelt, auf weiß in Europa und auf schwarz in Afrika.

Ich treffe immer wieder Engländer und Deutsche hier unten, die behaupten, sie könnten kein schwarzes Gesicht mehr sehen. Da verschwinden ständig die Löffel, oder das Geschirr wird zerschlagen. Was die Hausfrau nicht verschließt, wird genascht. Die Boys behaupten, sie hätten Malaria oder sie müssten nach Hause radeln, weil im Dorf ihre Mutter krank liegt.

Man gibt ihnen für zwei Tage frei, und sie kommen erst nach einer Woche wieder. Man schenkt ihnen Kleider und Schuhe, aber sie werden frech und sind undankbar. Sie stehlen wie die Raben, und sie wissen nicht einmal, wie man Schuhe putzt, wenn man es ihnen nicht immer wieder vormacht.

»Das sind ja überhaupt keine Menschen, sondern Affenfratzen. Und so etwas will sich selber regieren und in unseren Häusern wohnen!«

Ich habe herausgefunden, dass die Leute am schlimmsten schimpfen, die zu Hause in Europa keine Angestellten haben. Solche Menschen stellen sich immer vor, dass wir Weißen alle dienstwillig, arbeitsam und ehrlich sind. Sie wollen nicht glauben, dass man in England und Deutschland ähnlichen Ärger hat. Mir kommen ihre Reden so vertraut vor; ich erinnere mich an die Zeiten vor vierzig Jahren, als ich noch ein Kind war und in jeden Ferien wochenlang bei Verwandten auf den großen Gütern im Osten zu Besuch war. Was hier über farbige Afrikaner geschimpft wird, bekam man dort täglich über weiße Landarbeiter zu hören.

Ich bin kein Politiker, sondern ein Biologe. Nur als solcher habe ich etwas zu dem Problem Schwarz und Weiß zu sagen.

Natürlich ist es denkbar, dass Schwarze grundsätzlich gemütvoller und weniger intelligent sind als Chinesen oder Europäer, genau wie sie kürzere Haare und einen anderen Bartwuchs haben. Aber irgendein Beweis dafür liegt bis heute nicht vor. Bisher haben wir die Erfahrung gemacht, dass in jedem Volk und in jeder Menschenrasse etwa der gleiche Anteil von Verbrechern und Mördern, von Begeisterungsfähigen und Dickfelligen lebt.

Neulich erzählte mir ein Europäer, der in Afrika geboren und aufgewachsen ist, wie beeindruckt er von den italienischen Kathedralen war, als er mit fünfzig Jahren zum ersten Mal nach Europa kam. »Wenn man sich dagegen die armseligen Lehmhütten unserer Schwarzen ansieht!«

Trotzdem ist das kein Beweis dafür, dass Schwarze niemals im Stande wären, solche Kathedralen zu bauen. Ich entgegnete damals, ein Ägypter aus der Zeit der großen Pyramidenbauten hätte gewiss, wäre er damals nach England oder Germanien gekommen, unsere fellbekleideten Vorfahren in ihren strohgedeckten Holzhütten für eine ebenso unbegabte Menschenrasse gehalten wie wir heute die Schwarzen. Der preußische König Friedrich der Große konnte nicht fehlerfrei deutsch schreiben, sondern bediente sich des Französischen, er holte Techniker und Architekten aus Frankreich. Die Franzosen werden sich deswegen damals – und tun es vielleicht auch heute noch – für ein viel klügeres und begabteres Volk gehalten haben als das deutsche. Genauso stand in unseren Büchern zu lesen, dass wir den Polen und den Russen überlegen seien, weil in vergangenen Jahrhunderten deutsche Künstler in Krakau, Moskau und Kiew große Werke geschaffen hätten. Ich habe noch in Hitlers »Mein Kampf« gelesen, die Russen seien rassisch so minderwertig, dass sie niemals ein Auto bauen könnten, das auch richtig fährt. Wer will voraussagen, was schwarze Völker einmal in hundert Jahren leisten werden, mögen sie auch heute noch nackt herumlaufen.

In Hitlers Buch stand auch noch geschrieben, dass es »gegen die Natur« sei, wenn ein Schwarzer und ein Weißer zusammen Kinder zeugten, ebenso wie ein Pferd mit einem Esel gekreuzt nur unfruchtbare Maultiere gebe. Das ist Unsinn und Unbildung. Die Kreuzung eines Pferdes mit einem Esel würde etwa der Kreuzung Mensch und Schimpanse entsprechen. Es gibt nur eine Menschenart; Mongolen, Europäer und Neger sind lediglich Rassen; wenn sie untereinander heiraten, entstehen keine »Bastarde«, sondern Zwischenformen. Geschieht das in größerem Maße, so entwickeln sich neue Völker. Alle unsere Völker und Nationen sind dadurch zu Stande gekommen, dass sich alte Völker vermischt haben. In Südamerika bilden sich in unseren Zeiten mittelfarbige neue Völker, die die Lebenslust

und Tropenfestigkeit des Negers mit dem Unternehmungsgeist des Europäers glücklich verbinden. Es gibt naturwissenschaftlich gesehen auch keine Kreuzung, bei der die Nachkommen nur oder überwiegend die »schlechten« Eigenschaften beider Eltern erben. Nur dort werden Kinder von Indianern und Weißen oder von Schwarzen und Europäern »minderwertig«, wo sie von vornherein zwischen Bettelvolk und Verbrechern aufwachsen müssen.
Neger haben im Durchschnitt ein etwas kleineres Gehirn (1315 Gramm) als Europäer (1360 Gramm) – das hört jeder Weiße sehr gern. Hinzufügen muss man dann, dass das Gehirn der Chinesen durchschnittlich mehr wiegt als das unsere (1430 Gramm). Mit Intelligenz hat weder das eine noch das andere etwas zu tun, denn die Zahl der Gehirnzellen, auf die es ankommt, ist bei den drei Rassen gleich, nämlich fünfzehn Milliarden; nur die einzelne Zelle ist beim Schwarzen etwas kleiner und beim Mongolen größer.
Wenn man in der Geschichte der eigenen Familie zwei oder drei Generationen zurückgeht, findet man, dass die Großeltern und Urgroßeltern ihre Frauen und Ehemänner nur aus den Nachbardörfern oder der nächsten Kreisstadt geholt haben. Die ganze Verwandtschaft saß in einer Landschaft zusammen. Heute hat jeder von uns Verwandte im Norden und im Süden, die meisten sogar in Amerika oder Australien. Von Jahrzehnt zu Jahrzehnt reisen die Menschen mehr herum und heiraten in immer entferntere Gegenden. Wahrscheinlich dank dieser frischen Mischung fremden Blutes werden die Menschen auch von Jahr zu Jahr größer und frühreifer. Bekanntlich steigt ja in Europa seit über einem Jahrhundert die Durchschnittsgröße der frisch gemusterten Rekruten ständig an. Die mittelalterlichen Ritterrüstungen würden kaum einem von uns passen. Den Tierzüchtern ist wohl bekannt, dass die Nachkommen aus der Mischung etwa zweier sehr rein durchgezüchteter und daher auch ingezüchteter Hühnerrassen lebenskräftiger und größer werden als ihre Eltern:

die Kinder »luxurieren«. Bei der Mischung von Menschenrassen ist das Gleiche zu erwarten. Die Zukunft ganzer Kontinente wird von der friedlichen Vermischung ganzer Völker abhängen, bei der ja immer besonders viele Talente und Genies entstehen. Wenn nur nicht noch die Afrikaner und Indonesier das moderne Nationalbewusstsein und den Rassenhass lernen, den wir Europäer so schön vorgelebt haben.

Ein farbiger Mensch ist uns gleichartig und gleichberechtigt, solange wir nicht seinen Unterwert nachweisen können. Natürlich kann man nicht, wie das ständig geschieht, einen schreibunkundigen schwarzen Dorfjungen mit einem Europäer vergleichen, der nach Afrika reist. Wenn wir den schwarzen Bankbeamten in Aruscha dem Stallknecht in einem entlegenen bayrischen Dorf gegenüberstellen oder gar einen schwarzen Lehrer und Universitätsprofessor mit einem britischen Dockarbeiter oder einem russischen Leibeigenen vor zweihundert Jahren vergleichen – dann sehen die Dinge schon anders aus. Deswegen ist es unerträglich, wenn heute noch ein indischer Minister in irgendeinem Lande als Farbiger im Hotel kein Unterkommen findet, während der ungebildete, aber europäische Farmer unrasiert gern aufgenommen wird. Für mich ist ein Neger ein gleichberechtigter Mensch und ein Bruder.

Gerade deswegen halte ich es für falsch, farbige Kolonien überhastet zu selbständigen demokratischen Gemeinwesen zu machen. So etwas ist jetzt modern, und es ist bequem für unsere Kolonialverwaltungen, sich auf diese Weise viele Schwierigkeiten, Ausgaben und manchen Ärger vom Halse zu schaffen. Dafür wird man in der Weltpresse auch noch gelobt. Es ist aber unverantwortlich gegenüber den betroffenen Völkern, auch wenn ein paar ihrer politischen Führer noch so laut das Gegenteil verkünden.

Die Europäer haben diese Völker in manchen Gegenden jäh aus einem ausgeglichenen, primitiven Leben herausgeholt, in anderen Ländern haben sie sie von Sklaverei, brutalen Stammeskriegen, Hungersnöten und Seuchenelend erlöst. Man kann aber nicht Menschenmassen, die zu 98 % aus Schreibunkundigen bestehen, sich auf einmal demokratisch selbst regieren lassen. Dann werden sie einer Korruptionsclique von Häuptlingen, Kaufleuten und Levantinern ausgeliefert, die sie ausbeuten. Schließlich haben wir Europäer uns ja auch nicht in einigen Jahrzehnten zu Demokraten entwickelt, sondern in Jahrhunderten oder einem Jahrtausend, und es hat alle Übergangsformen gegeben, vom Wahlkönigtum bis zum preußischen Dreiklassenwahlrecht. Solange die Menschen eines Kolonialvolkes nicht wenigstens zur Hälfte lesen und schreiben können, solange nicht Zehntausende davon zu Ärzten, Richtern, Technikern, Verwaltungsbeamten, Landmessern, Tierärzten, Lehrern, Krankenpflegern, Straßenbauern, Tropenlandwirten, Grubenfachleuten, Forsttechnikern, Brückenbauern, Eisenbahnern und Funktechnikern ausgebildet sind – so lange kann man ihnen nicht innerhalb kurzer Jahre die zivilisatorischen Einrichtungen eines modernen Kolonialwesens zur Selbstverwaltung überlassen, ohne sie ins Unglück zu führen. Ich weiß, dass viele Europäer und viele Farbige das Gegenteil befürworten, weil es sich im korrupten Durcheinander einer Scheinverwaltung gut leben und noch besser verdienen lässt.

Es ist auch nicht damit getan, dass man jetzt in Kolonien schnell Universitäten gründet, die viele Lehrer und fast gar keine vorgebildeten Studenten haben. Die farbigen Länder brauchen Volksschullehrer und Zehntausende von Schulen, nach zehn Jahren Tausende von Mittelschulen, dann Oberschulen und schließlich Universitäten. Wer den schwarzen und den farbigen Menschen als Mitbruder ehrt und liebt, der darf die einmal begonnene Arbeit jetzt nicht missmutig niederlegen, auch wenn er von den Schwarzen und ebenso von den Weißen in der Heimat dazu gedrängt wird. Man darf das Wahlrecht und das Recht der Mitsprache im Staat nicht von der Hautfarbe abhängig machen, wohl aber davon, ob jemand lesen und schreiben kann, und von

dem, was er gelernt hat. Dann gelten die gleichen Gesetze für Schwarz und Weiß, und die Afrikaner werden so bald oder so spät mitregieren, wie sie es wirklich können.
Augenblicklich bekommt man von den Europäern in Übersee missmutig zu hören, es hätte ja doch alles keinen Sinn mehr, weil sich die Farbigen in ein paar Jahren selber regieren und sie dann verjagen würden. Ich halte das für undemokratisch und für verantwortungslos. Gingen die Briten schon heute aus Tanganjika weg, dann würde dieses Land in wenigen Jahren einen seiner höchsten Werte verlieren, um die alle Welt es schon heute beneidet und zu dem in kommenden Jahrzehnten ein Teil der ganzen Menschheit pilgern wird: die gewaltigen wilden Tierherden der Serengeti. Heute sehen die Afrikaner in ihnen nur Fleisch, Häute und Wettbewerber für ihre verhungerten Kühe. *Wir Europäer müssen unsere schwarzen Brüder noch lehren, was sie besitzen. Nicht weil wir klüger, sondern weil wir älter sind und sie unsere Fehler und Sünden nicht wiederholen sollen.*

Dieses Kapitel war schon abgeschlossen, als mich ein junger Schwarzer besuchte, der in Europa Medizin studiert, später aber Politiker werden will. Ich bat ihn, den Abschnitt zu lesen. »Alles richtig, was Sie schreiben«, sagte er. »Nur gibt es ein großes Aber. Wenn unsere Länder Kolonien bleiben, wird es Ihre Schulen in fünfzig Jahren noch nicht geben, und auch in dreihundert noch nicht. Sehen Sie sich doch Indien an. Das war dreihundert Jahre Kolonie. Was aus unseren Ländern wird, lasst unsere Sorge sein – auch wenn wir sie ruinieren. Wir werden es schon schaffen, weil wir es ernstlich schaffen *wollen*. Erst müssen wir frei sein!«
Ich bin in meinem Leben viel mit kleinen schwarzen Dorfleuten zusammen gewesen, weil sich das so aus meinem Beruf ergibt. Deswegen denke ich immer zu spät an die großen Vokabeln der Politik und zuerst an ihre Sorgen: sie wollen das

Büro im Freien: Bernhard und Michael Grzimek, Gimbel Hermann und ein tansanischer Assistent (von links nach rechts) halten die Ergebnisse ihrer Arbeit auf dem Diktiergerät fest.

Michael Grzimek (vorne) und seine Mitarbeiter fangen ein Zebra ein, um es anschließend zu markieren.

In besten Händen: Bernhard Grzimek mit einem Zebrafohlen.

Besuch vom stolzen Krieger: Ein Massai im Gespräch mit den beiden Tierschützern.

Nächste Seite: *Rund 1,5 Millionen Gnus und Zebras ziehen heute die Serengeti.*

Michael Grzimek im Cockpit der Dornier Do 27.

Vater, Sohn und das berühmte Buschbaby bei den Dreharbeiten zu »Serengeti darf nicht sterben«

Unter dem interessierten Blick eines Massais sammelt und bestimmt Michael Grzimek Pflanzen und Gräser.

Mit einem aufblasbaren Nashorn erforscht Bernhard Grzimek das Sehvermögen von Spitzmaulnashörnern.

Nächste Seite: *Giraffen sind die anmutigsten Tiere der Serengeti.*

Stelldichein in einem aus Holzstücken errichteten Unterstand.

Bei einer Zwischenlandung weit im Norden der Serengeti kommt ein ganzes Dorf, um die Zebrastreifen-Dornier (nicht im Bild) zu bestaunen.

Berhard Grzimek mit seinem Amphibienfahrzeug unterwegs im Murchinson Falls National Park, Uganda.

Dr. John Owen (links) und Bernhard Grzimek 1961 in Nairobi, Kenia.

Vorige Seite: *Im Serengeti-Ökosystem leben gegenwärtig rund 3000 Löwen.*

Der »Hausgepard« Acinonyx jubatus wacht über dem Schlaf seines Herrchens.

»Guten Abend, meine lieben Freunde.« Über 30 Jahre hinweg eröffnete Bernhard Grzimek mit diesem Satz seine legendäre Sendereihe »Ein Platz für Tiere«.

Bernhard Grzimek und sein Enkel Christian (links) kampieren mit Markus und Monika Borner am Rande des Ngorongoro-Kraters.

Bernhard Grzimek notiert seine Beobachtungen im Kontrollbuch, während das Ehepaar Borner ins Gespräch mit den Parkrangern vertieft ist.

Ausgehend von Bernhard Grzimeks Initiative fördert die Zoologische Gesellschaft Frankfurt (ZGF) heute die Aus- und Weiterbildung von Nationalpark-Rangern.

Ein weiteres Bildungsprojekt ermöglicht es, tansanischen Schulkindern durch die Serengeti zu fahren.

In der ZGF-Werkstatt werden heutzutage die Fahrzeuge des Serengeti-Nationalpark instand gehalten.

»Ein paar Leute müssen sich schon um die wilden Tiere mühen – um der Tiere, aber auch um der Menschen willen.«
Bernhard Grzimek (1909–1987).

ganze Jahr satt werden und ihre Kinder groß werden und etwas lernen, nicht sie sterben sehen.

Weise Männer können ihre Erfahrungen bekanntlich nicht ihren Enkeln vererben. Jeder muss in seinem Leben selbst von neuem alle Dummheiten begehen und büßen. Das gilt vermutlich auch für Völker. Die jungen Nationen Afrikas werden also wohl ihren schwarzen Wilhelm Tell und Friedrich den Großen, ihren Napoleon, Hitler, Stalin, Bismarck, Ludwig XIV. haben; ihre Kriege und ihre Toten.

Von giftigen Schlangen

Kein Tier jemals quält, bloß um zu quälen; aber dies tut der Mensch, und dies macht den teuflischen Charakter aus, der weit ärger ist als der bloß tierische.
Arthur Schopenhauer

An einem dieser Oktobertage sitzt mein Sohn Michael allein vor unserer Blechhütte unter einem Baum, der in der Trockenzeit kahl ist, und liest in einem Buch. Nach einer Stunde wird er von unserem schwarzen Hausdiener Jambuna aufgeschreckt, der den Pfad entlang auf das Haus zukommt. Der junge Mann schreit laut, fuchtelt mit den Armen und sucht nach einem Stock. So entdeckt Michael, dass am Stamme des schräg stehenden Baumes, kaum einen Meter von seiner Schulter entfernt, eine schwarze Mamba gemächlich herunterkriecht. Sie ist an die vier Meter lang.
Da das Reptil über die kahle Fläche vor unserem Blechhäuschen einem Busch zustrebt, sucht es Michael mit einer langen Bambusstange abzulenken. Die Schlange züngelt, sie richtet sich mit dem Kopf etwa einen halben Meter vom Boden auf, lässt sich aber nicht von ihrer Richtung abbringen. Denn Michael wagt es doch nicht, sie am Schwanz zu packen.
So verschwindet sie in dem stachligen kleinen Gestrüpp. Uns ist die Nachbarschaft dieser Giftschlange nicht behaglich. Die schwarze Mamba ist zwar sehr berühmt, aber auch ebenso todbringend. Vor allem fürchten wir für unser Buschbaby. Deswegen brennen wir den Busch ab; die Schlange, die wohl in der Erde steckt, kommt aber nicht hervor. Wir müssen sie wohl oder übel sitzen lassen. Allmählich vergessen wir jedoch die gefährliche Nachbarschaft und haben dann auch in langen Wochen nichts mehr von ihr gemerkt.
Das sind schon unsere gesamten persönlichen Erfahrungen mit

der gefürchteten Mamba – wenigstens in Afrika, denn in Frankfurt haben wir ja im Zoo genug Giftschlangen. Dabei soll die Mamba in Afrika durchaus nicht selten sein. Ich persönlich habe in Freiheit noch nie eine gesehen. Trotzdem möchte ich nicht abstreiten, dass sicherlich schon so manche Mamba *mich* gesehen hat.

Ich kann aber mit ausgezeichneten Geschichten aufwarten, die ich über die Untaten der schwarzen Mamba in Büchern gelesen oder erzählt bekommen habe. Denn diese Schlange scheint ungewöhnlich tüchtige Propagandisten zu beschäftigen.

Zum Beispiel: Ein Brautpaar reitet in Afrika spazieren. Sie treffen im Gras eine schwarze Mamba, die sich bis zur Kopfhöhe ihrer Pferde aufrichtet. Sofort drehen sie auf der Hinterhand um, geben ihren Pferden die Sporen und jagen davon – die Mamba aber holt sie ein, beißt Bräutigam und Braut und beide Pferde. Alle tot.

Oder: Ein Farmer trifft auf eine Mamba und kann ihr mit einem Schrotschuss den Kopf zerschmettern. Er will seiner jungen Frau die Schlangenfurcht austreiben und legt die tote Schlange, wie eine lebende geringelt, auf den Boden des Schlafzimmers. Nach zwei Stunden fällt es der feuchtfröhlichen Gesellschaft endlich auf, dass die junge Frau von den Kindern nicht zurückkehrt. Der entsetzte Ehemann findet sie tot auf dem Boden liegen, neben ihr noch eine zweite, sehr lebendige Mamba, die er mit einem Stock erschlagen kann. »Ich hätte wissen müssen, dass der Ehegatte einer getöteten Schlange stets kommt, um seine Gefährtin zu rächen!«, ruft er aus.

Ein Regierungsbeamter fährt im Auto durch den Busch, sieht eine Mamba über die Straße kriechen und versucht sie zu überfahren. Das Tier richtet sich auf, verfolgt den Wagen, springt seitwärts hinein, beißt und tötet zwei der Insassen.

Dazu ist zu sagen, dass Schlangen keine »Ehegatten« haben. Sie treffen sich nur kurz zur Paarung. Findet man zwei zusammen, so sind es ebenso häufig zwei Männchen oder zwei Weibchen wie ein Paar. Falls eine Giftschlange eine getötete andere findet, weiß sie noch lange nicht, wie und durch wen diese umgekommen ist, und sie dürstet keineswegs nach Rache.

Giftschlangen sind keine Menschenjäger. Sie können keinen Menschen fressen, denn Schlangen müssen ja ihre Beute ganz verschlingen, sie können nichts davon abbeißen. Der große Mensch stirbt durch den Schlangenbiss nicht so blitzschnell wie die kleinen Beutetiere dieser Reptilien, er bleibt noch lange Minuten, oft eine halbe Stunde lang beweglich genug, um die Schlange zu töten oder zu verwunden. Deswegen fliehen selbst die gefährlichsten Giftschlangen uns Menschen, sie verdrücken sich ins Gebüsch oder in Erdlöcher und Felsspalten, sofern sie nur eine Möglichkeit dazu haben. Selbst wenn sie auf uns zukommen, braucht dies kein Angriff zu sein. Mitunter stehen wir gerade vor ihrem Schlupfloch, und sie schießen zwischen unseren Beinen hindurch oder vom Baum aus über unsere Schulter hinweg geradewegs dort hinein, ohne uns zu beißen.

Ich habe Hunderte von Nächten in Afrika geschlafen, sehr viele davon in Hütten von Eingeborenen, zu ebener Erde im Zelt und mitunter ganz im Freien. Trotzdem muss ich zugeben, dass ich noch nie schweißgebadet aufgewacht bin, weil eine Kobra zusammengeringelt auf meiner Brust lag und nach meinem Gesicht züngelte, und dass ich auch noch nie auf eine Puffotter gestoßen bin, wenn ich früh in meinen Stiefel fahren wollte. Allerdings trage ich in Afrika keine Stiefel, sondern meistens Turnschuhe oder Sandalen. Aber ich möchte deswegen keineswegs abstreiten, dass solche Dinge einmal passieren *können*.

Im Frühjahr dieses Jahres lag einer der eingeborenen Arbeiter bei uns in Banagi mit einem schweren Malariaanfall auf seinem Lager zu ebener Erde in seiner Hütte. Er fühlte eine Bewegung neben sich und tastete mit der Hand nach dieser Stelle. Dabei biss ihn eine Mamba in den Arm. Unser Freund Myles Turner

holte die »Giftschlangenapotheke«. Das ist ein überlegt zusammengestellter Blechkasten, der von dem Fitz-Simons-Schlangenpark in Durban, Südafrika, vertrieben wird. Wir haben immer so einen Kasten im Auto und im Flugzeug. Myles machte dem Gebissenen tiefe Schnitte in den Arm – in der Längsrichtung der Muskeln, nicht quer, um keine Sehnen, Nerven und Adern zu zerschneiden –, rieb übermangansaures Kali in die Wunden und spritzte dem Mann dann Schlangenserum ein. Er fuhr den Verletzten in das Hospital von Ikoma.
Der Mann kam erst nach zwei Monaten wieder. Da durch das gewebezerstörende Schlangengift große Teile des Muskelfleisches abgestorben waren, konnte er ein Stöckchen in das Loch am Arm einführen und zwanzig Zentimeter weiter oben durch ein anderes Loch wieder herausziehen.
Kay, die junge Frau von Myles, störte sich daran, dass auf der dünnen Schlafzimmerdecke, die nur aus Pressplatten besteht, unter dem Dach jede Nacht eine große Mamba herumkroch, die dort nach Fledermäusen und Ratten jagte. Kay wurde zum Schluss deswegen so aufsässig, dass Myles Turner endlich zusammen mit seinem schwarzen Stellvertreter das halbe Dach abdeckte und mit entsicherter schwerer Schrotladung in den Zwischenraum hineinkroch. Er fand zwei ganze Häute der Schlange mit den Augenschalen darin und Überreste von vielen Beutetieren, konnte aber das Untier selber nicht erwischen. So schleift sie weiter über die Stubendecke. Kay hat sich inzwischen daran gewöhnt.
Ich will auch beileibe nicht behaupten, dass man an Schlangenbissen nicht sterben könne. Ein guter Freund von mir war der Spanier Louis de Lassaletta. Er hat in Westafrika für den Frankfurter Zoo unsere beiden jungen Gorilla und auch die riesigen Kamerunfrösche gefangen. Im Januar letzten Jahres wurde er von einer Giftschlange in den Hals gebissen, die er in einen Kasten setzen wollte. Er war innerhalb von zehn Minuten tot. Aber gewöhnliche Leute fangen ja in Afrika keine Gift-

schlangen und setzen sie nicht mit den Händen von einem Kasten in den anderen.

Einem anderen Bekannten von mir wäre es zweimal beinahe genauso gegangen. Es ist Marlin Perkins, der Direktor eines der beiden großen Zoologischen Gärten in Chicago. Als er noch Kurator für Reptilien im Zoo von St. Louis war, biss ihn eine afrikanische Gabun-Viper. Diese dicken, schwerfälligen Schlangen können so laut zischen, dass es klingt, als hätte man einen Nagel in einen Autoreifen getrieben. Der Biss war noch recht günstig: in den Zeigefinger. Außerdem war nur *einer* der beiden Giftzähne eingedrungen. Die Wunde wurde gleich aufgeschnitten und ausgesaugt, der Direktor telefonierte um Rat nach New York. Da es damals noch kein Serum gegen das Gift der Gabun-Viper gab, spritzte man nacheinander Klapperschlangen-, Kobra-Serum und das Gegengift gegen die südamerikanische Lanzenotter ein.

Trotzdem wurde der Patient bewusstlos, der Puls fiel auf fünfzig, war bald nicht mehr fühlbar, die stark erweiterten Pupillen verengten sich nicht mehr bei Lichteinfall, der Harn war voller Blut. Als der Tod unmittelbar bevorzustehen schien, machte man eine Blutübertragung, die Perkins half. Nach drei Wochen konnte er aus dem Spital entlassen werden. Im Jahre 1951 biss ihn eine südamerikanische Giftschlange während einer Fernsehsendung, und diesmal waren sogar mehrere Blutübertragungen notwendig.

Gewöhnliche Leute, die keine solchen Fernsehvorträge halten, werden von Giftschlangen gebissen, wenn sie im Gras oder Gebüsch auf eine treten, sich daraufsetzen oder mit dem Kopf gegen einen Zweig stoßen, auf dem eine liegt. Noch öfter, wenn sie eine Schlange totzuschlagen oder zu fangen versuchen, so dass das Tier sich verteidigen muss. Sofern die Schlange nicht ganz unerwartet zuschlägt, kann man sich stets durch Davonlaufen retten.

Wir überschätzen nämlich immer die Geschwindigkeit kleiner

Lebewesen. Keine Schlange läuft so schnell wie ein Mensch. James Oliver, der Kurator für Reptilien im New Yorker Zoo, hat ein ganzes Buch über Aberglauben und Tatsachen im Zusammenhang mit Schlangen geschrieben, auf das ich mich hier in vielem stütze. Bei einer schwarzen Mamba, die als die schnellste aller Giftschlangen gilt, hat er einmal mit der Stoppuhr gemessen, dass sie eine Strecke von 47 Metern mit einer Geschwindigkeit von etwas über 11 km/h lief. Sowohl Pferd wie Mensch können jedoch für kurze Strecken über 30 km/h leisten. Vor Elefanten, Löwen, Gorillas, Nashörnern oder Flusspferden davonzulaufen hat wenig Sinn, ist meistens sogar gefährlich, weil es erst recht den Angriffsmut der Tiere reizt. Vor Giftschlangen dagegen kann und soll man Fersengeld geben.

Sie können in jeder Lage beißen, sogar unter Wasser, und auch der abgeschlagene Kopf vermag noch tödliche Bisse zu versetzen. Giftschlangen schlagen aber keineswegs »schnell wie der Blitz« zu. Als man die Bissgeschwindigkeit von Klapperschlangen mit Hilfe von Blitzlichtfotos maß, kam heraus, dass der Kopf in einem Tempo von etwa 2,7 m/sec vorschießt. Eine Kobra ist noch sechsmal langsamer. Eine Sekunde ist eine lange Zeit – ein ungeübter Mensch schlägt mit der Faust in einer Geschwindigkeit von 6 m/sec zu, oder doppelt so schnell wie die Klapperschlange. Eine Forelle schwimmt 2,3 m/sec, eine Biene fliegt 2,8 m/sec, eine Libelle 7,5 m/sec, ein Golfspieler kann es auf 13 m/sec bringen. Geschickte »Schlangenbeschwörer« patschen einer Kobra, die gerade zuschlägt, ohne weiteres spielerisch mitten während des Schlages auf den Kopf. Die meisten Schlangen können nur ein Drittel bis halb so weit zuschlagen, wie sie selber lang sind. Afrikanische Schlangen, die ihr Gift spucken oder spritzen, zielen allerdings bis zwei Meter weit genau in die Augen, bis drei Meter weit noch mit einiger Treffsicherheit. Das schmerzt fürchterlich und gibt schwerste Entzündungen; man kann manchmal zwei bis

drei Wochen lang nichts sehen, und in seltenen Fällen wird man sogar blind.
Die Schlangenbeschwörer, welche am Straßenrande ihre Kobras aus einem Körbchen herausholen und ihnen auf einer Flöte vorspielen, nutzen die Langsamkeit dieser Tiere aus. Wer mit ihnen vertraut ist, kann ihren tödlichen Biss leicht vermeiden. Kobras stoßen außerdem bei Tage meist mit geschlossenem Maul zu. Die Gaukler suchen sich die richtigen Tiere aus, welche nicht ständig wegkriechen, sondern viel aufrecht stehen. Der Schlangenbeschwörer bewegt die Flöte und seinen Kopf hin und her, damit das Tier gereizt bleibt und ihm in aufrechter Haltung folgt. Die Schlange hört die Flötentöne nicht, denn Schlangen sind taub für Schallwellen, sie haben gar keine Ohröffnungen. Als man einer Brillenschlange den Mund mit Heftpflaster zuklebte und auch die Augen verdeckte, richtete sie sich trotzdem drohend auf, wenn jemand an ihr vorbeiging. Hielt man jedoch einen leeren Blechkanister in der Hand und schlug mit dem Stock darauf, so merkte die Schlange von dem Lärm gar nichts. Sie ist wohl ganz auf Erschütterungen des Untergrundes und auf Gerüche eingestellt. Trotzdem ist der Glaube nicht auszurotten, dass man Schlangen mit Musik betören könne.
Trotz allen Geschicks kommen viele Schlangenbeschwörer doch über kurz oder lang durch ihre Pfleglinge um. Ganz einfach, weil sie allmählich zu vertrauensselig und leichtsinnig werden. Uns Zooleuten kann es leicht genauso gehen. Vor über zwanzig Jahren hielt ich bei mir zu Hause einheimische Kreuzottern, deren Giftigkeit ja meist übertrieben wird. Nur Kinder oder geschwächte, kranke Personen kommen in Ausnahmefällen durch ihren Biss um. Ich hatte damals noch gar keine Erfahrung mit Giftschlangen, merkte aber bald, dass die Tiere sich ohne weiteres in die Hand nehmen ließen. So hielt ich sie dicht hinter dem Kopf fest, bis ich irgendwo las, dass sie den Unterkiefer beiseite schieben und mit den Giftzähnen im

Oberkiefer trotzdem in den Finger beißen können. Am nächsten Tag zog ich mir Lederhandschuhe an – und zufällig führte mir gleich die erste, die ich griff, vor, dass sie trotz des Halsgriffs in das Leder stechen konnte.
Die meisten Leute überschätzen zwar die Aussicht, in den Tropen von Giftschlangen gebissen zu werden. Aber sie haben umgekehrt keine rechte Vorstellung, was es heißt, an einem Schlangenbiss zu Grunde zu gehen. Die kleinen Beutetiere, für die das Teufelszeug bestimmt ist, sterben blitzartig, vielleicht fast schmerzlos. Wir sind dutzend-, hundertmal so groß und müssen uns daher Minuten, Stunden, mitunter tagelang quälen. Die Gifte der vielen Schlangenarten sind noch lange nicht alle näher untersucht. Aber wir wissen, dass die einen mehr Nervengifte sind, die anderen mehr Blut- und Gewebegifte und dass es alle Mischungen davon gibt.
Die Nervengifte führen zu Krämpfen und Lähmungen, besonders des Atemzentrums. Während die Atmung aussetzt, schlägt oft das Herz noch weiter, bis es endlich auch stillsteht. Andere Bestandteile der Gifte lassen die Blutgefäße undicht werden. So tritt das Blut ins Gewebe aus, die Glieder werden rot und schwarz, sie schwellen ungeheuer an, der Gebissene hustet, erbricht, Blut geht mit Urin und Stuhl ab. Die Augen unterlaufen rot; man kann in die Bauchhöhle hinein verbluten. Andere Giftbestandteile zersetzen das Gewebe – sie sollen das Beutetier zur Verdauung vorbereiten, da die Schlange ihre Nahrung ja nicht kauen und zerkleinern kann. Eine gebissene, durch Gift getötete Ratte wird von der Schlange in vier Tagen verdaut; zu einer tot vorgeworfenen braucht sie dreizehn Tage. Selbst wenn der Gebissene durch das Serum doch gerettet wird, können die Gewebegifte zum Absterben ganzer Gliedmaßen führen, zum Brand, zu langwierigen Entzündungen; der Gebissene kann blind, taub oder teilweise gelähmt bleiben.
Hier in Tanganjika können die Kioka ausgezeichnet mit giftigen Schlangen umgehen. Vor einigen Jahren freundete sich ein

junger Amerikaner, der Schlangen für amerikanische Museen sammelte, mit Kalola, dem Häuptling dieses Stammes, und seinem Neffen Njoka an. Eines Tages war der junge Amerikaner mit Entsetzen Zeuge, wie Njoka von einer schwarzen Mamba ins Bein gebissen wurde. Der Gebissene nahm die Sache aber gar nicht ernst, er behauptete, er sei schlangenfest. Von der Anteilnahme des Weißen war er so gerührt, dass er versprach, ihn in die Riten des Stammes einzuweihen.
Der Amerikaner musste an allerlei Zauberzeremonien teilnehmen. Unter anderem machte man ihm viele kleine Einschnitte am ganzen Körper und rieb ein Pulver, »Lukago«, ein, ein Gemisch aus den verschiedensten Dingen, darunter den getrockneten und zerpulverten Häuptern und Schwänzen von Giftschlangen. Zum Schluss musste er eine Mamba mit der Hand fangen und sich von ihr beißen lassen.
Der junge Mann war überzeugt, eine große Entdeckung gemacht zu haben, er wollte seine neue Wissenschaft zum Segen anderer Menschen weitergeben. Zum Glück hatte er einige der Giftschlangen zu dem Hauptlager seiner Expedition mitgebracht. Die Schlangensachverständigen untersuchten sie und stellten fest, dass ihnen die Giftzähne herausgenommen waren. Der Amerikaner war also von harmlos gemachten Mambas gebissen worden.
Man soll sich aber während Afrikareisen nicht darauf verlassen, dass Straßengaukler stets harmlose Giftschlangen verwenden. Manchmal greifen Reisende im festen Glauben daran die Schlangen an, und der »Beschwörer« sucht das nur zum Schein zu verhindern, um sich selbst vor Strafe zu schützen. Ein Unglücksfall ist ja die beste Reklame für ihn.
In Ghana bot ein »Schlangenbeschwörer« an der Straße Zaubermittel gegen Schlangenbisse feil. Um die Sache interessanter zu machen, hatte er eine Kobra und zwei Gabun-Vipern mitgebracht. Nachdem er die Kobra »besprochen« hatte, gab er sie einem der Zuschauer in die Hand. Das Tier biss den Mann in die

Wange, und er war nach einer Stunde tot. Es stellte sich heraus, dass alle drei Giftschlangen völlig unversehrte Zähne und eine Menge Gift in ihren Drüsen hatten. Der Schlangenkünstler bekam drei Jahre Gefängnis wegen fahrlässiger Tötung.
Alles in allem ist es also in Afrika mit Giftschlangen nicht anders als mit Löwen und Elefanten: wenn man nicht eigens danach sucht, bekommt man keine zu sehen.

Tiere fangen mit dem »Wundergewehr«

Ganze Weltalter voll Liebe werden notwendig sein,
um den Tieren ihre Dienste an uns zu entgelten.
Christian Morgenstern

Michael und ich liegen lang nebeneinander auf unseren Feldbetten in der Blechhütte, schneiden Gesichter und denken nach.
Wir schneiden Gesichter, weil wir uns elektrisch rasieren. Das klingt sehr einfach, ist es aber gar nicht, wenn das nächste Anschlussnetz über vierhundert Kilometer entfernt ist. Wir haben diese schwierige Aufgabe auf zwei verschiedene Weisen gelöst. Ich benutze ein Rasiergerät, in das man einfach Taschenlampenbatterien hineinsteckt. Die hat jeder indische Laden im entlegensten Negerdorf genauso wie Schuhwichse zu verkaufen. Die Batterien reichen vier bis sechs Wochen, und die Messer drehen sich im Kreis herum.
Michaels Apparat kostet das Doppelte, ist vornehm weiß, die Messer gehen hin und her; man kann das Ding in eine Steckdose stecken und aufladen – wenn eine da ist. Michael meint, alle paar Wochen käme man doch nach Nairobi oder Aruscha; dann könne man das ja im Hotel tun. Mein Apparat summt ihm zu sehr, und es dauert ihm zu lange, bis man glatt ist. Ich wiederum behaupte, dass er nur nach Nairobi fliege, um seine vornehme Apparatur aufzuladen.
So kämpfen wir jeden Morgen für Prinzipien, jeder für die seinen. Um Grundsätze und Ideen streiten sich ja die Menschen seit alters her, und meistens sind sie auch nicht viel wichtiger – zum Beispiel, ob man besser auf diesem oder jenem Wege zum Seelenheil kommt oder ob man Staaten so oder so erfolgreicher regiert. Darum also beulen wir die Backen mit der Zungenspitze aus und schneiden Grimassen. Dass wir gleichzeitig so angestrengt grübeln, hat eine ernsthaftere Ursache. So wie heute haben wir

in den letzten Wochen oft beratschlagt. Alle unsere 367000 großen Vierbeiner gehen während der Regenzeit Wochen, ja Monate restlos über die neuen Ostgrenzen hinaus, mit denen man jetzt den Serengeti-Nationalpark abgrenzen wird, das wissen wir nun. Die Tierherden, denen zuliebe man ihn geschaffen hat, müssen jedes Jahr lange Zeit außerhalb leben. In der Regenzeit ballen sie sich in großen Herden zusammen und ziehen auf den offenen Steppen umher. Wir können ihnen jeden Tag nachfliegen, wir wissen also, wo jede Herde bleibt.

In der Trockenzeit aber ist das anders. Dann splittern sie sich auf in kleine Scharen von hundert, hundertfünfzig Köpfen. Ein großer Teil von ihnen lebt in dem niedrigen »Korridor« am Victoriasee, andere sichten wir weit außerhalb des Parks im Norden. Sind es überhaupt dieselben, die im Regen als große Armeen über die Steppe zogen? Immer wieder drängt sich uns der gleiche Gedanke auf: wir sollten sie anmalen, damit man sie wieder erkennt, sie vielleicht zwischen zwei Zäune treiben, die wie ein Trichter zusammenlaufen. Dann müssten alle am Ende durch einen Tümpel voll roter Farbe schwimmen. Aber wir wissen längst, dass das nicht geht, ihre Haare müssten mindestens erst entfettet werden. Unsere 99481 Gnus sind schwarz; schwarze Haare kann man nicht rot färben, sondern höchstens mit Deckfarbe beschmieren, vielleicht mit Ölfarbe.

Michael lässt seine Zigarette neben dem Bett auf die Erde fallen, streckt das Bein hinunter und tritt sie mit dem Absatz in den lockeren Sand. Das ist sehr praktisch: in einer Stube keinen Fußboden, sondern schmutzigen, lockeren Sand zu haben. Man spart sich das Auskehren, tritt alles in die Erde und scharrt es zu. Wir sind ja hier unter Männern. Michael meint: »Nebenbei gesagt: treib mal eine Herde Gnus oder eine Herde Zebras dorthin, wo du sie haben willst. Kannst du dich noch entsinnen, wie wir das mit zwei Autos probiert haben? Sobald sie merken, man will sie irgendwohin drängen, brechen sie bestimmt aus und laufen in die andere Richtung.«

Ohrmarken sind zu klein. Selbst wenn man sie groß und bunt macht, fällt so ein Zebra unter dreitausend anderen nicht auf. Denn schließlich sollen auch andere Leute und die Besucher im Park sie wieder entdecken und ihren Standort melden. Könnte man nicht einzelnen Tieren kleine Sender mit Batterien umhängen, die man dann anpeilt? Aber solch eine Batterie läuft nur ein paar Wochen.

So haben wir uns auf Halsbänder geeinigt. Allerdings nicht lederne, die wir zunächst ausprobiert hatten. Lederhalsbänder leiden durch Nässe und Sonne, man kann sie außerdem nicht richtig durchfärben. Die Farbe schabt sich ab, und dann sehen alle wieder ziemlich gleich aus.

So sind wir auf ein Kunstgewebe verfallen, mit dem man neuerdings Gartenliegestühle in lustigen Farben und Streifen bespannt. So etwas ist federleicht, zerfällt nicht und bleibt immer schreiend bunt. Wir haben unseren Zebras im Zoo Maß genommen und für ihre Halsbänder und die der Gnus den Stoff fünfmal übereinander genäht, für die kleinen Gazellen nur zweimal. Solche Halskragen stören die Tiere nicht, sie bleiben nicht damit hängen, und sie verlieren sie auch vor allem nicht. Aber man kann sie aus der Luft wieder erkennen. Nur einen Haken hat die Sache: Wir müssen die bunten Kragen den Gnus und den Gazellen erst um den Hals legen. Das ist nicht leicht. Denn dazu müssen wir sie fangen. Das hat sehr schnell vor sich zu gehen, weil sonst die zugehörige Herde wegläuft und die Tiere den Anschluss nicht mehr finden. Ein Zebra, dem wir am 4. Mai ein rotes Halsband und die Ohrmarke Nr. 21 angemacht

Die Klippschliefer hausen auf den Inselbergen aus Granit inmitten der Steppe. Obwohl nur kaninchengroß, gehören sie nach ihrem inneren Körperbau in die Verwandtschaft der Elefanten (oben). Das »Narkosegewehr« ist schwierig zu bedienen (unten).

haben, ist von einem Wildhüter am 12. September vergnügt mitten in seiner Herde hundert Kilometer weiter nördlich außerhalb des Nationalparks gesehen worden. Am 31. Oktober war es mit den anderen Zebras zusammen wieder etwa zwei Kilometer von der Stelle entfernt, wo wir ihm im Mai seinen Kragen umgeschnallt hatten. Auch von der Luft aus haben wir dieses Tier in fünfhundert Meter Höhe nach kurzem Suchen leicht in der Herde gefunden.

In Fachzeitungen wird in den letzten zwei Jahren ein Wundergewehr angepriesen. Es soll beinahe so wirken wie der Pfeffer, den man im Märchen dem Hasen auf den Schwanz streut. Ein Tierfänger in Afrika wollte mir solch ein Gewehr für sechshundert Dollar verkaufen. Er schrieb mir, ich könnte damit in wenigen Minuten jeden Gorilla, jeden Elefanten und Löwen betäuben und in einen Käfig setzen, ehe er wieder aufwacht.

Natürlich haben wir so ein Zauberinstrument gekauft – allerdings zu einem Viertel des Preises gleich beim Hersteller in Amerika. Es sieht aus wie ein gewöhnliches Jagdgewehr, wird aber statt mit Pulver mit zwei kleinen Stahlflaschen voll Kohlensäure geladen, wie man sie in Siphons einsetzt. Drückt man auf den Hahn, dann lässt der Schlagbolzen einen Kohlensäurestoß in den Lauf. Das gibt einen Druck von 50 Atmosphären, und das Geschoss fliegt zwanzig bis dreißig Meter weit.

Dieses Geschoss aber ist eine regelrechte Injektionsspritze aus Stahl. Sie trägt eine Hohlnadel, die sich in den Tierkörper bohrt. Durch den Stoß beim Abschuss wird hinten in der Injektionsspritze eine Tablette Karbid mit Wasser vermischt. So entwickelt sich Gas und treibt den Kolben der Spritze nach vorn. Er drückt das Betäubungsmittel durch die Hohlnadel in den Körper des Tieres.

Eine kluge Erfindung. Sie schien aber bisher nur bei eingesperrten Hirschen im Gatter ausprobiert worden zu sein.

Ein Zebra bekommt ein federleichtes, grellbuntes Nylonhalsband umgelegt.

Unsere Zebras ließen uns nicht auf dreißig Meter herankommen, sie liefen manchmal schon bei hundertzwanzig Metern weg. Die Spritzengeschosse aber waren sehr empfindlich gegen jeden Stoß. Man konnte sie gar nicht fertig geladen – vorn mit dem Betäubungsmittel und hinten mit der Gastablette und dem Wasser – mit sich führen, sondern musste vor jedem Schuss alles wie in der Apotheke einfüllen. So lange warten die Tiere aber meistens nicht. Außerdem flog dieses medizinische Geschoss mal zwanzig, mal wieder fünfunddreißig Meter weit, und deswegen trafen wir sehr selten.

Eines Tages saß so ein Spritzengeschoss mitten in der Hinterbakke eines runden Zebrahengstes. Michael und ich warteten und warteten. Nichts geschah. Schließlich fuhren wir hinter dem Hengst her und zogen das Ding mit der Hand im vollen Galopp wieder heraus. Es war gar nicht losgegangen, das Medikament war noch drin. Hätten wir die Spritze nicht wiedererobert, dann hätten wir geglaubt, sie habe zu wenig von dem Betäubungsmittel enthalten. Die doppelte Menge beim nächsten Schuss aber hätte vielleicht den Tod des »Patienten« bedeutet.

So sind wir Tage um Tage mit diesem Gewehr gepirscht, aber es schien uns zu gefährlich für unsere Schützlinge. Deswegen haben wir es eingepackt und im Verkehrsflugzeug mit nach Frankfurt genommen.

Michael hat sich die Sache gründlich durch den Kopf gehen lassen, hat Zeichnungen gemacht und ist vierzehn Tage lang aus der Werkstatt eines Feinmechanikers nicht herausgekommen. Er hat nasse Wolldecken vier-, fünffach über Stangen gehängt und hat darauf geschossen. Beim Schlächter hat er ganze Rinderviertel in den Garten getragen und darauf Scheibenschießen veranstaltet.

Jetzt haben wir eine amerikanische Wunderwaffe, »umkonstruiert nach Michael«, mit nach Banagi gebracht. Weil wir ohnedies im Auto näher an die Tiere herankommen als zu Fuß, ist das Gewehr nun mit einem kleinen Schlauch an eine größere Pressluftflasche angeschlossen. Sie hat 200 Atmosphären

Druck. So fliegt das Geschoss mehr als vierzig Meter weit und viel genauer.
Auch die fliegende Injektionsspritze ist nun anders. Früher wurde das Karbid mit dem Wasser durch den Abschussstoß vermischt; das Medikament begann also schon während des Fluges vorn aus der Hohlnadel herauszukommen, ehe sie noch in den Tierkörper eingedrungen war. Jetzt wird der Kolben der Spritze erst beim Aufprall auf den Körper in Tätigkeit gesetzt; man weiß, dass alles in das Fleisch und nichts in die Luft geht. Wir können gleich zehn oder fünfzehn solcher Spritzen auf dem Tisch in unserer Blechhütte fertig machen und ins Auto laden: sie vertragen jetzt das Schwanken und Stoßen.
Der Chauffeur Mgabo hat sich die Sache interessiert mit angesehen. Sie leuchtet ihm ein. Er ist sehr besorgt, dass alles klappt. Mgabo kennt jede Kamera und jedes Stativ, all unsere Koffer und Kisten. Hermann, der uns für ein paar Wochen in Afrika hilft, benutzt eine »Leica«. Dass diese Kamera so viel kleiner ist als meine »Praktisix« im Großformat, rührt Mgabo tief. Er sagt immer wieder neckisch-bedauernd auf Suaheli: »Hermani Kamera kidorko!« Und er zieht dabei das O mitfühlend ganz lang: kidooo – oorko, sooo klein ist Hermanns Kamera! Aber er vergisst keinen Teil unserer schwierigen Jagdausrüstung.
Wir amüsieren uns selber: ausgerechnet Grzimek Sohn und Vater ziehen mit einem Gewehr auf die Jagd. Wir kennen einige Leute, die uns sicher gern so fotografieren möchten, und deswegen tun wir das gleich selber.
Schießen und leidlich treffen können wir mit dieser Apothekerwaffe. Fragt sich nur, womit wir die fliegenden Spritzen füllen. Das ist das größte Problem von allen.
Natürlich mit einem der vielen Betäubungsmittel, die man heute Menschen einspritzt und sie damit in Narkose versetzt, werden Sie sagen. Aber die Sache ist nicht so einfach. Uns bindet man dazu einen Gummischlauch um den Arm, bis die Venen schön

hervortreten, dann sticht der Arzt mit der Hohlnadel vorsichtig in so eine Ader und spritzt das Narkotikum ganz allmählich ein. So etwas können wir mit einem Gnu nicht machen, denn dazu müssten wir es erst fangen und fesseln. Dann könnten wir ihm aber auch gleich den roten Kragen umlegen und brauchten es nicht erst einzuschläfern.

So müssen wir also Mittel wählen, die nicht in die Vene, sondern einfach irgendwo in die Muskeln gespritzt werden. Dort muss man die doppelte Menge geben, um die gleiche Wirkung wie in der Vene zu erzielen; man muss das Medikament aber auch wieder stärker verdünnen, weil es im Fleisch leichter brennt und entzündet. In die Muskeln hat man also viel mehr Flüssigkeit einzuspritzen. Unser Geschoss nimmt jedoch nur fünf Kubikzentimeter auf. Die Narkosemittel, mit denen ein Mensch über eine Blinddarmoperation hinwegträumt, lassen sich leider nicht so stark konzentrieren. So viel Ratschläge wir auch bei Arzneimittelherstellern einholen – in fünf Kubikzentimeter Wasser kann man nicht genug von ihnen auflösen, um ein Pferd einzuschläfern.

Dazu kommt noch, dass dem Opfer das Laufen sehr schnell vergehen muss, in längstens ein paar Minuten. Sonst rennt es davon, durch Flüsse und Wälder, so dass wir es aus den Augen verlieren. Und es muss auch nach kurzer Zeit wieder aufwachen und dann ganz klar und munter sein. Im anderen Fall läuft ihm seine Herde weg, und es findet womöglich bei anderen Zebras keinen Anschluss. Bleibt es benommen und torkelt, so ist es bald von Raubtieren gepackt und aufgefressen, die für so etwas ein scharfes Auge haben. Als Colonel Peter Molloy uns vor einem Jahr vorschlug, wir sollten die Rätsel der Serengeti zu lösen versuchen, ahnten wir nicht, dass wir dazu noch Narkose-Fachleute werden müssen.

Wenn Michael sich ganz vorsichtig und langsam nähert, lässt sich der Thomson-Gazellenbock, der noch benommen ist, sogar streicheln.

Es gibt nur wenig Stoffe, die so blitzschnell wirken; einer davon ist weit bekannt und gefürchtet; das südamerikanische Pfeilgift Curare. Da es nicht nur die Muskeln des Körpers, sondern sehr leicht auch die des Zwerchfells lähmt, ist immer die Gefahr des Erstickens dabei. Wir haben es daher gar nicht erst bei unseren Tieren versucht.

Wenn Menschen ruhig schlafen, während man ihnen den Blinddarm herausschneidet, braucht dasselbe Narkosemittel bei einem Hund noch lange nicht zu wirken. Während man mit Äther Katzen gut einschläfern kann, bekommen Kühe nur Aufregungszustände davon. Ein Pferd, das etwa zehnmal so schwer ist wie ein Mensch, wird trotzdem von der zehnfachen Menge eines Betäubungsmittels noch nicht bewusstlos gemacht. Sein Gehirn ist einfacher beschaffen und daher nicht so empfindlich gegen Gifte: der Tierarzt muss ihm also vielleicht das Hundertfache der Dosis einspritzen, die ein Mensch bekommt.

Voll Spannung nähern Michael und ich uns einer Herde Gnus. Wir fahren nicht gerade auf sie zu, sondern scheinbar an ihnen vorbei, doch so nahe, wie wir nur können. Dann hält Mgabo langsam an, Michael hebt schon das Gewehr. Im selben Augenblick, in dem Mgabo den Zündschlüssel umdreht, schießt mein Sohn. Im Bruchteil einer Sekunde werden jetzt alle Gnus die Köpfe hochnehmen und ein Stück davonlaufen.

Wir haben unser Betäubungsmittel vorsichtshalber in Europa an Ziegen ausprobiert. Bis zu viereinhalb Tausendstel eines Gramms davon für jedes Kilo Körpergewicht haben sie ohne Schäden vertragen. Trotzdem geben wir diesen großen schwarzen Antilopen zunächst nur ein Drittel davon je Kilo.

Der alte, gutgenährte Gnubulle ist im rechten Hinterschenkel

Wir mussten für unser »Fliegendes Zebra« Zäune aus Stacheldraht oder Dornenverhauen bauen, damit Hyänen und Löwen nicht etwa nachts die Gummireifen zerbissen (oben). Die weiß-gelb-schwarz gefleckten Hyänenhunde sind die am meisten gefürchteten Raubtiere Afrikas (unten).

getroffen. Die Wunde blutet nicht. Ich habe den Stoppzeiger auf meiner Uhr anlaufen lassen und warte gespannt. Dem Tier ist nichts anzumerken, es beginnt sogar wieder zu weiden.
Da, nach fünfeinhalb Minuten, zittert es etwas. Es bewegt sich unnatürlich und fällt nach weiteren eineinhalb Minuten hin. Als Michael sich ihm nähert, steht es schwankend wieder auf und versucht ihn anzugreifen. Gnuhörner zeigen von unten nach oben und sind scharf wie Dolche. So werfen wir dem Bullen zwei Stricke über den Kopf, packen ihn und legen ihn auf die Erde.
Der große bärtige Geselle bekommt eine Aluminiummarke ins rechte Ohr geknipst, wie man sie bei Kühen und Schafen verwendet. Wir haben auf Englisch darauf einprägen lassen: »Zehn Schilling Belohnung bei Ablieferung an Nationalpark, Aruscha«. An dem Ohr und in unseren Listen steht jetzt die Nr. 25.
Ob allerdings Hyänen oder Löwen einmal die Marke übrig lassen werden, ist fraglich. Deswegen schnallen wir dem Bock noch ein leuchtend grünes Halsband um und vergewissern uns, dass es schön locker sitzt. Dann lassen wir den alten Herrn liegen, packen unsere Spritzen, Ohrzangen, Halsbänder und Stricke wieder ein und fahren mit dem Zebra-Wagen fünfzig Meter weiter. Dort warten wir, bis das Tier wieder aufsteht und weggeht.
Wir warten noch nach acht Stunden. Inzwischen haben wir versucht, den Bock auf die Beine zu stellen, doch er bleibt wacklig und legt sich wieder hin. Zwar liegt er nicht mehr auf der Seite, sondern auf allen vieren mit erhobenem Kopf, aber er ist noch völlig abwesend. Inzwischen ist es dunkel geworden.
Wir können ihn nicht allein lassen, weil er dann sofort von Hyänen umgebracht wird. Diese »Fisis« stehen schon im großen Kreise wartend herum. Sobald wir das Licht der Scheinwerfer abschalten, kommen sie ganz frech heran. Immerhin scheint dem Bullen langsam wohler zu werden. Nach halb neun

Uhr abends fängt er an wiederzukäuen. Als Michael um elf Uhr nachts an ihn herangeht, um Puls und Atmung zu messen, springt das Tier auf die Beine und greift ihn an. Der Gnubulle verfolgt ihn etwa zehn Meter, fällt dann aber wieder hin.
Wir warten weiter. Um halb zwei in der Nacht treiben wir den Bullen auf. Er geht große Kreise von etwa fünfzig Meter Durchmesser. Unser Wagen steht in der Mitte, aber er sieht ihn gar nicht. Er merkt auch nicht, wenn wir ihn mit der Taschenlampe anleuchten. Stellen wir uns in seinen Weg, so läuft er einfach auf uns zu, ohne auszuweichen. Auch auf Geräusche antwortet er nicht. Dabei geht der Bulle ganz richtig, ohne zu torkeln.
Weil wir das Tier nicht unnötig aufregen wollen, ziehen wir uns mit dem Wagen etwas zurück und schalten das Licht aus. Wie wir es nach fünf Minuten wieder anstellen, springt gerade eine Hyäne unseren Patienten an und beißt sich am Schwanz fest. Der Bulle flieht weder, noch sucht er sich zu wehren, sondern schreitet einfach weiter. Die »Fisi« läuft im Licht davon. Nachdem das Gnu eine halbe Stunde lang im Kreis gewandelt ist, legt es sich wieder hin. Uns bleibt nichts anderes übrig, als seinen Schlaf weiter zu bewachen. Endlich, um halb sechs Uhr morgens, also noch eine gute Stunde vor dem Hellwerden, steht es auf und geht recht gemächlich, aber schnurgerade etwa vier Kilometer weit. Wir folgen ihm. Jetzt nimmt das Tier doch schon Kenntnis von uns: wenn wir näher kommen, läuft es schneller. Wie es gegen sieben hell geworden ist, schließt es sich einer großen Gnuherde an. Anscheinend ist es noch seine eigene. Keines dieser wandernden Tiere stößt sich jedenfalls an seinem hellgrünen Halsschmuck.
Gnus sehen so unverwüstlich und lebendig aus. Trotzdem vertragen sie also längst nicht so viel von unserer Droge wie gewöhnliche Ziegen. Da wir nun nicht bei jedem gefangenen Tier eine Nacht durchwachen wollen, geben wir noch viel weniger in die Spritze. Nach tagelangem Anpirschen, Schießen, Einfan-

gen und Warten finden wir heraus, dass Gnus ein Tausendstel eines Gramms für jedes Kilo Körpergewicht vertragen. Wir können sie dann gerade packen und markieren; sie laufen nach kurzer Zeit davon, ohne noch von Hyänen gefährdet zu sein.

Geben wir den lustigen kleinen Thomson-Gazellen dieselbe Menge, stört sie das gar nicht. So füllen wir von Schuss zu Schuss immer mehr in die Spritze. Allmählich kommen wir auf die richtige Dosierung; wir haben nun schon einen guten Blick dafür. Ziemlich genau nach sieben Minuten fängt so ein Böckchen etwas zu zittern an, hebt den Kopf hoch und biegt den Hals ein wenig zurück, so dass die Hörner, die sonst schräg zum Himmel zeigen, fast waagerecht liegen. Noch eine Minute, und das Tier fällt hin.

Dann aber schnell hinlaufen, den Gazellenbock packen und festhalten. Denn schon nach zwei oder drei Minuten springt er wieder auf, und die ganze Sache ist vergessen. Vorher darf man ihn nicht jagen. Ist er nämlich in seinem Fünfzig-Kilometer-Tempo, dann hält ihn auch die Wirkung des Betäubungsmittels nicht auf. Nur wenn er langsam geht und stehen bleibt, torkelt er.

Zwei Böckchen, denen wir etwas zu viel eingespritzt haben, müssen wir im Auto mit in unsere Blechhütte nehmen und dort übernachten lassen. Unser Buschbaby ist entsetzt über diese gefährlichen Untiere.

Gnus und Tommies können wir nun mit unserer Wunderwaffe fangen. Michael und ich haben nach vielen Mühen herausge-

Die Massai halten sich für das auserwählte Volk Gottes und für weit überlegen allen Europäern und anderen Schwarzen.
S. 220: Wird dieser kleine Schreihals noch die schönen wilden Tiere seiner Heimat bewundern können, wenn er groß geworden ist?
Wir bemühen uns, sie für schwarze und weiße Menschen als eines der großen Wunder dieser Erde zu erhalten. S. 221: Bei einer Zwischenlandung weit im Norden der Serengeti kommt ein ganzes Dorf, um unser Flugzeug zu bestaunen.

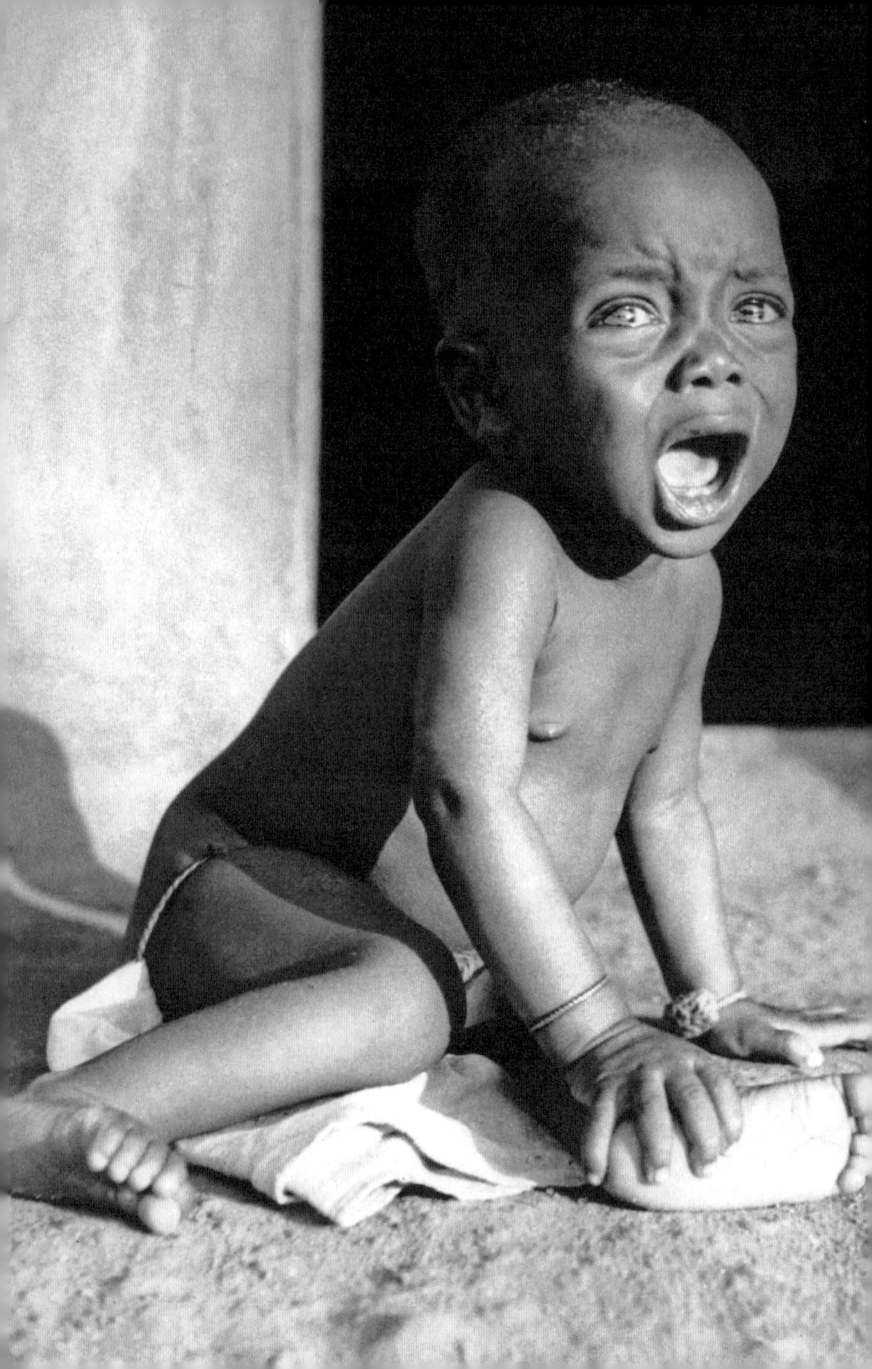

funden, dass die graziösen Gazellen fünfmal mehr von dem Betäubungsmittel für jedes Kilo Körpergewicht brauchen als die derben Gnus. Wir wissen jetzt auch, dass man mit dem Gewehr nicht einfach in die Wildnis ziehen und Nashörner, Schakale, Strauße oder Löwen fangen kann. Es braucht Tage und Wochen, bis man bei jeder Tierart herausfindet, wie viel ihr zuträglich ist.

Zebras können wir mit unserem Narkosegewehr nicht fangen, sie lassen uns nicht nahe genug herankommen. Dabei möchten wir gerade ein paar Dutzend von diesen Tigerpferdchen mit roten, blauen und gelben Halsbändern herumspazieren sehen, sie sind ja die zweithäufigsten Wanderer durch unsere Serengeti-Steppen.

Unlängst las ich in einem Zoologiebuch, dass die Streifen der afrikanischen Tigerpferde ganz gewiss keine Tarnfarbe wären, im Gegenteil: die Zebras »plakatierten« sich geradezu in der Landschaft. Ich kann das gar nicht finden. Wie oft sind wir uns im Unklaren, ob wir von der Luft aus eine Herde Esel sehen oder Zebras. Vom Auto aus geht es uns nicht anders. Von einer gewissen Entfernung an verschwimmen die schwarzen und weißen Streifen zu einem einheitlichen Grau.

Haben Zebras eigentlich schwarze Streifen auf weißem Grund oder weiße Streifen auf schwarzem Grund? Auch beim Schachbrett kann man sich ja darum streiten, was als Muster und was als Grundfarbe gilt. Bei den Tigerpferden ist es sicher das Weiß, denn die Quaggas in Südafrika, die nie wieder ein Mensch auf dieser Erde lebend sehen wird, hatten am Hinterkörper gar keine Streifen, sondern waren bräunlich. Hier in der Serengeti leben zwar Böhm-Zebras, welche die Engländer auch Grant-Zebras nennen. Ihre Streifen sind rein weiß. Etwas weiter südlich in Afrika gibt es aber Chapman-Zebras, die in

Fischadler auf einer Kandelaber-Euphorbie (oben). Im Garten des Wildhüters Gordon Harvey finden sich Chamäleons auf den Blumen (unten).

der Mitte von jedem weißen Streifen noch einen schattenhaften gelben Streifen haben. Noch weiter im Süden weidete das noch buntere Burchell-Zebra, das statt weißer Streifen gelbbraune hatte. Es ist auch längst völlig ausgerottet. Gelbbraun oder Weiß ist also die Zebra-Grundfarbe.

Wir haben heute Nachmittag vier Tommies gefangen und markiert. Michael und ich sind etwas müde. Ich setze mich für die zwei Stunden Heimfahrt wieder auf den Kühler des Wagens, zwei Kameras um den Hals. Warme Hochsommerluft umspült mich – und doch bin ich auf einmal in einer Raureiflandschaft. Der Buschwald trägt kein einziges Blättchen, dafür blinkt und glitzert jedes Zweiglein im hellen, stechenden Sonnenschein. Das sind lange, spitze Dornen, die von den Ästchen nach allen Seiten drohen.

Wir jagen ungewollt zwei Gepardenkinder auf, die im Gras neben der Piste liegen. Die kleinen Geparden laufen weg, da springt auf einmal ihre Mutter in fünfzig Meter Entfernung aus dem Gras wütend auf und rennt auf den Wagen zu, dann in etwa anderthalb Metern bei 50 km/h Geschwindigkeit neben ihm her. Geparden sind sonst Menschen gegenüber sehr scheu; ich hätte nicht geglaubt, dass sie aus Mutterliebe so viel Mut entwickeln.

Drüben stehen zwei Giraffenmütter und starren aus fünf Meter Höhe neugierig auf uns herab. Vier gleich alte Giraffenkinder beäugen uns ein Stockwerk tiefer, stehen aber immer noch zwei Meter hoch. Haben die Giraffen Zwillinge, oder machen sie einen Kindergarten auf und passt die eine auf die Kleinen der Schwester auf? Sonst ist keine Giraffe im Umkreis zu sehen. Wohin man blickt, bleiben bei den wilden Tieren Afrikas noch die einfachsten Fragen zu lösen. Immerhin hat schon einmal eine Giraffe in einem Zoo Zwillinge geboren.

Wir halten. Drüben neben den hohen Bäumen am trockenen Flussbett des Grumeti tummeln sich dreißig oder vierzig Paviane. Dünne, ungeschickte Paviankinder spielen Haschen, halten sich an den Schwänzen fest, klettern an einem Busch in die Höhe und ziehen sich gegenseitig von den Ästen herunter. Ein junger, halb erwachsener Buschbock will mitspielen, aber die Paviankinder sind sich selbst genug, sie beachten ihn gar nicht. Das Böckchen hält auffordernd den Kopf gesenkt, bis endlich ein kleiner Affe kommt und es mit den Händen an den Hinterkopf fasst. Sofort springt es in drolligen Sätzen umher.

Einer der Wildhüter hat einmal beobachtet, wie kleine Paviane auf Impala-Antilopen-Kinder sprangen und diese sich das Spiel gern gefallen ließen.

Ein Zebrahengst kneift mit den Zähnen eine Stute unten in die Vorderbeine. Sie läuft ein paar Schritte weg, aber als er nicht nachgibt, kniet sie sich einfach hin, so dass die Beine unter dem Körper versteckt sind. Nun legt er seinen Hals über den ihren und drückt sie zur Erde. Es gibt eine richtige Kraftprobe. Als er einmal kurz loslässt, drückt sie ihrerseits seinen Kopf unter ihren Hals; sie kann den Hengst sogar umkippen, dass er auf der Seite liegt. Er rutscht weg und springt auf.

Die verspielte Stute zupft ihn an der Halsmähne, kniet vor ihm nieder und fordert ihn von neuem zum »Ringkampf« auf. Als er herankommt und mitmachen will, springt sie auf, tut, als ob sie flüchten will, und schlägt nach hinten aus. Sie ist verliebt, denn sie reißt den Mund auf, so weit sie nur kann, und legt die Ohren zurück. So zeigt man nämlich bei Pferden und Eseln an, dass man sein Herz verloren hat.

Wir wissen noch nicht viel von Zebras. Unlängst hat in Deutschland Heinz Giebel ein Zebra darauf abgerichtet, sich zwanzig verschiedene Muster – Kreuze, Balken, Kreise, Dreiecke – zu merken und immer nur bei bestimmten Zeichen Futter zu suchen. Das Tier kannte diese zwanzig verschiedenen Zeichen auch nach zehneinhalb Monaten noch, es hatte also ein recht gutes Gedächtnis.

Ich hatte immer Sorge, dass unsere Zebras im Zoo zu fett werden. Aber die in der Serengeti sind noch viel runder. Die

Hinterteile sind so ausgefüllt, dass man mit der flachen Hand draufklatschen möchte.
In weiten Teilen Afrikas, auch hier in der Serengeti, können keine europäischen Pferde leben, weil sie an der Nagana-Seuche zu Grunde gehen. Ehe die Autos erfunden wurden, haben die Europäer deswegen hier und da versucht, an Stelle von Pferden Zebras einzuspannen und zu reiten. Auch die deutsche Schutztruppe und natürlich auch die Gebrüder Siedentopf im Ngorongoro-Krater, denen ja die Zebraherden vor dem Haus herumliefen, haben solche Experimente gemacht. Die Zebras sind zahm geworden, sie haben willig gezogen, sie haben sich mit Nachdruck in die Stränge geworfen. Nur hielten sie nicht so lange aus wie Pferde. Das ist kein Wunder – aus den alten Berichten ersehe ich: man hat ihnen kein Kraftfutter gegeben wie Pferden, sondern sie mussten sich in der trockenen Zeit mit dem dürren Gras begnügen.
Vielleicht kann man mit Hilfe unserer Ohrmarken und Halsbänder einmal feststellen, wie alt so ein Zebra hier in der Serengeti wird. Im Zoo leben sie sehr lange. Ein Quagga hauste vom Mai 1867 bis zum August 1883 im Amsterdamer Zoo. Die letzten Jahre seines Lebens war es zugleich das letzte Quagga auf Erden, denn inzwischen waren seine vielen hunderttausend Brüder von den weißen Farmern totgeschossen worden, die aus den Häuten Getreidesäcke machten. Im Zoo von Dublin hat ein Chapman-Zebra sogar sechsundvierzig Jahre gelebt.
Mgabo biegt von der Fahrrinne ab und fährt langsam querfeldein. Im Schatten einer einzelnen Schirmakazie sitzen Hyänenhunde, unregelmäßig schwarz, weiß und gelb gefleckt,

Gnus und Zebras gehen nicht querfeldein, sondern laufen auf ihren Wanderungen gern im Gänsemarsch auf festgetretenen Wegen. Man sieht, wie sich diese Tierpfade hier über die Steppe ziehen. Auf der Flucht vor dem Flugzeug laufen die Gnus natürlich querfeldein.

D-ENTE

aber stets mit weißer Schwanzspitze. Gelangweilt sehen sie in die Gegend. Wir brauchen uns nicht zu sorgen, dass sie weglaufen, sie stören sich nicht an Autos und selbst nicht an Menschen. Auch als ich aussteige, stehen die meisten wohl auf, bleiben aber unter dem Baum.

Merkwürdige, unheimliche Geschöpfe, diese Wildhunde mit den großen Ohren. Wenn sie wirklich eine Elen-Antilope, einen Wasserbock oder ein Gnu reißen wollen, dann ist es verloren. Während wir in der Masabi-Steppe bei unserem lahmen Flugzeug hausten, haben Michael und ich eines Morgens gesehen, wie sieben von diesen Burschen sich ein Tommy-Weibchen fingen. Zwei Hunde sonderten es von den anderen Gazellen ab und jagten es ohne besondere Hast. Das Tierchen sprang in großen Sätzen mit allen vieren zugleich in die Luft. Nach ein paar Minuten wurde es langsamer und müder. Da erst liefen die zwei Hunde schneller, die anderen kamen seitlich hinzu, und ehe wir recht hingesehen hatten, war die Gazelle gepackt und zerrissen.

Myles war unlängst Zeuge, wie vier Hyänenhunde nach solch einem Raub zu ein paar Löchern in der Erde trabten und winselten. Daraufhin kamen vier Junge heraus. Die Alten würgten das Fleisch wieder heraus, und die Kleinen verschlangen es.

Als ein andermal zwei dieser Wildhunde offensichtlich ihre Meute verloren hatten, riefen sie, die Köpfe nahe am Boden, richteten sich dann auf und lauschten. Nach einigen Minuten kam die ganze übrige Herde über den Hügel galoppiert.

Gehetzte Antilopen sind in ihrer Todesangst schon oft zu Menschen in ein Lager oder zwischen Schwarze geflüchtet, die auf den Feldern arbeiteten. Manchmal ließen sich die Hyänenhunde

Von diesem Zebra, das sich in einer Drahtschlinge totgewürgt hat, haben die Wilddiebe nur den Schwanz als Fliegenwedel verwertet (oben). Tausende von Drahtschlingen und Unmengen von Giftpfeilen haben wir den Wilddieben abgenommen (unten).

dann mit Schreien und Steinwürfen vertreiben, mitunter aber zerrissen sie ihre Beute auch mitten zwischen den Menschen.
Sobald einer das gejagte Tier gepackt hat, reißen die anderen die Beute in Stücke. Während es der erste noch am Hals zerrt, verschlingen die anderen schon die Eingeweide oder das ungeborene Junge, das herausfällt. Das klingt entsetzlich grausam, geht aber in einer so rasenden Schnelle vor sich, dass die Schmerzen wohl viel weniger empfunden werden, als man glaubt.
Sogar an ein Flusspferd haben sich Hyänenhunde eines Tages gewagt. Sie sprangen dem Riesen an die Brust; offensichtlich hatte er Angst und war froh, dass er ins Wasser flüchten konnte, weil die Räuber durch den menschlichen Beobachter abgelenkt wurden. Gleich darauf umringten sie zwei Elefanten, die sich auch ängstlich zeigten, die Rüssel hochnahmen und rückwärts gingen. Wenn allerdings ein gehetztes Tier durchs Wasser schwimmen kann, ist es gerettet. Hyänenhunde folgen ihm dahinein nicht, vielleicht aus angeborener Angst vor Krokodilen.
Hier weiden vier- oder fünfhundert Thomson-Gazellen friedlich in einem Abstand von nur hundert Metern. Sicherlich sehen sie die Hunde, aber sie zeigen keine Furcht. Wenn ein Löwe durch eine Herde Gnus hindurchgeht und diese ihm nur gerade mit gutem Abstand Platz machen, ist das nicht weiter verwunderlich. Denn ein Löwe, den das Zebra oder die Antilope sieht, ist keine Gefahr. Bei einem Wettlauf vermag er sie kaum einzuholen. Schlimm wird die Sache erst, wenn der Löwe plötzlich verschwunden ist. Dann wird alles unruhig, denn nun will er sich vielleicht anpirschen. Die Wildhunde aber könnten sich jeden holen, den sie wollten, und trotzdem flüchten die anderen nicht. Sie sehen den Raubtieren wohl an, ob sie hungrig und in Jagdstimmung sind. Unsere Schafe, Ziegen und Rinder laufen ja auch nicht vor jedem Menschen davon, obwohl sie bestimmt eines Tages vom Menschen umgebracht und verspeist werden.

Zum Glück gehören wir Menschen nicht auf die Speisekarte der Hyänenhunde. Ich kenne eigentlich nur *einen* gegenteiligen Bericht. Von Lettow-Vorbeck erzählt in einem seiner Bücher, er habe gehört, dass eines Tages ein Europäer in Tanganjika von Hyänenhunden zerrissen worden sei. Man habe fünf tote Hunde, fünf leere Patronenhülsen – so viele, wie er bei sich hatte – und ein paar Überreste von seiner Leiche gefunden.

Ich weiß nicht, ob sich das wirklich ereignet hat. Jedenfalls aber werfen Ausnahmen keine Regel um.

Im Februar 1959 verteidigte ein zwölfjähriger Junge in Villach (Kärnten) seinen Schäferhund im Garten seiner Eltern mit einem Knüppel gegen zwei große Doggen, die sich im Nachbarhof losgerissen hatten. Sie bissen zunächst auf den Schäferhund ein, fielen dann aber über den Jungen her und richteten ihn so zu, dass er einen Tag später trotz Blutübertragungen starb.

Ich habe eine kleine Anzahl solcher Fälle, in denen im letzten halben Jahrhundert Menschen von Haushunden getötet wurden, zusammengestellt*. Würde ich sie in einem anderen Lande veröffentlichen, in dem man keine Hunde kennt, so griffen dessen Bewohner – wenn sie eines Tages zu Besuch nach Deutschland kämen – wohl unwillkürlich zur Pistole, sobald sie einem Hund auf der Straße begegneten. So ist es auch mit den wilden Tieren in Afrika. Man glaubt sie in Büchern und Filmen nicht blutdürstig genug zeigen zu können, damit der Mensch, der sich unter sie wagt, so recht als Held bewundert wird.

In den letzten Tagen dieses August trafen wir eine Meute von dreiundzwanzig Hyänenhunden, und zwar vierzehn große und neun Jungtiere. Sie hatten gerade eine Beute verzehrt und zogen weiter. Auf einmal hielten die beiden Leithunde und starrten auf eine Herde von etwa vierzig Gnus, die achthun-

* Zeitschrift für Tierpsychologie, Bd. 10, S. 71; Bd. 11, S. 147.

dert Meter entfernt standen. Dann liefen sie auf diese Tiere zu, aber nicht sehr schnell. Die übrige Meute folgte in zweihundert Meter Abstand, sie schienen die Jungtiere zu geleiten, die von den großen umgeben waren.

In diesem Augenblick erschien eine große Hyäne auf der einen Seite, wohl zweihundert Meter von dem Leithund entfernt. Dieser bog plötzlich ab und rannte hinter der »Fisi« her. Sie flüchtete, so gut sie konnte, hatte aber natürlich keine Möglichkeit, zu entkommen. Der Hund packte sie an einem Hinterbein und warf sie um. Die Hyäne schrie sehr laut, machte jedoch keine Miene, zu kämpfen. Nach einigen Bissen ließ der Hund von ihr ab und lief wieder auf die Gnus zu.

Als die beiden Leithunde etwa vierhundert Meter von der Gnuherde entfernt waren, sah es aus, als ob sie sich plötzlich im Lauf lang streckten. Die Gnus sprangen nach allen Richtungen auseinander, und für einen Augenblick verschwand alles in einer Wolke von Staub. Inzwischen hatte die übrige Meute sich in Lauf gesetzt, um den Vorsprung einzuholen.

Als der Staub sich verzog, sahen wir mit Staunen, dass die Gnus vier kleine Gruppen gebildet hatten, wobei die großen alle mit den Köpfen nach außen standen und die Jährlinge in der Mitte geschützt waren. Auch die Hunde hatten sich verteilt. Jeder Versuch von ihnen, die Kreise der Gnus zu sprengen, stieß auf gesenkte Hörner und auf einen kurzen Angriff von einem der Gnus. Wir warteten. Plötzlich brach ein aufgeregtes Kalb aus einer der Gruppen hervor. Wie der Blitz war die Meute bei ihm. Bis wir herankamen, war das Kalb zerrissen. Die Gnus zerstreuten sich wieder. Auch die Meute ging ihres Weges.

In Zoos sieht man Hyänenhunde nicht häufig, vielleicht weil sie wie Hunde und nicht gefährlich genug aussehen. Wenn Junge geboren worden sind, so hat man sie, soviel ich weiß, immer nur künstlich mit der Flasche oder einer Haushundamme aufgezogen. Als neulich der Direktor des Moskauer Zoolo-

gischen Gartens, Dr. Sosnowski, bei mir zu Besuch war, erzählte er, er habe durch Zufall besseren Erfolg gehabt.
Sein Raubtierwärter hatte nicht, wie das sonst üblich ist, den männlichen Hund vor der Geburt weggesperrt. So sahen die russischen Zooleute mit Staunen, dass der Rüde den Kopf jedes Jungtiers ganz in seinen großen Rachen nahm und dann Fleisch hochwürgte, gerade in den Mund des Kleinen hinein.
Untereinander scheinen diese wilden Mörder überhaupt sehr verträglich zu sein. Wenn sich zwei Meuten treffen, laufen sie durcheinander, beriechen sich und trennen sich nach einer Weile wieder ohne jede Feindseligkeit. Sogar als ein Rudel Jagdhunde der deutschen Familie Trappe hier am Meru-Berg einmal mit einer Meute wilder Hyänenhunde zusammentraf, soll sich das ganz ähnlich friedlich abgespielt haben.
Junge Hyänenhunde, die man mit der Flasche großzieht, werden recht umgänglich, beißen aber alles Geflügel in der Nachbarschaft tot und auch gern die Menschen in die Beine. Noch jeder zahme Hyänenhund aber hat nach einiger Zeit so schrecklich gerochen, dass man sich bald und gern wieder von ihm trennte. Merke: Gestank ist auch ein gutes Mittel, die Freiheit zu bewahren.

Feldzug gegen Wilddiebe

Man möchte wirklich sagen:
Die Menschen sind die Teufel auf der Erde
und die Tiere die geplagten Seelen.
Arthur Schopenhauer

»Nein, dass du so weit von Nairobi hier heraus bis zum Flughafen gekommen bist«, sagt die Dame vor mir in fließendem Deutsch zu einem Herrn mit grauem, gestutztem Schnurrbart und lässt sich umarmen.

Ich traue meinen Ohren nicht. Die ganze Nacht und den halben Vormittag haben wir in zwei Sesseln im Flugzeug nebeneinander gesessen, und sie hat mir viel erzählt: dass sie von Südafrika aus zum ersten Mal seit sechs Jahren wieder in Europa ihren Urlaub verbracht hat, dass sie sich auf der Autobahn nicht zurechtfand und dass sie daher hinten an ihrem Auto ein Schild angebracht hat: »Südafrikanerin auf Urlaub bittet um Nachsicht!« Die ganze Zeit haben wir englisch miteinander gesprochen. Nun kommt heraus, dass sie Deutsche und seit dreißig Jahren in Südafrika verheiratet ist.

Ich bin unruhig, weil Michael noch nicht an der Sperre zu sehen ist. Er ist schon seit drei Wochen hier; ich kann erst jetzt nachkommen. Ich habe es nicht gern, dass er allein in der Serengeti herumfliegt; ich bilde mir dann in Europa ein, es könnte ihm jeden Augenblick etwas zustoßen. Eigentlich sind wir Männer doch Egoisten, sage ich mir jetzt: meine Frau muss die ganze Zeit in Frankfurt bleiben und macht sich nicht nur um einen, sondern um zwei Männer Sorgen.

Ich habe aus dem großen Verkehrsflugzeug einiges mitgehen lassen, was nicht ganz erlaubt ist. Wir konnten bisher nämlich

Nach Beginn der Regenzeit bilden sich überall in der Serengeti Teiche.

nicht ausfindig machen, wo man die bekannten wasserdichten Beutel zu kaufen bekommt, die vorn in der Tasche vor dem Sitz stecken. Großzügig schenke ich der Fluggesellschaft die schönen Landkarten und Prospekte, die jeder Fluggast verehrt bekommt, und stecke dafür diese Beutel ein. Wir haben in unserem Zebra-Flugzeug schon eine ganze Sammlung davon mit den Aufdrucken KLM, Lufthansa, BOAC, Sabena und SAS. Denn hin und wieder müssen wir jemanden von der Regierung oder einen Wildhüter aus einem anderen Nationalpark herumfliegen; auch den Massai oder einem schwarzen Boy wird manchmal schlecht.

Da kommt Michael endlich. Er ist schon braun gebrannt, ich bin noch blass. Eigentlich eine nette Sitte bei Russen und Polen, sich auf dem Bahnhof zu umarmen, unrasiert Wange an Wange, erst rechtsherum, dann linksherum, denke ich bei mir. Aber wir lieben ja keine Gefühlsausbrüche, bei uns beiden gibt man sich nur die Hand.

Micha ist schmaler geworden. Kein Wunder, wenn niemand aufpasst, dass er etwas isst. Neben ihm steht Hermann mit rotem Vollbart. Dass doch jeder junge Mann die erste Gelegenheit – Krieg oder Expeditionen – ausnutzt, um mal auszuprobieren, wie er mit einem Bart aussieht. Michael hat das vor drei Jahren im Kongo gemacht, ich als Soldat im Kriege. Hermann schaut aus wie ein alter Germane, ein Germane im Tropenhelm, denn er muss so ein spaßiges Möbel aufsetzen, weil er sehr hellhäutig ist und sonst leicht einen Sonnenstich bekommt.

Michael ist noch ganz verbiestert. Während wir beide in Europa waren, hat unser tüchtiger schwarzer Chauffeur Mgabo sich betrunken und ist mit zwei Messern auf einen jungen

Eine Pferde-Antilope würgt sich in einer Drahtschlinge langsam zu Tode (oben). Diesem getöteten Löwen sind die Pranken als Trophäen abgeschnitten worden (unten).

Europäer namens Alan losgegangen, der in der Zwischenzeit für uns arbeitete. Alan hat sich verteidigt, indem er dem wütenden Betrunkenen einen großen Stein ins Gesicht warf. Dabei sind Mgabo vier Schneidezähne abgebrochen. Weil er dadurch schon genug bestraft war, bekam er vor Gericht nur hundertzwanzig Mark Geldstrafe. Aber seitdem soll er in Aruscha sitzen und als Politiker gegen die Europäer arbeiten. Schade, wir mochten ihn gern.

Michael hatte als Ersatz einen neuen Chauffeur mit Namen Idi Mahmed aus Nairobi mitgenommen. Idi war ein Großstädter, er blieb mit dem Geländewagen im Sand stecken und scherte sich nicht darum, wenn das Wasser im Kühler kochte. Heute Morgen flog ihn Michael nach Nairobi zurück; dabei kam heraus, dass Idi Geschirr, Tassen, Decken und sogar ein Kopfkissen von uns in seinem Gepäck hatte. In Nairobi angekommen, verlangte er auch noch dreist eine Entschädigung, weil er vorzeitig entlassen worden war. Michael drohte ihm wegen der Dieberei mit der Polizei, doch das schüchterte den Mann nicht ein. Mein Sohn wollte sein Gesicht nicht verlieren, er musste seine Drohung wahr machen. Der Polizist auf der Wache aber erklärte sich für unzuständig, weil die Diebstähle in Tanganjika passiert waren, Nairobi jedoch in Kenia liegt. So musste Michael zähneknirschend auch noch die nächsten vierzehn Tage Lohn bezahlen und sich dann auf offener Straße von dem frechen Chauffeur laut beschimpfen lassen. »Afrika erwacht«, das stimmt: und dies ist die Kehrseite der Medaille.

Wir wollen die versäumte Zeit wieder einholen und kaufen daher mit verteilten Rollen Proviant, der eine beim indischen Gemüsehändler, Hermann beim polnischen Bäcker, der andere im italienischen Lebensmittelgeschäft. Michael und ich haben nämlich längst gelernt, was einst unsere Großmütter auf dem Lande als Hausfrauen verstehen mussten: für einen Haushalt auf Wochen im Voraus einzukaufen. An unserer Tür in der Blechhütte draußen in der Serengeti-Steppe ist mit Heftpflaster ein Blatt angeklebt und daneben ein Bleistift angebunden. Dort schreibt jeder auf, was ihm fehlt. Das alles muss unsere »Ente« in ihrem Bauch wegschleppen: zehn große Ananas, zwei Dolden Bananen, einen Sack Kartoffeln, Makkaroni, Mehl zum Brotbacken, zweihundert Eier, zwanzig Kilo Fleisch, Zucker, Streichhölzer, Batterien, sechs Kisten mit Mineralwasser und Bier, Kohl, Salat, Klopapier, vier Kisten voll Konserven – und uns drei.

Die brave, gestreifte »Ente« hebt brummend alles empor in die dünne Luft, weg über Vulkane und Steppen, dorthin, wo wir von einer richtigen kleinen Kampftruppe in zwölf Autos schon mit Ungeduld erwartet werden.

Es braut sich nämlich allerlei zusammen. Besser gesagt: wir haben in der letzten Zeit viel zusammengebraut, ganz im Geheimen. Michael und ich haben ja unlängst einen eigenen kleinen Luftkrieg gegen Wilddiebe geführt. Will man am Boden welche erwischen, dann muss man auf gut Glück mit Autokolonnen zwei, drei Tage oder noch länger in die Wildnis vorstoßen.

Dann kommt man vielleicht in eine Gegend, wo gerade keine Tiere und somit auch keine Wilderer sind. Man weiß eben noch gar nicht, wo die Tierherden herumziehen. So ist dann viel Geld und Zeit vertan. Die Nationalpark-Verwaltung und die Jagdverwaltung haben die Polizei überredet mitzumachen; die Polizisten aber verlieren die Lust an Wilddiebaktionen, wenn sie tagelang kein Wild und keine Wilddiebe sehen.

Wir haben vor kurzem mit unserem »Fliegenden Zebra« die Wanderherden im Buschgelände nördlich vom Nationalpark gefunden. Dort ist die Wildnis schon wieder durch neue Eingeborenendörfer eingeengt, und dort ziehen sich künstliche Dornenhecken der Wilderer quer über die Grasebenen. Die Gegend ist gut gewählt, denn kreuz und quer laufen Flüsse durch das Land, ihre Ränder sind von Waldstreifen umsäumt. Wenn die Flussbetten jetzt auch fast überall trocken sind, so haben sie sich doch fünf, sechs Meter tief in die Erde eingerissen. Das ist kein Gelände, in dem man mit Autos fahren kann, die Wilderer wissen das und fühlen sich sicher.

Aber Myles Turner hat in seinem früheren Leben als Berufsjäger hier seine Lieblings-Weidgründe gehabt. Er weiß, wo man trotzdem mit dem Geländewagen durch die Flussrinnen kommt.

Seitdem das Jagen hier verboten ist, kommen keine europäischen Jagdexpeditionen mehr her. So können die eingeborenen Jäger tun, was sie wollen, ohne dass es jemand merkt. Wenn Schutzgebiete nur auf der Landkarte eingezeichnet werden, wird oft das Gegenteil der beabsichtigten Wirkung erreicht: dass nämlich das Wild erst recht völlig ausgerottet wird. Wenn man keinen Wildhüter dort ansiedeln kann, sollte man es sich sparen, auf dem Papier Wildreservate, Nationalparks und Schongebiete einzuzeichnen. Sie machen sich zwar auf einer Staatskarte wunderschön, und die Verwaltung kann mit solchen Plänen und Drucksachen ausgezeichnet die besorgten Fachorganisationen in Europa und Amerika beruhigen.

Dazu sind diese »Wildreservate« und Regierungsdrucksachen allerdings wirklich gut. Auch in der entlegensten afrikanischen Kolonie und natürlich in den neu geschaffenen selbständigen Staaten bekommt man als Interessent ein ganzes Bündel von Regierungsdrucksachen mit Schongesetzen, strengen Jagdvorschriften und Erlassen über Wildreservate in die Hand gedrükkt.

Der Mangel ist nur, dass vom Bestehen dieser Reservate und Gesetz im Lande selbst niemand etwas ahnt. Wie wenig sie selbst in einer so gut verwalteten Kolonie wie Tanganjika beachtet werden, ist bemerkenswert genug.

Nach einer Viertelstunde bin ich ebenso braun wie Michael. Denn wir fahren über Ikoma immer weiter nach Norden: ein Wagen schluckt die rotbraunen Staubwolken des vorherfahrenden.

In diesem versteckten Lager trocknen die Wilddiebe das Fleisch der Tiere an der Luft, um es dann weiterbefördern zu können.

Umso merkwürdiger, dass der Adler da drüben so unbekümmert im Tiefflug dicht über das kurze Gras schießt. Er fährt zwischen eine Familie von gestreiften Mangusten und packt eine von ihnen. Diese Mangusten sind schmale, lang gestreckte Schleichkatzen, sie sehen so ähnlich aus wie der indische Mungo, welcher die Giftschlangen töten soll.
Der Adler fliegt mit der schreienden Manguste bis auf den nächsten Baum. Die fünfzehn oder zwanzig anderen aber laufen nicht etwa weg – nein, die kleinen Kerle springen auf ihren kurzen Beinen, mit den langen, gekrümmten Rücken hinter dem Vogel her, sie kreischen und schreien und schimpfen unter dem Baumstamm.
Die Mangusten hier in der Serengeti sehen lustig aus, sie sind quer gestreift wie Zebras. Ich habe sie noch nie in einem Zoo gesehen. Dass die Rotte hier so treu zusammenhält, wird belohnt. Der Adler lässt seine Beute fallen, und das frei geschimpfte Opfer läuft mit dem übrigen Verein weg bis in den Busch, wo sie alle zu Hause sind. Man kann den übermächtigen bösen Feind manchmal auch allein mit Schimpfen in die Flucht schlagen – *man muss sich nur einig sein.*
Unsere Autoschlange fährt von der Straße weg bis nach fünf Uhr nachmittags immer weiter über Steppen, durch Wäldchen, an Hügeln vorbei. Dann machen wir uns für die Nacht fertig, denn gegen sieben Uhr wird es dunkel. Mit Staunen sehen wir, wie die anderen Zelte aufschlagen, Feldbetten zusammenschrauben und schöne Stühle aus den Wagen holen. Wir kommen uns arm und minderwertig vor und sind froh, dass Myles uns ein Zelt leiht. Hermann und ich baden mit den schwarzen Pfadfindern in einem Bach voll dunklen Wassers, der ganz von Büffeln zertrampelt ist. Unsere Boys haben Moskitonetze, wir

Zwei der schönsten Zebra-Arten sind in Afrika bereits völlig ausgerottet und verschwunden. In der Serengeti leben diese Böhm-Zebras (oben). Die Kongonis, eine Kuhantilopenart, haben merkwürdig gebogene Hörner (unten).

nicht. Außerdem haben sie das Zelt gerade in einer kleinen Bodensenke aufgeschlagen. Aber es wird schon nicht regnen. Wir sitzen am Lagerfeuer und erzählen Gespenstergeschichten.
Gordon Poolmans Vater hat 1940 erlebt, wie ein ganzes Dorf vor dem Geiste eines Toten am helllichten Tag schreiend davonlief. Er hatte als Tierarzt ein Jahr vorher einen schwer verwundeten jungen Mann an der Straße nach Nanuki getroffen. Ein Nashorn hatte den Ärmsten angegriffen, warum, war nicht ganz klar. Um sich zu wehren, hatte er das Hinterende seines Speers in die Erde gestoßen und das Tier dagegen anrennen lassen. Trotzdem riss das Nashorn ihm die Brust auf, so dass die Lunge teilweise sichtbar war. Seine Kameraden glaubten, er sei tot, und hatten ihn liegen lassen.
Gordons Vater brachte den schwer verletzten Jüngling ins Hospital nach Nanuki. In seinem Heimatdorf hatte man den jungen Mann natürlich die ganze Zeit für tot gehalten, und so dachte bei seiner Rückkehr jedermann, es wäre sein Geist, der da zwischen den Hütten entlangschritt; alles flüchtete entsetzt vor ihm.
»Mich hat immer interessiert, wie ein Mann aussieht, der in seinem letzten Augenblick genau in den Tod sieht«, sagt ein Farmer, der die Mau-Mau-Greuel miterlebt und die Geheimbündler in den Wäldern verfolgt hat. »Zwei- oder dreimal habe ich welche im Walde an ihrem Feuer sitzen sehen, und es ist mir gelungen, mich von hinten ganz dicht an sie heranzupirschen. Ich habe das Gewehr auf sie angelegt und *nicht* gleich geschossen. Ich habe erst ›sst!‹ gemacht, damit sie sich umdrehten. *Ich wollte wissen, was für ein Gesicht ein Mensch in seiner letzten Sekunde macht.*«
Der Farmer sieht über sein leeres Whiskyglas in die dunklen Büsche, wohin der Schein unseres Feuers nicht mehr dringt. Eine Weile sagt keiner mehr etwas.
Hermann und ich schlafen auch ohne Moskitonetze ausgezeichnet. Michael ist auf diesen Feldzug nicht mitgekommen,

er sammelt inzwischen Proben von Gräsern. Am nächsten Morgen teilt sich unsere Armee, wir stoßen in drei Gruppen nach verschiedenen Richtungen vor.
Im Geländewagen oder im Sattel zähl ich keine Zeit. Stunden um Stunden rollen wir an graugrünen Hügeln, weiten Ebenen, lichten Akazienhainen vorbei. Es ist mir, als säße ich auf dem Pferd und ritte allein querfeldein im goldenen Herbst über die weiten osteuropäischen Ebenen, an keinen Weg gebunden über Felder und Wiesen, während hundert weiße Wolkenschiffe das riesige Himmelsgewölbe emporsegeln und wieder hinuntersteigen nach dem fernen Horizont.
Ein schwerer Elenbulle von fünfzehn Zentnern will noch vor uns über den Weg. Die Hautwamme unter seinem Hals schlägt im Laufen hin und her, er stutzt einen Augenblick vor den Wagenspuren der Piste und springt mit einem gewaltigen Satz über den Weg, ohne ihn zu berühren. Ich darf die Autokolonne nicht anhalten und nachmessen, aber ich schätze, es waren wenigstens viereinhalb Meter.
Die letzten, monatealten Radspuren verlieren sich, wir fahren nur noch querfeldein.
Auf einem Inselberg drüben steht ein Klippspringer, frei auf dem oberen Rand gegen den tiefblauen Himmel. Diese Inselberge sehen wie Kieselsteinhäufchen aus, die durch ein gewaltiges Vergrößerungsglas betrachtet werden. Die riesigen Felsblöcke haben abgerundete Ecken, überall sieht man, wie das Gestein von der Hitze einfach in Schalen abgesprungen und dann seitwärts heruntergerutscht ist. Der Granitschutt wird unten chemisch schneller zersetzt als das Gestein oben durch Hitze und Ausdehnung. So haben diese Inselberge keinen Schuttkegel zu ihren Füßen wie unsere Felsenberge, sondern sie ragen unmittelbar aus der Ebene auf. Ich kann nur einen kurzen Blick auf die seltene kleine Zwergantilope werfen, schon schiebt sich eine Staubwolke dazwischen.
Unwillkürlich verlangsamen wir unsere Fahrt.

Gerade rollen wir über eine Ebene, auf der locker verstreut halbwüchsige Schirmakazien stehen. Quer über diese Ebene läuft in unregelmäßiger Linie ein Zaun aus abgehauenen Dornenzweigen. Er ist nicht hoch, die Äste sind nur hingeworfen oder in die Erde gesteckt, und sicher könnte ein gehetztes Tier darüber hinwegspringen. Aber wenn die Herden langsam angezogen kommen, gehen sie doch lieber ein Stück daran entlang, bis sie an eine Lücke geraten, wo sie ruhig und vorsichtig hindurchgehen können.

Auch wir fahren an dem Wildererzaun entlang und kommen bald an eine Öffnung. Menschen sehen viel schärfer als Pferde und andere Weidentiere; ich habe das selbst in Versuchen nachgewiesen. So entdecken wir sofort eine Schlinge, die in der Höhe eines Gnukopfes weit offen in dieser Heckenlücke gähnt. Das Drahtseil ist mit dünnen Pflanzenfasern so zwischen die Zweige gespannt, dass die Schlinge ein offenes Eirund bildet. Das Ende dieses Eisenstricks aber führt an einen kleinen Baum und ist zweimal um ihn herumgeschlungen und verknotet.

Wir binden die Mordfalle ab und werfen sie in den Wagen. An der übernächsten Lücke hängt noch ein Zebrakopf im Draht. Obwohl er nur noch aus dem Knochenschädel und Teilen der Haut darüber besteht, gibt es keinen Zweifel, dass er ganz frisch ist. Das Tier hat sich erst letzte Nacht erwürgt, aber Wilderer, Hyänen, Geier und Schakale haben schnelle Arbeit geleistet. Das Gras ringsum ist rot, rot von frischem Blut.

Der Zaun, die ganze Gegend ist übersät mit Schlingen. Wir können nur einsammeln, was wir im Vorbeifahren zwischen dem Gestrüpp entdecken. Schon haben wir zweiundvierzig von den Morddingern im Wagen liegen, aber der warme Wind trägt immer wieder Leichengeruch in unsere Nasen. Da liegt ein Zebra, es ist ausgefressen, doch die eingetrocknete Haut spannt sich noch über das Knochengerüst. Die Wilderer haben nur den Schwanz abgeschnitten, sie verkaufen ihn als Fliegenwedel. Das Übrige haben Aasfresser besorgt. Im Vorbeifahren zähle ich die Reste von zweiundzwanzig Gnus. Auch bei ihnen sind nur die Schwänze abgehackt. Welche Quälerei, aber auch welch eine Verwüstung von Fleisch, das Hungernden und Unterernährten helfen könnte. Selbst die Geier können diese »Ernte« nicht mehr verwerten. Sonne und Fäulnis müssen ihr Werk tun.

Ich beobachte durch den Feldstecher ein Nashorn, das ungerührt von all dem Elend unweit einer Trinkstelle im Flusslauf steht, aus dem die Köpfe zweier Flusspferde hervorragen. An dem Nashorn turnen zwei Madenhackervögel herum wie Spechte an Baumstämmen.

Ich kann übrigens nicht bestätigen, dass sich die Nashörner von diesen Madenhackervögeln warnen lassen. Immer wieder habe ich beobachtet, dass diese Vögel mit ihren roten Schnäbeln aufgeregt wegfliegen, wenn man sich nähert. Das Nashorn aber flüchtet nicht, es bleibt stehen und sieht oder hört bestenfalls nach uns hin.

Auch hier fliegt das Vogelpaar auf, aber nicht, um zu flüchten, sondern um zu trinken. Die beiden scheinen sich ohne einen Tierkörper unter ihren Füßen nicht wohl zu fühlen. Sie könnten an den Rand des Wassers fliegen und dort einfach ihren Durst löschen wie andere Vögel auch. Aber sie ziehen es vor, auf dem Rücken eines der beiden Nilpferde zu landen und von dieser lebenden Insel aus zu trinken.

Wir haben unseren Feldzug streng geheim gehalten. Für alle Pfadfinder und Boys war es eine Fahrt ins Blaue, niemand wusste, was wir eigentlich vorhatten oder zumindest, in welche Richtung wir fahren wollten. Denn schließlich haben die Pfadfinder ihre Verwandten in Ikoma und in Dörfern ringsherum. Warum sollten sie verschwiegener sein als Europäer in gleicher Lage? Unser ehemaliger Fahrer Mgabo hat uns oft erzählt, dass er in jungen Jahren auch ein Wilddieb war.

Trotzdem scheinen die Wilderer hier Wind bekommen zu

haben. Das ist ja kein Wunder, denn die Staubwolken unserer Autos muss man kilometerweit sehen und das Brummen der Motoren hören. Die Wilderer brauchen nur das nächste trockene Flussbett hinunter- und auf der anderen Seite wieder emporzuklettern – und schon haben sie ein Hindernis zwischen sich und uns gelegt, zu dessen Überwindung wir vielleicht eine Stunde brauchen.

Wir suchen nicht mehr nach Schlingen und Kadavern; unsere drei Autos fahren weit ausgeschwärmt in zweihundert Meter Abstand nebeneinander her so rasch wie möglich über die Steppe. Unsere Schnelligkeit ist unsere Hoffnung; wenn hier auf der freien Ebene noch jemand im Gras läuft, dann werden wir ihn einholen, er kann uns nicht entrinnen.

Trotzdem müssen wir am Waldsaum halten. Ein junges Zebra hat sich in einer Schlinge gefangen, aber es lebt noch. Mit den Hinterbeinen ist es schon zusammengebrochen, doch es versucht immer wieder, sich vorn hochzustemmen. Die Augen glotzen weit aus den Höhlen heraus, sie sind rot unterlaufen, die blaue Zunge hängt seitwärts aus dem Mund. Der Draht hat sich tief in die Kehle eingeschnitten, so dass der Hals dick geschwollen und verquollen ist. Zwei Hyänen stehen in der Nähe und lassen sich auch mit Steinwürfen immer nur ein paar Schritte zurücktreiben.

Da wir keine Drahtzange bei uns haben, legen wir dem halb erstickten Tier erst einen Hanfstrick einmal um den Hals und binden gleichzeitig das Drahtseil vom Baum ab. Wir wollen vermeiden, dass uns das verängstigte Tier sofort wegläuft und die Schlinge am Hals behält. Aber es vermag noch nicht aufzustehen, wir können in Ruhe den Würgedraht lockern und über den Kopf heben.

Ich sehe auf die Uhr: es dauert ganze zwölf Minuten, bis das Tier endlich auf die Beine kommt. Nein, man soll kein Zebra bemitleiden, das von Löwen oder Hyänenhunden getötet wird, *sie* sind nicht grausam.

Unsere Jagd geht weiter. Da, Hermann packt den Fahrer an der Schulter: er hat drüben am Waldrand etwas Merkwürdiges entdeckt. Wie ein kleines Gärtchen sieht es aus, das sich Kinder angelegt haben: ein Zaun aus lauter Stäbchen. Wir steigen aus und laufen hin.

Es ist kein Gärtchen, es ist eine Löwenhaut, die mit der Innenseite nach oben zum Trocknen auf der Erde ausgespannt und mit vielen spitzen Hölzchen am Rande festgenagelt ist, damit sie sich in der Sonne nicht zusammenzieht. Das Gras ringsherum ist zertrampelt, dort weiter auf den Waldrand zu sind noch Zebrafelle ausgespannt. Die Fußspuren führen auf die Büsche zu. Unser schwarzer Pfadfinder rennt schon hin.

»Vorsicht!«, rufe ich ihm noch zu. »Vielleicht schießen die Kerls mit Giftpfeilen.«

Aber er lässt sich nicht zurückhalten, er drängt die Büsche auseinander, und schon haben wir ihn eingeholt. Der schmale Wald bedeckt eigentlich nur die Seitenböschungen des trockenen Flussbettes. Nicht mehr als zehn Meter führt der frische Pfad durch die Büsche: dann stehen wir und trauen unseren Augen nicht.

Gewiss ist es kein passender Vergleich, aber ich kann mir nicht helfen: ich muss an das Märchen von Hänsel und Gretel denken, die mitten im tiefen Wald zwischen hohen Bäumen das Haus der Hexe finden. Hier steht auch eine Strohhütte, und auf den Lagerplatz davor scheint die Sonne durch ein wunderliches rotes Dach. Es sieht aus, als sei Wäsche an langen, waagerechten Stangen zum Trocknen aufgehängt. Aber die Lappen, die herunterhängen, sind Fleisch. Rote, flache Fleischlappen, von Fliegen übersät. Die Sonne leuchtet durch sie hindurch.

Die Wilderer haben sich nicht getraut, ihr Trockenlager draußen in der freien Steppe anzulegen, sondern diese versteckte kleine Lichtung zwischen den hohen Bäumen dazu benutzt. Neben dem Lagerfeuer, das nur noch glimmt, sind Gerten so in die Erde gesteckt, dass sie sich schräg darüberneigen. Sie tra-

gen Fleischstücke, die geräuchert oder gebraten werden sollen. Ein Bogen mit Giftpfeilen liegt neben der Hütte. Die Inhaber dieses Lagers müssen sehr eilig weggelaufen sein.
Ich hebe eine merkwürdige Pfeife vom Boden auf, deren Mundstück noch feucht von Speichel ist. Daneben liegt, in ein trockenes Blatt eingeschlagen, Haschisch, der betäubende Hanf, aus dem die Rauschgifthändler in Amerika auch die Marihuanazigaretten machen. Wahrscheinlich sitzen die Wilderer hier noch ganz dicht neben uns im Unterholz und sehen uns zu; hoffentlich schießen sie nicht mit Pfeilen.
Knochen liegen herum, der ganze Brustkorb einer Antilope hängt an einem Ast. In der Hütte ein halb voller Sack mit Maniokmehl. Küchenmesser europäischer Herkunft, scharf geschliffen, wohl zum Abhäuten und Fleischschneiden. Zwei Decken, ein Berg Drahtschlingen.
Wir drücken die Äste beiseite und treten, stolz auf diesen Fang, wieder ins Freie hinaus, um die anderen zu holen und mit ihrer Hilfe nach den geflohenen Wilderern zu suchen. Aber schon werden wir selber geholt – Myles hat nur zwei Kilometer weiter ein noch viel größeres Lager im Walddickicht entdeckt. Zwei der Wilderer sind gefangen genommen, die anderen konnten leider entkommen. Ein Pfadfinder hätte beinahe noch zwei weitere gepackt, aber als er sie kurz vor dem Wald fast eingeholt hatte, drehten sie sich um, spannten ihre Bogen mit Giftpfeilen und sagten:
»Einen Schritt weiter, und du bist tot!«
Er hatte keine Schusswaffe bei sich, es blieb ihm nichts weiter übrig, als sie laufen zu lassen. Sie hätten Ernst gemacht, kein Zweifel.
Dieses Lager im Wald sieht aus wie ein großer Wäschetrockenplatz für die – rote – Wäsche einer ganzen Dorfgemeinde. Wir gehen gebückt unter den Fleischlappen entlang, die teilweise schon schwarz geworden und zusammengeschmort sind. Die Fliegen summen um unsere Köpfe. Teile von Zebras und Gnus

liegen stinkend halb verarbeitet auf einem Haufen. Traglasten von Trockenfleisch sind schon zusammengelegt und in Bündel eingeflochten.
Den Schlafstätten und den Schutzdächern nach müssen hier zehn oder zwölf Mann kampiert haben. Ich kann mir gar nicht recht vorstellen, wie sie zwischen den Fliegen und in diesem Gestank hausen können. Außerdem ist keine Dornenhecke um dieses Lager, das doch für Löwen und andere Tiere verlockend sein muss. Allerdings braucht man wohl mit den Giftpfeilen auch vor Löwen keine Angst zu haben; es genügt ja, sie nur irgendwo zu verwunden – über kurz oder lang sind sie tot. Weil noch viel mehr Kadaver draußen im Gelände verfaulen, legen die Löwen wohl auch keinen Wert darauf, mit den Wilderern unnötig Kriege zu führen.
Das wird eine reiche Kriegsbeute. Wir drücken einen Lastwagen rückwärts durch das Gebüsch bis dicht an das Lager und laden die Ausrüstung, den Proviant, die Berge von Drahtschlingen, das Hab und Gut der Wilderer auf.
Die beiden Gefangenen tragen jetzt Handschellen. Natürlich wissen sie von nichts, sie seien nur zufällig in diese Gegend gekommen und hätten sich gerade von einem tot herumliegenden Gnu den Schwanz abschneiden wollen, da hätten unsere Pfadfinder sie erwischt.
Wir werfen alles, was wir nicht mitnehmen, auf einen Haufen, auch das Fleisch. Dann gießen wir etwas Benzin darüber und zünden das Ganze an.
Jahr für Jahr werden Zehntausende von Tieren auf diese Weise qualvoll umgebracht. Nur ein winziger Teil des Fleisches wird wirklich verwertet, die übrigen Opfer der Wilderer liefern nur Schwänze, Elfenbein, ein paar Häute, Hörner von Nashörnern. Was nützt der Serengeti-Nationalpark, wenn seine Schützlinge jedes Jahr in der Trockenzeit hinauswandern müssen und da zu Zehntausenden umgebracht werden! Im Park kann man das Wildern einigermaßen abstellen, da aber seine

Grenzen schon heute nicht den Lebensbereich seiner Insassen umfassen, bietet der Nationalpark keine Gewähr dafür, dass dieses letzte große Naturwunder in Afrika erhalten bleibt.

Dabei ist alles so unsinnig. Die Steppen und Halbwüsten der Serengeti kann man bestenfalls ähnlich wie weite Teile Indiens, Nordafrikas und des nördlichen Kenia für ein paar Jahrzehnte mit Rinder- und Schafherden zu Grunde richten, dann sind sie ganz und gar Wüste wie so viele andere Tropengegenden auch. Die großen Wildherden erzeugen mehr Fleisch, mehr Eiweiß je Hektar, als das Haustiere jemals tun könnten. Die wilden Tiere sind unempfindlich gegenüber tropischen Parasiten und Krankheiten, sie sind den Pflanzen hier angepasst. Neben ihnen können Raubtiere leben und dafür sorgen, dass die Herden gesund bleiben. Man könnte – nicht im Nationalpark und seiner Umgebung – sehr wohl einen Teil der wilden Steppentiere mit Vernunft als Menschennahrung brauchen. Aber natürlich wird man diesen vernünftigen Weg, den alle Fachleute empfehlen, nicht gehen. Auch unsere Jäger legen ja keinen Wert darauf, die Massentiere, wie Zebras und Gnus oder Thomson-Gazellen, zu schießen, weil sie herumstehen wie die Kühe auf unseren Weiden. Sie holen sich Sondergenehmigungen und schießen die seltenen Pferde-Antilopen, Nashörner, Bongos, Elen, Rappen-Antilopen, Kudus, Gerenuks, denn je seltener das Tier, umso kostbarer die Trophäe.

Afrika wird also weiter sterben. Aus alten Karten und den Überresten von Menschensiedlungen und von Tieren kann man ersehen, dass noch vor dreihundert Jahren die Südgrenze der Sahara vierhundert Kilometer weiter nördlich lag als

Die Eingeborenen glauben, die wilden Tiere ihrer Heimat würden von den Europäern nur geschützt, damit ihre reichen Freunde aus Amerika sie schießen und zu Trophäen verarbeiten lassen können (oben). 77 abgeschnittene Füße von Elefanten werden hier zu Papierkörben als Andenken für Schießtouristen verarbeitet (unten).

heute. Auf zweitausend Kilometer Front gingen hier in so kurzer Zeit eine Million Quadratkilometer Land verloren. In der Nachbarkolonie Kenia, die ebenso wie Tanganjika und Uganda zu Britisch-Ostafrika gehört, rückt im Norden und Nordosten die Wüste jedes Jahr um zehn Kilometer gegen den Urwald vor. Es stirbt so viel in Afrika, und es wird immer mehr sterben. Aber es muss doch nicht *alles* zur Wüste, zu Farmen, Negersiedlungen, Großstädten und leeren Trockensteppen werden. Wenigstens an einem kleinen Fleck soll die Welt so herrlich bleiben, wie sie erschaffen ist, damit schwarze und weiße Menschen nach uns hier andächtig werden und beten können.

Wenigstens die Serengeti darf nicht sterben.

Wir haben ein paar Tage später unser ganzes Lager von fast tausend Drahtschlingen, ganze Lasten voll schöner, gut geschnitzter Bogen und Berge von Köchern mit Giftpfeilen auf drei Lastwagen geladen. Die Pfeile sind kleine Kunstwerke. An den Mustern der Federn am Ende erkennt man, wem sie gehören, damit kein Streit entsteht, wenn sie nach der Jagd wieder eingesammelt werden. Denn die eisernen Spitzen werden mühsam aus großen Zimmermannsnägeln geschmiedet, die man in den indischen Läden kaufen kann. Sie sind dick überzogen mit dem gummiartigen schwarzen Gift.

Pfeile und Bogen kann man anzünden, aber nicht die gefährlichste Wildererwaffe, die Drahtschlingen. Sie stammen aus stillgelegten Bergwerken, von alten Militärlagern, und sie werden auch eigens vom Handel in die Wilderergegend gebracht und zu drei Mark das Stück verkauft. Werfen wir sie irgendwo weg, dann sind sie sofort wieder Handelsgut. Leider ist der Besitz solcher Wildschlingen nicht strafbar.

In der Trockenheit sind Hunderttausende von Tieren auf die wenigen Wasserlöcher im »Komaor«, dem tiefer liegenden Teil der Serengeti in der Nähe des Viktoriasees, angewiesen. Am Wasser aber lauert der Tod.

Myles weiß einen guten Platz, wo sie wirklich und endgültig verschwunden sind. Knappe zwanzig Kilometer von Banagi liegt außerhalb der Parkgrenzen das alte deutsche Goldbergwerk Kilimafesa, das seit einigen Jahren aufgegeben ist. Wir fahren mit unserem Beutegut dorthin. Ein paar verfallene Schuppen, Reste von Gebäuden, ein Wellblechhaus mit noch gutem, unzerstörtem Dach. Darin sollen noch alte Maschinen eingeschlossen sein. Das Ganze wird von einem alten schwarzen Mann bewacht; er gilt als harmlos geisteskrank.
Und dann der Schacht. Mitten im Gelände geht es senkrecht dreihundert Meter tief in die Erde, unheimlich und schaurig. Da unten liegen Tote. Wie ein großes Fotostativ steht dünn und verrostet ein alter Förderturm darüber. Man kann eine Eisenleiter fünfzehn Meter in die Höhe steigen und dann durch die halb verfaulten Bretter einer kleinen Plattform senkrecht in die Tiefe sehen. Wenn man den Mut dazu hat. Aber auch von der Seite aus kann man es, wenn man sich an einem der Eisenbeine des Förderturms festhält.
Oben hängt unter der Plattform ein Rad, und von diesem aus baumelt das Ende eines Drahtseils ein paar Meter in die Tiefe. Vor sechs Jahren ist es durchgerissen, und der Förderkorb mit zwölf Männern darin stürzte in die Tiefe. Kein Stöhnen, keine Antwort mehr tönte herauf.
Daraufhin hat der indische Kaufmann in Musoma, der nach 1918 dieses Goldbergwerk billig gekauft hatte, den ganzen Betrieb aufgegeben. Er lohnte sich ohnedies kaum noch. Die Leichen der zwölf Abgestürzten blieben tief unten liegen.
Das Ende des Seils schwankt leise im Wind.
Wir schleppen fast zweitausend Drahtschlingen heran, die sich in Banagi im letzten Jahr angesammelt haben. Sie stellen nach hiesigem Handelswert ein ganz hübsches Kapital dar. Ein Bündel nach dem anderen fliegt in den schaurigen Abgrund. Wir sehen sie noch eine Weile von den Felswänden abprallen, aber wir hören keinen Aufschlag. Bogen und Giftpfeile folgen. Was

hier verschwindet, kommt nie wieder. Ob dort unten nicht auch so mancher Ermordete oder Vermisste liegen mag?, frage ich mich. Aber man braucht sich hierzulande wohl gar nicht so große Mühe zu machen. Wenn ein Toter eine Nacht draußen liegt, lassen ihn die Hyänen verschwinden.

In den letzten zwölf Monaten wurden 88 Wilddiebe um den Park herum festgenommen und dem Richter übergeben. Das klingt zwar zunächst viel. Als man vor einem Jahr im Tsavo-Nationalpark, im benachbarten Kenia, dicht an der Grenze von Tanganjika, systematisch auf die Suche ging, stieß man auf die Überreste von 1280 Elefanten, die in den letzten zwei Jahren von Wilderern umgebracht worden waren. In Wirklichkeit waren es wohl mehr als dreitausend, denn man kann gar nicht gründlich genug suchen, um alle ausfindig zu machen. Deswegen gab die Regierung endlich mehr Geld und Polizeiflugzeuge her, um die handelsmäßige Wilddieberei und das Massenabschlachten zu stoppen. In den anschließenden fünfzehn Monaten wurden 25 219 Pfund Elfenbein beschlagnahmt und 462 Pfund Rhinozeroshorn; 429 Wilddiebe konnte man festnehmen und bestrafen. Die Leute, welche diesen Feldzug durchführten, schätzen, dass trotzdem für über eine Million Mark Elfenbein und Rhinozeroshorn auf dem schwarzen Markt verschwunden sind. In einem Bezirk fand man Hunderte von Fallgruben mit Dornenhecken dazwischen, so dass die Tiere entweder in Schlingen oder in Gruben geraten mussten. Niemand hatte zuvor geahnt, dass die Wilddieberei solch ungeheures Ausmaß hat.

Wer kann sich dann noch über die paar Elefanten und Nashörner empören, die amerikanische und europäische Touristen mit Jagdschein erlegen ...

Großwildjäger in Afrika

Menschenkenntnis dämpft die Menschenliebe.
Tierkenntnis erhöht die Tierliebe.

»Lass uns doch die letzten Jahre noch unseren Spaß an der Jagd haben«, sagt mein Freund Blues und streckt seine langen Beine aus. Sie stecken wie die meinen in braunen Turnschuhen, aber Blues hat von dem einen die halbe Kappe weggeschnitten, so dass die große Zehe herausschaut. Sie tut schon lange weh, doch er kann sich nicht aufraffen, deswegen für eine Woche nach Mombassa zu fahren.

»In ein paar Jahren regieren die Schwarzen hier, und die schießen sowieso alles zusammen. Ist ja egal, wie viel wir noch abknallen. Du weißt doch, was nachher kommt.«

Blues ist Berufsjäger, ein »white hunter«, der im Auftrag irgendeiner Safari-Firma reiche Deutsche und Amerikaner begleitet und aufpasst, dass ihnen beim Löwen- und Elefantenschießen kein Haar gekrümmt wird. Diese Jäger sind meistens prächtige Kerle, die es zwischen vier Wänden nicht aushalten. Ich habe eigentlich noch keinen kennen gelernt, der bei diesem Leben reich geworden ist; das werden höchstens die Firmen, in deren Auftrag sie arbeiten. Sie lieben das Leben im Busch, sie ekeln sich vor den meisten ihrer Gäste, für die sie Schutzengel spielen und zu denen sie auch noch höflich sein müssen. So gut wie jeder von ihnen möchte lieber für das halbe Geld Wildhüter in einem Nationalpark sein. Aber es gibt wenige solcher Posten. Afrikanische Regierungen sind zwar großzügig, wenn es gilt, durch Gesetze Wildreservate und Nationalparks auf dem Papier zu schaffen. Aber sie geben kein Geld aus, um Leute zu bezahlen, die dort leben und aufpassen, dass wirklich ein Park daraus wird und die Tiere leben bleiben.

Mein Freund Blues hilft uns seit Wochen freiwillig ohne einen

Pfennig Bezahlung. Er hat gerade wieder so viel verdient, dass seine Frau und die drei Kinder in Aruscha die nächsten Wochen leben können, und so leistet er es sich, einmal etwas für die Tiere zu tun, statt sie totzuschießen.

Michael und ich dachten zuerst, er wäre abgeschickt, um böse Taten von uns auszukundschaften. Denn schließlich hat erst unlängst ein deutscher »Großwildjäger«, der sich in Zeitungsberichten als todesmutiger Gorilla- und Elefantentöter darstellt, in Rundschreiben bei Engländern in Afrika angefragt, ob sie nicht üble Dinge von uns wüssten und uns Schwierigkeiten machen könnten. So haben wir mit Mr. Blues zunächst etwas »Kunstflug geübt«, bis er von unseren unrechtmäßig erworbenen Papierbeuteln Gebrauch machen musste. Aber er ist standhaft geblieben. Wir wissen längst, er will uns ehrlich helfen.

»Nein, ich kann überhaupt nicht verstehen, warum du so gegen die Jagd bist«, sagt er und bohrt eine zerdrückte Zigarette aus der Brusttasche seines Hemdes.

»Wer sagt denn, dass ich Jäger nicht leiden mag«, antworte ich, »im Gegenteil. Ich habe zwar Tiere sehr gern und habe es fertig gebracht, mein ganzes Leben mit Tieren zu arbeiten. Deswegen werde ich aber nicht sentimental; ich denke trotzdem folgerichtig. Zum Beispiel kann ich nicht verlangen, dass man Tiere nicht töten soll, ich bin ja kein Vegetarier, ich esse Fleisch und Wurst. Als Naturwissenschaftler weiß ich natürlich: jedes Leben auf dieser Erde kann nur dadurch leben, dass es selber welches zerstört. Der Löwe tötet das Zebra, und das Zebra weidet das Gras.

Ich kann auch nicht grundsätzlich dagegen sein, dass man Versuche an Tieren vornimmt. Man sollte sie zwar gesetzlich strenger überwachen. Aber solange ich mich gegen Pocken impfen lasse, solange ich bei Kopfschmerzen eine Tablette einnehme und solange ich mich operieren lasse, wenn mein Leben bedroht ist – so lange kann ich nicht ehrlich Vivisektionen schlechthin verbieten wollen. Denn all das ist erst an Tieren ausprobiert, erarbeitet worden. Hunderttausende von Menschen und Tieren leben nur dadurch, dass man andere Tiere der Forschung opfert. Die Tiere dulden, damit uns und anderen Tieren Schmerzen und Qualen erspart werden.

Mir selbst macht es keine Freude, ein Tier totzuschießen. Aber ich bin kein Fanatiker, ich will deswegen nicht alle anderen Menschen dazu bekehren. Ich weiß sehr wohl: wir hätten heute in Europa ohne Jäger keine Rehe, Hirsche, Wildschweine, keine Hasen und Kaninchen mehr. Unsere letzten ›wilden‹ Tiere wären längst von den Landwirten als Schädlinge ausgerottet, wenn nicht die Jäger für den Schaden bezahlten, den sie auf den Feldern anrichten, und sie sogar im Winter fütterten. Das Töten des Wildes wird beim guten Waidmann immer mehr Nebensache. Auch der Viehzüchter schlachtet ja eines Tages seine Tiere. Gute Jäger kommen heute stolz von Übersee mit Fotos als Trophäen zurück. Denn es ist viel schwieriger und gefährlicher, ein gutes Bild von einem kapitalen Elefantenbullen zu machen, als ihn totzuschießen, das weiß jeder Fachmann.

Aber ich mag nun einmal nicht die Sorte ›Großwildjäger‹, die heute schnell zwischen zwei Geschäftsreisen für ein paar Wochen nach Ostafrika kommen und ein paar Löwen oder Elefanten umlegen, auch wenn sie nie vorher ein Gewehr in der Hand gehabt haben.«

»Für ein paar Wochen – hast du eine Ahnung«, brummt Blues. »Ich habe neulich in vierzehn Tagen eine ganze Safari nach dem südlichen Tanganjika geführt, habe Zelte aufgebaut und einen Landestreifen hell markiert, damit mein Herr Jagdgast geradewegs aus Amerika mit seiner Privatmaschine landen konnte. Er hatte nämlich gewettet, dass er nur einen Tag in Afrika zu sein brauchte, um einen Löwen zu schießen.

Ein Gnu – im rasenden Tiefflug durch eine Öffnung im Boden des Flugzeuges aufgenommen.

Er hat die Wette gewonnen. Ich hatte die Löwen schon angefüttert; er stieg nur in meinen Wagen um, und ich fuhr einen Kilometer weit mit ihm. Dann ging ich vorschriftsmäßig zweihundert Meter mit ihm zusammen zu Fuß vom Wagen weg, bis zu dem Busch, wo meine Löwenfamilie lag. Ich habe darauf bestanden, er musste wenigstens drei Schritte vor mich treten. Ich lasse diese Sorte aufgeregter Jagdgäste nie hinter mir stehen; ich möchte selbst am Leben bleiben. Sie sind weitaus gefährlicher mit ihren Schießprügeln als der Löwe oder der Kaffernbüffel vor mir.

So hat er geknallt, und ich habe fast gleichzeitig geschossen. Der Einschuss war natürlich von ihm, das ist Kundendienst. Ich habe ihm gratuliert, wir haben unsere Zigarette geraucht, um zu warten, bis der Löwe wirklich tot war. Dann hat er sich stolz mit dem Gewehr hinter den armen Löwen gestellt und das übliche Foto für seine Lokalzeitung zu Hause machen lassen. Der Mann ist gleich nach Indien weitergeflogen, weil er dort von einem Maharadscha schon alles zur Tigerjagd hatte vorbereiten lassen.

Wahrscheinlich hat er auch nicht mehr als einen Tag dazu gebraucht.«

Ich hole einen Zeitungsausschnitt aus meiner Brieftasche und reiche ihn meinem Freund hinüber. »Ein Knopffabrikant aus Scarsdale im Staate New York, Mr. B. S., kam dieser Tage mit seinem vierzehnjährigen Sohn von einem dreimonatigen Jagdausflug nach Portugiesisch-Westafrika zurück. Die Jagdbeute dieses Jungen betrug, wie er den Reportern am Flughafen stolz verkündete, dreihundert wilde Tiere. Er schoss Elefanten, Nashörner und von einem sicheren Stand in einer Baumkrone aus ›sogar‹ vier Flusspferde. Bei einer anderen Gelegenheit begegnete

Löwen sind immer nett zu Löwenkindern, auch alte Löwenherren tun dem Kleinvolk nichts (oben). Junge Impala-Antilopen werden von den Müttern in einer Art »Kindergarten« für eine Weile sich selbst überlassen (unten).

er einem Leoparden, dem er mit einem einzigen Schuss ›den Schädel wegblies‹.« Ein Foto dabei zeigt den jungen Mann stolz mit Gewehr und Hut am Flughafen, während ein Mädchen verzückt zu ihm aufsieht. Vielleicht kann man hier keine so wilde Schießerei anstellen, weil die britischen Kolonien in Ostafrika ihre schießfreudigen Touristen von Berufsjägern beaufsichtigen lassen. Aber es gibt ja genug andere Kolonien und Staaten in Afrika, in denen man nicht so streng ist*.

»Ein Herr T. aus Amerika hat sogar gewettet, dass er einen Elefanten mit Pfeil und Bogen erschießt. Seine Heldentat ging durch alle Zeitungen der Welt, Mr. T. konnte gar nicht schlagender beweisen, was für ein mutiger Mann er ist.«

»Ich weiß, ich habe ihn gesehen«, sagt Blues. »Er kam hier nach Ostafrika und suchte jemanden, der ihn dabei begleiten und beschützen sollte. Ich habe es abgelehnt. Andere auch. Jeder Fachmann weiß ja, was das heißt. So ist er eine Grenze weitergezogen und hat im Kongo seine Wette gewonnen. In den Zeitungen stand natürlich nicht, dass er von einem treffsicheren, gut bewaffneten Berufsjäger begleitet war, der die Büchse im Anschlag hatte.«

* Wie es in anderen Gegenden in Afrika aussieht, dafür führe ich einen Bericht der Jagdzeitung »Wild und Hund« (Jahrgang 61, S. 256) an. »Ein französischer Jäger bereiste in Portugiesisch-Westafrika die Gebiete, welche ihm von amtlichen Stellen als die wildreichsten der Kolonie bezeichnet worden waren. Auf einer Safari von drei Wochen hat dieser Jäger ein Rudel Oryx von weitem gesehen und ein Stück auf große Entfernung geschossen. In Maua wurde überhaupt kein Wild gesehen, in Marrups während zwölf Tagen nur eine einzige Oryx. Im gleichen Gebiet wurden einmal alte Fährten von Elen-Antilopen und zwei alte Büffelfährten gefunden. Von Elefanten, Nashörnern, Giraffen, Gnus, Kudus, Wasserböcken und Löwen wurde keine einzige Fährte oder Spur entdeckt. An Ort und Stelle schien dieses Ergebnis niemanden zu erstaunen. Der Franzose hörte, dass dort regelmäßig elf Berufsjäger tätig seien, und sah einmal einen 15-t-Lastwagen, hoch mit Trockenfleisch beladen, aus nördlicher Richtung vorbeifahren. Für den Jagdschein muss der ›Berufsjäger‹ 20 000 Escudos zahlen und außerdem einen Escudo je Kilogramm Trockenfleisch. Amtliche Stellen gaben zu, dass während der vergangenen Saison Abgaben für siebenhundert Tonnen Trockenfleisch entrichtet worden wären. Im Schnitt wird das Trockenfleischgewicht bei den Wildrindern mit 25 Prozent des Lebendgewichtes veranschlagt, beim Elefanten mit noch bedeutend geringeren Prozenten. Die Gastfreundschaft war allgemein groß, Träger wurden in ausreichender Zahl gestellt. Nur Wild war keins vorhanden.«

»Und es stand auch nicht drin, dass er in den zweiten Elefanten fünfzehn Pfeile hineingeschossen und ihn neun Stunden lang verfolgt hat, bis seinem bezahlten Begleiter schließlich der Kragen platzte und er das arme Tier erschoss«, fügte ich hinzu. »Ich habe es aber an die Tageszeitungen seiner amerikanischen Heimatstadt geschrieben, und es ist dort auch veröffentlicht worden.«

Einer der Wildhüter in der westlichen Serengeti hat in seinem früheren langen Berufsjägerleben große Alben voll schöner eigener Tierfotos und mit Bildern seiner Jagdgäste gesammelt. Darunter ist eins, das ihm ein Kunde später aus Kalifornien geschickt hat. Man sieht den wohlbeleibten Mann darauf unter einer Wand von Trophäen: Löwenköpfe, Tigerköpfe, Stoßzähne, Antilopengehörne. Dazwischen riesengroß gerahmt das Aktfoto einer bekannten Filmschauspielerin. Mit der Lupe konnte ich noch die eigenhändige Widmung der Dame darauf lesen: »Willst Du nicht auch auf mich wieder einmal Jagd machen?« Unter diesen vielerlei Trophäen war neben dem kühnen Jäger auch noch seine ältliche Ehefrau fotografiert. Sie sah recht bedrückt aus.

Unsere Ideale haben sich ja in den letzten Jahrzehnten gewandelt; erfolgreich ist der Mann, der soundso viel Geld im Jahr »macht«. Zu Zeiten unserer Großeltern war das noch nicht so. Da genügte eine dick gefüllte Brieftasche noch nicht als Ausweis, um auf die Dauer überallhin und zu jedermann Zugang zu finden. Aber der heutige »Manager« braucht seine Stunden und Minuten, selbst seine Abende und Nächte, um »erfolgreich« zu sein. Je älter und beleibter er wird, umso mehr merkt er, dass ihm vieles dabei entgangen ist. Er war kein rechter Mann, er hat keine Zeit gehabt, um wirklich zu leben, um Erfolge bei Frauen zu haben, bei seiner eigenen oder bei anderen. In stillen Stunden kommt er sich dem Fabrikarbeiter auf dem Tanzboden unterlegen vor, er muss Beweise seiner Männlichkeit in flüchtigen Abenteuern sammeln, muss

sie hinausposaunen und gerahmt und vergrößert an die Wand hängen. Ein wirklicher Mann lässt sich lieber die Hand abhakken, als seine Freundin bloßzustellen.
Geld allein macht noch nicht berühmt. Um ein Kunstsammler zu werden, braucht man Interesse und Verstand, um Bergspitzen zu erklimmen, Training und Mut, zum Sportsmann Fleiß und Ausdauer.
Aber für *eine* Betätigung brauchen schwache Männer nur Geld, nicht einmal Zeit aufzuwenden: für Großwildjagd in Übersee. Sie können hier von dem Ruhm zehren, den wirkliche Jäger Ende des vorigen Jahrhunderts errungen haben, die in monatelangen Fußmärschen mit noch unvollkommenen Waffen, bedroht von Malaria, Schlafkrankheit und Kannibalen, wirklich Mut brauchten und Strapazen ertragen mussten. Reich gewordene Geschäftsleute, denen die Potenz zur wirklichen Männlichkeit fehlt, Politiker mit Drang zur Publicity kaufen sich hier schnell den Schein des Muts und der Verwegenheit und lassen sich dann zu Hause in Zeitungsartikeln, Bildberichten und auf Cocktailpartys feiern. Ich glaube, dass unter diesen modernen »Großwildjägern« ein viel größerer Teil impotent ist als unter anderen, gewöhnlichen Menschen. Von solchen Leuten werden unsere edlen Tiere umgelegt.
»Es sind schon fürchterliche Kerle drunter«, seufzt Blues, »du glaubst nicht, was für Kistenladungen von Whisky ich bei manchen mitschleppen muss. Aber manchmal kommen auch feine Menschen her, mit denen ich gern arbeite. Schließlich zahlen die Leute ihre Abschussgebühr, sie bringen Geld ins Land. Wir sehen ihnen gut auf die Finger. Die schwarzen Wilderer bringen doch viel mehr um.«
Mit einem Schwung landet unser Buschbaby auf Blues' Schulter und streut ihm Käsekrümel in seinen Hemdkragen. Wie er

Jeder junge Massaikrieger wollte einmal im Flugzeug sitzen oder womöglich mit uns fliegen.

es wegschieben will, hebt es empört die Hände hoch und beißt ihn kräftig in den Zeigefinger. Die kleinen Zähnchen sind so scharf, dass der Finger blutet. Blues springt auf, aber das Buschbaby ist längst zwischen den Stricken und Säcken unter dem Blechdach verschwunden.

»Die wenigsten Touristen kommen heute nach Afrika, um Tiere zu *schießen*«, sage ich, »schon jetzt sind es Zehntausende, die einmal in ihrem Leben Elefanten und Zebras *in Freiheit* sehen möchten, nicht nur in Zoos. Wie sich jetzt die Fliegerei entwickelt, wird man in ein paar Jahren in zwei, drei Stunden von London aus in Nairobi sein, unsere Kinder werden billiger und schneller nach Zentralafrika reisen als unsere Eltern nach Italien.

Warum kommen die Leute herüber? Ich liebe zwar die Landschaft Ostafrikas, natürlich. Aber ich bin Partei. Nüchtern gesagt, sind die Alpen viel großartiger, die Schweiz ist viel frischer, die Rocky Mountains sind gigantischer. Was in Afrika lockt, sind wilde schwarze Menschen und wilde Tiere. Die Schwarzen werden sich bald von uns nur noch durch die Hautfarbe unterscheiden, sie fahren heute schon auf Fahrrädern und in Autos umher. Wenn die wilden Tiere auch hier ganz verschwinden, wie sonst fast überall in Afrika, wenn noch mehr Tierarten ganz ausgerottet werden – ich wüsste keinen Anlass, warum dann künftig noch Reisende nach Ostafrika fliegen sollten.«

Nach Tieren und nach unberührter Natur werden die Menschen von Jahr zu Jahr mehr suchen. Was knapp wird, wird kostbar und begehrt. Als unsere Klassiker nach Italien reisten, da sahen sie nur die Bauwerke und Altertümer. Die wilde Schönheit der Alpen, die heute jedes Jahr Millionen lockt, war für sie nur grausige Wildnis. Wildnis und Natur gab es damals

Die verheirateten Massaimänner schneiden ihre Haare wieder kurz. Diese hochmütigen, schlanken Hirten waren früher der Schrecken ihrer Umgebung in Tanganjika.

ja im Überfluss. Heute schwemmt jeder Sommer Millionen Menschen nach Italien. Sie suchen keine Kathedralen, sondern Sonne, Meer und Natur.
So wandelt sich, was die Menschen begehren. In meinem Buch »Kein Platz für wilde Tiere« habe ich vor ein paar Jahren noch geschrieben, dass täglich 80 000 Menschen mehr geboren werden als in den gleichen vierundzwanzig Stunden sterben. Diese Zahlen sind unrichtig, sie stimmten wohl damals schon nicht ganz. Inzwischen hat das Statistische Büro der Vereinten Nationen mit Rechenmaschinen herausgefunden, dass die Kopfzahl der Menschheit täglich um 171 000 steigt, wahrscheinlich sind es sogar 187 000. Schon 1960, nicht, wie man noch vor einem Jahr annahm, erst 1962 wird die Menschheit die Drei-Milliarden-Grenze überschritten haben. Noch bevor wir das Jahr 2000 erreichen, sind wir mehr als fünf Milliarden. Zwei Drittel davon sind schon heute unterernährt, und jährlich sterben Millionen einfach hungers. Alle acht Jahre kommt jetzt zur Bevölkerung der Erde eine neue hungernde Menschenmenge hinzu, die der Volkszahl Chinas entspricht.
Allein hundertsechs Säugetierarten haben wir seit Christi Geburt schon ausgerottet, aus Gottes Schöpfung vernichtet. Dass die schönen wilden Tiere den hungernden Menschen weichen müssen, ist besiegelt. Alles, was Leute wie Michael und ich, Colonel Molloy und die Wildhüter für sie erkämpfen wollen, sind ein paar große Zoologische Gärten in ihrer eigenen Heimat: sind Nationalparks.
In Wirklichkeit leben sie ja dort fast nur noch in »Zoos«. Die Menschen in Europa und Amerika, deren Staatsmänner auch heute noch für die meisten Überseegebiete verantwortlich sind, werden durch Filme und Bücher darüber hinweggetäuscht. Man dreht herrliche Naturfilme im Queen-Elizabeth-Park oder in den Nationalparks des Belgischen Kongo und erwähnt dabei mit keinem Wort, dass man eben nur noch in diesen Parks solche Bilder aufnehmen kann. Afrika-Bücher erzählen

von haarsträubenden Abenteuern mit Löwen oder Schlangen, damit der Leser vor dem mutigen Reisenden Hochachtung bekommt. Afrika ist ein Tierparadies, glaubt man, der einzige Erdteil, wo auch die übrige Schöpfung neben dem Menschen ihr Recht hat.

Vor ein paar Jahren habe ich im Kongo einen Schweizer getroffen, der sein Leben bis dahin als Kaufmann in Kairo verbracht hatte. Jetzt hatte er Zeit und Geld, er wollte das Innere dieses Erdteils einmal näher kennen lernen. Dieser Kaufmann war seit drei Monaten mit fahrplanmäßigen Verkehrsmitteln unterwegs: im Flugzeug, im Omnibus, mit der Eisenbahn, mit Dampfern auf Seen und Flüssen und auch im Auto. Ich fragte ihn, ob er unterwegs viele wilde Tiere gesehen habe.

»Selbstverständlich«, sagte er, »eine Unmenge.«

Er begann sofort von Elefanten, Löwen und Giraffen zu erzählen. Ich fragte näher, und wie erwartet kam heraus: er hatte diese Tiere nur in den Nationalparks gesehen. Außerhalb ihrer Grenzen war ihm während der dreimonatigen Reise durch das Innere Afrikas *einmal* ein größeres Tier am Wege begegnet: ein Strauß.

Unlängst schrieb mir Gräfin Erika R.: »Gerade in letzter Zeit habe ich hier mit jagdpassionierten Verwandten das Problem der ›Jagd-Safaris‹ in Ostafrika lebhaft erörtert und konnte einigen, die durchaus zu einer Safari mit ›garantiert kapitalen Trophäen‹ starten wollten, berichten, dass man sich heutzutage, in Tanganjika jedenfalls, ›unmöglich macht‹ und auf das Niveau von Hollywood-Leuten und Maharadschas (dort ein nicht gerade angesehenes) begibt, wenn man eine solche Safari unternimmt, jedenfalls als Deutscher und mit einem guten Namen. Nun schickt mir mein Vetter, Graf ..., Ihren Aufsatz und fordert mich auf, Ihnen Ihre Ansichten zu bestätigen. Wahrscheinlich kann ich Ihnen auch nichts Neues erzählen. Ich bin vor sechs Wochen aus Tanganjika und Kenia zurückgekommen, wo ich vor dem Kriege ständig lebte. Aus diesem

Grund war ich jetzt seit 1951 zum dritten Male drüben. Was Sie über die Jagdgesetze von Kenia und Tanganjika schreiben, trifft völlig zu. Diese Jagdgesetze und ihre Durchführung waren schon in den dreißiger Jahren sehr gut.
Dennoch hat der Wildbestand Ostafrikas seit 1939 erschreckend abgenommen – vielleicht bis auf den Elefanten. Meine damalige Gegend, der West- und Nordhang des Kilimandscharo bis zum Longido und zum Meru-Berg, wimmelte noch von Zebra-, Gnu-, Kongoni-, Thomson-, Grantherden und Impala. Es gab viele Giraffen-Gazellen (Gerenuk) in der unteren Steppe. Elen-Antilopen kamen oft vor, Giraffen, sogar noch hin und wieder Oryx-Antilopen.
Am Kilimandscharo gibt es heute außer vereinzelten Buschbökken und Steinböckchen kein Steppenwild mehr. Löwen und Geparden sind selten geworden, und in der Steppe zwischen den drei Bergen sieht man nur noch ein paar Thomson- und Grant-Gazellen. Es ist jammervoll. Das muss während und in den Folgezeiten des Krieges geschehen sein. Heute steht allenthalben: ›No shooting – Schussverbot.‹
An der 250 Kilometer langen Buschstrecke zwischen Handeni und Bagamojo – Hemingways ›Die grünen Hügel Afrikas‹ spielt dort – deuten nur die wiederholten Schilder ›Sables protected – Rappen-Antilopen hier geschützt‹ darauf hin, dass dies einst berühmte Jagdgründe waren. Ich habe außer Elefantenlosung weder Losung noch Fährten noch sonst den Lebensbeweis anderen Wildes dort gefunden.«
In Kenia ist heute außerhalb der Nationalparks und Reservate in leidlich gut erreichbaren Gegenden nicht mehr viel Wild zu finden. Deswegen fahren die Jagdsafaris heute gern nach Tanganjika, besonders nach dem südlichen Teil. Da sie meistens von Nairobi und nicht von den Städten Tanganjikas – Aruscha oder Daressalam – ausgehen, lassen sie ihr Geld für Ausrüstung, für Löhne und Proviant fast immer in Kenia; in Tanganjika bleiben also nur die Gebühren für die Jagdscheine.

Gemessen an den allgemeinen Unkosten solch einer Jagdexpedition, machen sie nur einen unwesentlichen Bruchteil aus.
Im Jahre 1870 lebten in Deutschland von drei Menschen zwei auf dem Lande und einer in der Stadt. Schon 1932 war das Verhältnis umgekehrt: jetzt hausten zwei von dreien in der Stadt und nur einer noch auf dem Dorf. 1871 war jeder dreißigste Deutsche ein Großstädter, 1958 schon jeder dritte. In England waren sogar bereits 1951 79 % der Bevölkerung Städter, ebenso viele in Australien. Selbst in Afrika zieht es Schwarz und Weiß immer mehr in die Stadt: in der Südafrikanischen Union waren bei der letzten Zählung im Jahre 1951 schon 42,6 % des Volkes Städter.
Unsere Großeltern hatten also Hühner auf dem Hof, Kühe und Pferde im Stall. Selbst wenn sie in der Stadt wohnten, standen am Vormittag die Pferde vor den Wagen abgesträngt auf der Straße. Gingen die Eltern mit ihren Kindern spazieren, dann sahen sie noch Störche, Füchse, Hasen, Rehe, Dachse, Uhus, Hirsche und Habichte. Solange es Menschen auf der Erde gibt, also wohl seit fünfhunderttausend Jahren, haben sie immer in der Natur zwischen ihren Mitgeschöpfen gelebt.
Zum ersten Male, seitdem diese Welt besteht, ändert sich das in unserer Zeit. Immer mehr Menschen bekommen nur noch Hunde, Katzen und Wellensittiche zu sehen – und die Tiere in den Zoologischen Gärten. Deswegen legt man von Jahr zu Jahr mehr Tiergärten in aller Welt an, und deswegen kommen immer mehr Besucher in die Zoos. Der Frankfurter Zoo hatte in den zehn Jahren vor dem letzten Weltkriege durchschnittlich 313 000 Besucher. Im Jahre 1958 waren es 1,7 Millionen. Ähnlich ist es in den meisten Zoos der Welt, in den USA, Russland und China. Die Menschen fühlen, dass ihnen etwas genommen worden ist, das immer zu ihrem Leben gehört hat. Ihre Seele trägt Narben davon. Die unbewusste Sehnsucht nach dem Verlorenen wirkt oft übertrieben und krankhaft. Wenn heute eine Katze sich auf einen Baumwipfel versteigt

und nicht mehr auf die Straße herunterkann, dann sammeln sich Hunderte von interessierten Passanten und holen die Feuerwehr. Ein Löwe, der im Zoo von einem Tiger zerrissen wird, weil der Wärter den falschen Schieber zog, bekommt größere Schlagzeilen in den Tageszeitungen als sechs Menschen, die zur gleichen Stunde auf der Autobahn getötet werden.

Die letzten Tiere werden immer kostbarer und begehrter werden. Schon jetzt machen sie eine widersinnige Wanderung durch. In ihrer Heimat rottet man sie aus und verpflanzt sie dafür mitten in die Herzen der Großstädte, man schafft ihnen dort in geheizten Häusern und nachgeahmten Landschaften eine künstliche zweite Heimat. Es gibt schon fünf große Zoologische Gärten in Afrika selbst – für unsere Großeltern noch eine paradoxe Vorstellung. Und auch in Afrika sind die Tiergärten nicht dort entstanden, wo sich die Tiere am wohlsten fühlen, sondern wo die meisten Menschen sind, also in Großstädten: Kairo, Khartum, Leopoldville, Pretoria und Johannesburg.

Die Großstädte wuchern immer stärker. In den kommenden Jahrzehnten und Jahrhunderten werden die Menschen gewiss nicht zu den Wunderwerken der Technik reisen, sondern sie werden aus den dunstigen Städten nach den letzten Plätzen streben, wo Gottes Geschöpfe friedlich leben. Länder, die solche Plätze gerettet haben, werden von den anderen gesegnet und beneidet werden, zu ihnen werden Ströme von Touristen fließen. Denn es ist mit der Natur und ihren freien Bewohnern anders als mit Palästen, die im Krieg zerstört werden. Diese kann man wieder aufbauen – wenn aber die Tiere der Serengeti einmal vernichtet sind, kann niemand sie wieder zurückbringen, solange noch Menschen auf dieser Erde leben.

Menschen kämpfen und sterben, um Grenzen zu verrücken oder andere Länder zu ihrer Weltanschauung zu bekehren. Haben Michael und ich nicht umso mehr Recht, zu arbeiten und unser Leben zu riskieren, damit die Serengeti erhalten bleibt?

Wir haben die Wilddiebe gefangen genommen. Aber damit ist es nicht getan. Schließlich haben die Schwarzen gejagt, solange sie das Land bewohnen. Sie können schwer einsehen, warum das jetzt in manchen Teilen ihrer Heimat verboten sein soll. Ihre eigene Kopfzahl hat sich inzwischen verdreifacht, Drahtschlingen haben es möglich gemacht, mühelos ein Vielfaches an Tieren zu fangen, mit Lastwagen kann man das Fleisch überall hinbringen. Die gleiche Jagd muss daher heute die Tiere völlig ausrotten. Aber das sieht so leicht kein einfacher schwarzer Dörfler ein. Warum sollte er denn auch einsichtiger sein als unsere europäischen Vorfahren vor einigen Jahrhunderten?
Man kann die Wilddieberei durch Polizeiaktionen und Feldzüge wohl eindämmen und vielleicht auch ganz abstellen. Wirklich gesiegt haben wir aber nur, wenn die Eingeborenen den *Sinn* der Schutzgebiete einsehen. Im letzten Jahresbericht der Königlichen Nationalparks von Kenia steht auf Seite 5 zu lesen: »Dass der Schutz der wilden Tiere eine Methode ist, das Land gut zu verwerten, muss noch von den Afrikanern selbst eingesehen werden. Sie sind so gern bereit zu glauben, dass die wilden Tiere nur zum Besten der Weißen und ihrer reichen Freunde von Übersee geschützt werden.« Wohlhabende Ausländer ziehen jagend durch das Land und kommen mit Autos voll Trophäen durch ihre Dörfer zurück. Die Eingeborenen aber sollen verstehen, dass sie zu Recht bestraft werden, wenn sie selber jagen.
Die neue Politik geht darauf hinaus, dass große Teile Afrikas über kurz oder lang von farbigen Afrikanern selbst verwaltet werden. Primitive Massen aber sind töricht, besonders im ersten nationalen Überschwang. In der Libyschen Wüste feierten die Beduinen 1945 das Ende der fremden Herrschaft, indem sie Millionen Bäume, die die Italiener mühsam gepflanzt hatten, ausrissen oder abschlugen. Für die neu »Befreiten« waren diese Schattenspender und Klimaverbesserer nur Sinnbilder

der »Knechtschaft«. Die Enkel dieser Beduinen werden das beweinen.

In einem selbständig gewordenen afrikanischen Staat, den wir auf unserer Reise besucht haben, war man gerade dabei, eine Fernsehstation zu bauen – in einem Land, wo es noch kaum Schulen gibt und 90 % der Einwohner noch nicht einmal lesen können. Dieser Fernsehsender mit seinem kostspieligen Programm wird also für dreihundert herrschende Familien arbeiten.

Das ist keine besondere Unvernunft *farbiger* Völker, denn schließlich haben unsere europäischen Fürsten viele Jahrhunderte ebenso geherrscht. Vielmehr tut die neue Herrscherkaste genau das, was der reiche Europäer bis dahin in ihrem Land getan hat. Auch unsere Vorfahren haben ja die Römer und Griechen nachgeahmt. Wohlhabend gewordene Negerhäuptlinge ziehen sich europäisch elegant an, fahren in schweren amerikanischen Wagen, bauen sich hübsche Villen – und gehen auf Elefantenjagd, wenn sie das bei reichen Europäern so sehen.

Wir Europäer sollten ihnen, solange wir in ihrem Land noch etwas zu sagen haben, etwas anderes vorleben. Wir sollten sie überzeugen, dass die wilden Tiere der Reichtum und die Schönheit ihres Landes sind, ja ein ideeller Gemeinbesitz der ganzen Menschheit, wie der Petersdom, der Louvre oder die Akropolis.

Mag heute in Griechenland herrschen, wer will – keine Regierung würde je auf den Gedanken kommen, etwa die »unnütze« Akropolis abzureißen und auf ihren Platz ein nützliches Warenhaus oder ein großes Hotel zu setzen. Vor ein paar Jahrhunderten hat man so etwas noch mit Kunstwerken und Altertümern getan; man hat römische Tempel abgebrochen und aus den Quadern Bürgerhäuser gebaut. Heute weiß jede Regierung, dass die ganze Menschheit aufschreien und sie Barbaren schelten würde, wenn sie das täte.

Gewiss müssen hier und da Talsperren gebaut werden, und eine schöne alte Dorfkirche oder ein Herrenhaus verschwindet unter den Fluten. Aber es würde gegen den guten Geschmack verstoßen, Neureiche mit schlechten Manieren vorher auf die alten Bilder und Steinmetzarbeiten Scheibenschießen veranstalten zu lassen. So ist es mit den letzten Elefanten, Löwen, Zebraherden und Nashörnern. Sie müssen weichen. Doch wir sollten ihnen ein paar Paradiese in ihrer Heimat erhalten, damit es nicht nur Menschen, schwarze oder weiße, dort gibt. Und wo sie weichen müssen, sollte man sie würdig behandeln. Manch einem wird diese Forderung überspannt vorkommen. Aber in hundert Jahren wird sie eine Selbstverständlichkeit sein. Ich fürchte, schon in zwanzig.

Die Massai, das »auserwählte Volk Gottes«

Ein Mann ist ein Schauspieler.
Er spielt alle Männer, und jeder ist eine Lüge.
Wirklich echt ist nur das Tier in ihm.
William Saroyan

Ich drücke das Knie gegen den Steuerknüppel, und schon legen sich zwölf Meter gestreifte Flügelfläche in die Kurve. »Das sind doch Schafe, Micha, kein Zweifel!«

Wie wir jetzt auf sie zuschießen, laufen die Tiere von allen Seiten strahlenförmig zusammen und bilden einen dichten Haufen. Das machen alle Hausschafe und Ziegen so, ganz anders als die Rinder und alle wilden Tiere.

Ein paar schwarze Hirten stehen dabei. Es sind Massai – sie haben hier im westlichen Teil der Serengeti nichts zu suchen.

Diese Massai mit ihren Herden sind überhaupt der Grund, warum wir fliegen lernen mussten, warum wir so weit von Frankfurt bis über den Äquator geflogen sind und warum wir seit Wochen und Monaten hier Tiere zählen, fangen, färben und heute wieder die großen Herden überall im Land aufgesucht und in unsere Karten eingezeichnet haben. Wegen der Massai soll der Nationalpark um ein gutes Drittel verkleinert werden, soll das Hochland mit dem Riesenkrater Ngorongoro abgeschnitten werden.

Ein Nationalpark ist ein Stück Wildnis und soll es bleiben wie in Urzeiten. Menschen, auch eingeborene Menschen, sollen darin nicht leben. Die Engländer waren zwar in ihren Kolonien zuerst der Ansicht, dass der Eingeborene »ein Teil der

Die Massai bauen sich einen Kreis niedriger Hütten; in die leere Fläche in der Mitte werden nachts die Rinderherden getrieben. Das Ganze wird mit hohen Wällen aus abgeschlagenen Dornbüschen gegen Raubtiere geschützt.

Natur sei«. Aber dann mussten sie erleben, dass diese »Wilden« sich mitten im Nationalpark Autos anschafften und ihre Häuschen mit dem Blech von Benzintonnen deckten. Sie wollten nicht mehr wie früher mit Pfeil und Bogen jagen, sondern wurden sehr modern. Man kann Menschen, auch schwarze oder braune, nicht zwingen, »Wilde« zu bleiben oder sich nicht zu vermehren. Deswegen hat man jetzt überall eingesehen: ein Nationalpark muss menschenleer sein, es gehören weder Europäer noch Afrikaner hinein.

Nun spuckt zwar ein Massai auf die Zivilisation, buchstäblich. Er wird sich niemals einen europäischen Hut aufsetzen oder ein Auto kaufen. Aber er kann nicht genug Rinder haben, und nach dem Gutachten des Londoner Professors Pearsall sind die Rinderherden der Massai neben den Herden der Gnus zu viel des Guten. Die Massai schlagen die Büsche und Bäume ab, um ihre Hütten auf den Wanderungen immer wieder neu zu bauen und Dornenverhaue um ihre Viehkrale zu türmen. So wird der Boden um die letzten Quellgebiete ständig weniger beschattet, sie trocknen langsam aus. Während der Dürre lassen die Massai obendrein die wilden Tiere nicht ans Wasser. Hirtenvölker, ob weiß oder schwarz, nehmen keine Rücksicht auf Boden und Pflanzen, sie denken nicht an die Zukunft. Das sieht man an den verödeten Bergen Italiens, Spaniens, Griechenlands und den neuen Wüsten in Indien.

Unter dem Äquator ist ein Land viel schneller zerstört. Weil in der Serengeti bei dieser Doppelbeanspruchung erst die wilden Herden verschwinden müssen, bald hinterher aber zwangsläufig die Rinder der Massai, wollte man diese wandernden Hir-

Massai treiben am Abend ihre Herden von Schafen und Ziegen zusammen (oben). Die jungen Massai-Männer tanzen vor den Mädchen. Sie springen dabei hoch empor. Bei den Massai haben die jungen Männer lange Haare und Zöpfe, während die Mädchen kahlgeschoren werden. Rechts sind die Spieße der jungen Krieger in die Erde gesteckt (unten).

ten aus dem Nationalpark heraushalten. Aber es scheint anders zu kommen – die Regierung will, dass der Teil der Serengeti, in dem die schwarzen Hirten Weiderechte haben, vom Nationalpark abgeschnitten wird. Professor Pearsall, der nicht über genug Zeit und Geld zu umfangreicheren, länger dauernden eigenen Untersuchungen über die Herdenwanderungen verfügte, musste sich in seinem so sorgfältigen Gutachten in diesem Punkte auf die Erzählungen von Europäern aus Tanganjika stützen. So nahm er an, in die östliche Serengeti kämen die großen Herden aus dem Westteil gar nicht. Was dort in der Regenzeit an Gnus und Zebras zu sehen ist, das soll oben aus dem Ngorongoro-Krater herunterkommen.
Wie dem auch sei – hier, in der westlichen Hälfte des Parks, hat kein Massai mit seinen Herden etwas zu suchen. Wir fliegen in unser Stammquartier nach Banagi und halten Kriegsrat mit den Wildhütern Turner und Poolman. Natürlich müssen die Eindringlinge hinaus und Strafe zahlen dazu. Aber es ist besser, zu diesem Feldzug den »D. O.« mitzunehmen.
D. O. heißt District Officer; er ist im ganzen Gebiet für die Massai zuständig, er bemuttert sie und passt auf, dass sie Ordnung halten. Die Beamten, die für Zebras sorgen, und die anderen Beamten, deren Herzen für die Massai schlagen, könnten in dieser Gegend leicht ein bisschen Beamtenkrieg miteinander führen, aber in der britischen Verwaltung herrscht ein fairer Geist. Michael und ich fliegen kurzerhand am nächsten Morgen zum Stammsitz des D. O. – er steigt gleich ein, er will mit für Ordnung sorgen.
Mit zwei Geländewagen sind wir nach ein paar Stunden genau an der Stelle, die wir mit unserem Flugzeug ausgemacht haben. Achthundert Schafe sind da und sieben Massai: ein älterer Familienvater, vier halbwüchsige Jungen und zwei Krieger mit langen Speeren. Die Krieger haben ihr Haar in kleine, mit rotem Lehm vermengte Schnüre geflochten. Diese roten Haarstränge sind im Nacken zusammengebunden und fest an ein

kurzes Stöckchen geschnürt – ein richtiger friderizianischer Männerzopf. Ein Massai kämpft nur mit dem kurzen, geraden »römischen« Schwert, das in einer Lederscheide steckt, und mit dem Spieß; Giftpfeile verachtet er.

Der D. O. macht dem Älteren klar, dass er Strafe zahlen muss. Jeder andere Neger würde sich jetzt wehren, würde abstreiten, bitten, über die Trockenheit jammern; Weiße in gleicher Lage übrigens auch. Wir müssten ihnen im Grunde genommen Recht geben, denn in diesem September sind nur 0,8 Millimeter Regen gefallen, gegenüber zehnmal so viel im Jahre vorher. Aber der Ältere sagt: »Ja, ihr habt Recht, es ist verboten. Ihr habt mich erwischt, also muss ich zahlen.«

Dreißig Schafe und Ziegen, auch darum wird nicht gefeilscht. Die beiden Krieger schweigen achtungsvoll, wenn der Ältere redet. Sie stehen auf ihre Speere gestützt wie junge griechische Götter da. Das braunrote Tuch ist wie eine Toga über eine Schulter geschlagen, die andere ist frei. Massai sind groß und schlank, sie haben ähnliche Begriffe von

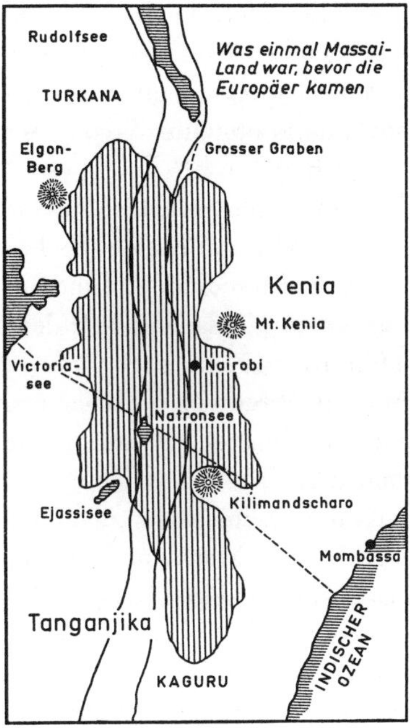

Den nördlichen Teil ihres (hier senkrecht schraffierten) Gebietes mussten die Massai den Europäern überlassen. Heute leben sie in Kenia nur direkt an der (hier gestrichelten) Grenze nach Tanganjika und in Tanganjika.

Schönheit wie wir: schmale Lippen, keine üppigen oder fetten Formen, keine übertriebenen Muskelballen.
Dann fangen sie die Schafe heraus, alles Böcke, vermerke ich im Stillen. Die jungen Götter schälen von Zweigen Rindenstreifen ab, binden den Tieren die Beine zusammen und laden sie auf die Wagen. Vielleicht haben sich die dreißig Schafe als Strafe gelohnt, denke ich, vielleicht war die Weide das wert. Jedenfalls reichen uns die Massai zum Abschied sogar die Hände. Sie sind uns nicht böse, sie lachen sogar.
»So sind sie«, sagt der D. O. »Wir haben jetzt einen Viehmarkt eingerichtet und bringen sie langsam dazu, einen Teil ihrer überflüssigen Kühe zu verkaufen. Ich habe dafür eine Ausschellglocke angeschafft. Sie gefiel einem Massaijüngling, er nahm sie in die Hand, spielte damit, ging ein Stück weg und rannte plötzlich davon. Wir haben ihn erwischt, und ich fragte ihn:
›Was ziehst du vor, willst du vor Gericht gebracht und mit Gefängnis oder mit Geldbuße bestraft werden, oder willst du Prügel gleich hier an Ort und Stelle?‹
Der junge Massai sah sich den Knüppel in meiner Hand an und meinte:
›Ich will lieber vor Gericht, denn du wirst mir mit dem Ding alle Knochen zerschlagen.‹ Da schnitt sein Vater einen biegsamen Stock ab und brachte ihn mir. Der junge Mann bückte sich, und ich hieb ihm zwölf Schläge mit aller Kraft über den Rücken. Der Massai sagte keinen Ton dazu, er gab mir nachher die Hand – der Fall war erledigt.
»Massai ist eine schwierige Sprache«, fährt er fort, »ich beherrsche sie auch jetzt noch nicht so ganz. Aber als ich neu herkam, musste ich mit dem Dolmetscher auf Suaheli Gericht

Die Kronenkraniche wirken wie wandernde Blumen (oben). Kaffernbüffel sind viel friedlicher, als man es nach den Beschreibungen in Afrikabüchern allgemein annimmt (unten).

abhalten. Gleich bei meinem dritten Fall habe ich Unsinn gemacht und ganz falsch entschieden, wie ich nachher feststellte. Der Mann, dem ich Unrecht gegeben hatte, bekam einen Wutanfall. Er warf seinen Speer nach mir, und das lange Eisenblatt fuhr mir durch den Hut, ohne mich zu verletzen. Sehen Sie, diesen Hut mit dem Loch darin trage ich schon seit drei Jahren. Ich konnte mich nicht entschließen, den Attentäter zu bestrafen, denn ich war im Unrecht gewesen. Sicher wollte er mich nicht töten.«

Ein merkwürdiges Volk, diese Massai. Ihre Vorfahren waren hellhäutig und lebten in Ägypten, Mumien von ihnen liegen dort heute noch in sehr alten Gräbern. Als sie mit ihren Rinderherden allmählich nach Süden zogen, vermischten sie sich mit schwarzen Völkern am oberen Nil. In Ostafrika legten sie das Riesental des »Großen Grabens« in Beschlag, der von Norden nach Süden durch Kenia und Tanganjika geht. Obwohl die Massai so kriegerisch sind, haben sie nicht wie andere verwandte Völker, die aus dem Norden Afrikas kamen, die Neger unterworfen und beherrscht. Die Massai lebten für sich als Hirten und tauschten ihr Vieh gegen Feldfrüchte bei den Ackerbauern ringsum. Gar so schlimme Räuber, wie viele Bücher es schildern, können sie gar nicht gewesen sein, denn sonst wären die Nachbarstämme nicht so mächtig und reich geworden.

Nur ließen die Massai nicht gern Fremde durch ihr Land ziehen. Wahrscheinlich hat das den schwarzen Völkern, die um den Victoriasee wohnen, den Frieden und das Leben gerettet. Denn die arabischen Sklavenjäger trauten sich nicht durch Massailand; die erste Sklavenkarawanenstraße von der Küste

Kaffernbüffel und Flusspferdmutter haben kaum Furcht voreinander. Die Flusspferdkuh hält aber ihr Baby doch vorsorglich auf der Seite, die dem Kaffernbüffel abgewendet ist (oben). Bei Neumond fingen wir die Thomson-Gazellen einfach mit Blendlaternen (unten).

nach dem Inneren geht südlich am Massailand vorbei und trifft deswegen auf den Tanganjikasee. Um ihn herum wurde alles ausgerottet und verwüstet. Die ersten Europäer, welche die Massai besuchten und sich friedlich mit ihnen unterhielten, waren die beiden deutschen Missionare Krapf und Rebmann, die Forscher mit dem Riesenregenschirm, von denen schon die Rede war.

Als die Deutschen und die Engländer Ende des vorigen Jahrhunderts mit einem Lineal Ostafrika auf der Landkarte in die britische Kolonie Kenia und die deutsche Kolonie Tanganjika aufteilten, schnitten sie auch Massailand mitten durch. Es war achthundert Kilometer lang und hundertsiebzig Kilometer breit, das größere Ende davon lag bei den Engländern in Kenia. Die heutige Hauptstadt dieser Kolonie, die Großstadt Nairobi, hat noch einen Massai-Namen, »nairobi« bedeutet einfach »kalt«.

Weil das Hochland um Nairobi so frisch und recht geeignet für Europäer war, mussten die Massai es zuerst räumen. Um 1911 brachte man sie sogar dazu, friedlich den nördlichen Rest ihres Landes aufzugeben, wo sich wiederum Europäer ansiedelten. So mussten sie den besten Teil ihrer Heimat verlassen, wo es in der Trockenzeit immer Wasser und Weide gibt. Sie zogen mit ihrem Vieh nach dem Süden und beweiden heute die Steppenhochländer Kenias an der Grenze nach Tanganjika hin und ihr altes Reich in Tanganjika selbst. Viele Familien und Stämme nennen sich noch heute nach den Landschaften in der alten nördlichen Heimat. Im Ganzen soll es etwa 140 000 Massai geben, die über eine Million Köpfe Vieh besitzen.

Hier in Tanganjika gehören der Kilimandscharo und der Meru-Berg zum Massailand, aber auch das Hochland der Riesenkrater mit dem Ngorongoro und anschließend ein Stück der freien Serengeti-Steppe.

Die Massai halten sich für das auserwählte Volk Gottes. Daher ihr unglaublicher Hochmut gegenüber Negern und Europäern.

Von nichts lässt sich *jedes* Volk leichter überzeugen als davon, dass es besser, edler, klüger sei als alle anderen. Die ganze Erde hat Gott nur für die Massai erschaffen; Rinder vor allem darf ein Nicht-Massai eigentlich gar nicht besitzen, man kann sie ihm jederzeit wegnehmen. Wenn Trockenheit und Rinderpest viele ihrer Kühe vernichteten, wurden die Massai daher eine üble Landplage für die ganze Nachbarschaft. Sie holten sich dort, was sie brauchten. Treue, Anstand, Liebe gilt nur zwischen Massai. Anderen Menschen gegenüber kann man Verträge brechen, Freundlichkeit heucheln, lügen.

Karawanen, die früher durch Massailand zogen, fanden oft »kranke« oder »halb verhungerte« Massai, die sie aufpäppelten und die sich mit ihnen anfreundeten und im Lager blieben. Bei nächster Gelegenheit holten sie dann nachts die anderen Massai und machten die Reisenden mit ihnen zusammen nieder.

Alles dreht sich bei ihnen um Rinder. Das geht so weit, dass die Hirten in der Trockenheit die kleinen Kälber stundenlang bis zum nächsten Wasserloch tragen. Die Massai hatten schon eine Impfung gegen Lungenseuche erfunden, ehe die Europäer kamen. Neulich las ich eine kleine Schrift, die einer von den wenigen gebildeten Massai über sein Volk geschrieben hat. Immer, wenn er vom Volk der Massai sprechen will, schreibt er »die Rinder«; Rinder und Massai sind in ihrem Sprachgebrauch einfach dasselbe.

Unlängst zeigte man einer Abordnung von Massai in einer landwirtschaftlichen Versuchsstelle Tanganjikas ein paar frisch aus Europa eingeführte Rinderbullen. Sie waren so riesig, wie man sie in Ostafrika nicht kennt. Die Massai zeigten sich derart ergriffen, dass ihnen die Tränen in die Augen kamen.

Michael und ich landen ein paar Tage später dicht neben einer Boma mitten in der Steppe, neben rund geformten Hügeln aus blanken Granitblöcken. Eine Boma ist ein kreisrunder Kral, eingeschlossen von einem hohen Verhau aus abgehauenen

Dornenästen. Innen, hinter diesem stachligen Schutzwall, stehen am Rande die Hütten. Von der Luft aus sehen sie wie runde Harzer Käse aus. Sie riechen auch nicht besser, denn die Massai-Frauen stecken Stöcke in die Erde, biegen sie nach der Mitte zusammen, verflechten sie und verschmieren diese Glokke mit Kuhmist. Obendrauf werden Häute gelegt, damit es nicht durchregnet. So eine Hütte ist niedrig, man muss gebückt darin herumkriechen.

In die Mitte des Krals zwischen die Hütten werden über Nacht die Rinderherden getrieben; ihr Mist macht den Boden immer höher. Steigt er gar zu hoch oder muss man in der Trockenzeit in die Nähe von Wasserlöchern ziehen oder neue Weiden suchen oder stirbt ein Massai innerhalb der Boma, dann wird die ganze Habe auf die Esel geladen und die übrige Boma angezündet. Am neuen Platz, an dem das riesige Dornenverhau neu gebaut wird, müssen dann viele Büsche und Bäume daran glauben. Wir sehen vom Flugzeug aus überall die Kreise, wo früher Bomas gestanden haben.

Brüllend ist unsere »Ente« aus der Luft heruntergekommen. Jetzt werden sicher alle Leute aus der Boma angelaufen kommen, um unseren gestreiften Wundervogel zu bestaunen, denken wir. Aber nein, die Männer sind wohl mit den Herden unterwegs, die Frauen sagen nur auf Suaheli »jambo«, guten Tag, und bleiben an ihrer Arbeit. Wir sind fast beleidigt, dass niemand von uns Kenntnis nimmt.

Später bekommen wir heraus, warum die Massai sich von unserem eisernen »Ndegge« (Suaheli = Vogel, Flugzeug) und warum sie sich überhaupt von Autos, Gewehren und der ganzen Technik so wenig beeindrucken lassen. Bei ihnen gelten nämlich die Schmiede, welche die schönen Schwerter, Speere und Dolche anfertigen, als unrein. Es sind zwar auch Massai, aber wenn man einem von ihnen die Hand gibt, muss man sie nachher einölen. Man kann keine Schmiedetochter heiraten, und hat ein Krieger etwas mit ihr, so wird er sicherlich nachher

krank oder fällt beim nächsten Feldzug. Alle unsere technischen Geräte sind auch aus Eisen, und daher sind sie für die Massai unrein und unfein.
Wie wir unseren Massai erzählen, dass die Amerikaner demnächst in Raketen bis an den Mond fliegen würden, ruft das gar kein Erstaunen hervor.
»Warum denn nicht, ihr fliegt ja auch sonst in euren eisernen Vögeln am Himmel herum. Weshalb sollt ihr nicht bis zum Mond fliegen?«
Die Männer kommen zur Boma zurück, ich weiß nicht, wo sie gesteckt haben. Es sind alles »Ältere«, keine Krieger, denn sie haben die Haare geschoren und sie tragen nicht die zweigezakkte Hornspange um den linken Oberarm. Owe, der den Ton bei ihnen angibt, ist ein alter Bekannter von uns. Wir haben ihm jüngst die dreißig Schafe abgenommen.
Aber er trägt nichts nach, er begrüßt uns ebenso herzlich wie die anderen, ja, er spuckt sich erst in die Hand, ehe er sie uns reicht, ein Zeichen besonderer Herzlichkeit.
Eine der Frauen bringt zur Begrüßung einen Flaschenkürbis voll Milch. Michael setzt ihn an die Lippen und tut nur so, als ob er trinkt, ich aber habe Durst und trinke die Milch wirklich, obwohl ich weiß, dass die Flasche mit Kuh-Urin oder manchmal mit noch schlimmeren Dingen ausgewaschen wird.
Die Milch schmeckt nach Rauch. Ich darf jetzt vor den Massai kein Fleisch essen, denn mir die Milch anzubieten war ein besonderer Vertrauensbeweis. Isst jemand, der Milch getrunken hat, am gleichen Tage Fleisch, dann wird die Kuh krank, von der die Milch stammt, so meinen sie. Deswegen nimmt ein Massai auch nicht gern Milch an, wenn er die Aussicht hat, am gleichen Tage noch Fleisch zu bekommen. Fällt beides doch zusammen, dann kitzelt er seinen Gaumen mit einem Grashalm, bis er die Milch wieder erbricht.
Ein Massai isst nur das Fleisch von seinen Rindern, Schafen und Ziegen. Darum sind die Massai solchen Tiernarren wie

Michael und mir sympathischer als alle anderen Eingeborenen in Afrika. Sie ekeln sich vor dem Fleisch wilder Tiere, mögen keine Vögel und keine Fische. Nur die riesigen Elen-Antilopen und die Kaffernbüffel jagen sie, weil beide in ihren Augen fast Rinder sind. Darum also sind die Elen-Antilopen und die Büffel hier so scheu und laufen schon immer auf sechs-, siebenhundert Meter Entfernung weg. Die Zebras, die Gnus und die anderen Tiere aber können friedlich neben den Massai-Herden weiden.

Wenn man überhaupt Eingeborene in einem Nationalpark hat, dann sind die Massai immer noch das kleinste Übel.

Und Löwen jagen sie. Junge Massai-Krieger, die heiraten wollen und ihren Mut beweisen müssen, gehen auf offener Steppe zu zehnen oder zwölfen auf den Löwen los und bringen ihn mit ihren Spießen um. Dazu gehört etwas mehr Mut, als ihn der Fabrikdirektor Schulze aus Düsseldorf auf einer Jagdsafari braucht. Dieser Löwenkrieg ist den Massai heute verboten; Rinder stehlen in der Nachbarschaft dürfen sie auch nicht mehr – es ist für einen jungen Massai in unserer Zeit wirklich schwer, seiner Freundin zu zeigen, dass er ein mutiger Mann ist.

Dass sie sich an das Verbot der Löwenjagd halten, glaube ich allerdings nicht. Die Löwen müssen es besser wissen. Ich habe immer wieder gesehen, dass sie wegrannten, wenn ein paar Massai mit ihren Spießen über die Steppe gingen. Und wenn ein Löwe Trab rennt, dann will das schon was heißen ...

Man spricht davon, dass die Massai den Park oder bestimmte Wasserstellen den wilden Tieren zuliebe räumen müssten. Die Massai sagen:

»Wenn wir weggehen, werden die Neger aus der Nachbarschaft mit ihren Giftpfeilen und Drahtschlingen kommen. Jetzt wagen sie sich nicht an unser Gebiet heran. Sie wissen: wo wir sind, hetzen wir die Kerls wie Hunde. Wir lassen die wilden Tiere in Frieden. Aber vorige Woche kam hier eine Jagdsafari durch, mit einer Wagenladung voll Hörnern und Löwenfellen. Uns aber ist die Löwenjagd verboten ...«

Michael und ich haben bei unseren Streifenzählflügen auch die Bomas der Massai notiert und ihre Rinderherden durchgezählt. Wir haben nur einen Bruchteil von den Zahlen gefunden, die immer genannt werden. Wenn nicht mehr hinzukämen und wenn die Rinder nicht dank unserer modernen Schutzimpfungen immer zahlreicher würden – vielleicht wären die Massai gar keine schlechten Hüter eines Nationalparks.

Massai trinken Blut. Weil ich Tierarzt bin, möchte ich gern sehen, wie sie ihren Rindern das Blut abzapfen. Ein Stier muss ihnen nämlich im Monat vier bis fünf Liter Blut zum Trinken liefern, eine Kuh einen halben. Owe tut uns den Gefallen – er will ja von uns in der Luft herumgeflogen werden.

Wir gehen zu einer Herde in der Nähe, die Jungen greifen ein schwarzes Kalb und legen ihm eine dünne Strickschlinge um den Hals. Ein Stöckchen wird durchgesteckt und der Strick damit zusammengedreht, bis die Halsvene hervortritt. Dann nimmt einer der Älteren einen Pfeil mit einer kurzen, breiten Spitze und schießt ihn aus etwa zwei Meter Abstand in die gestaute Ader. Ein Blutstrahl schießt heraus, der in einer Holzflasche aufgefangen wird. Dann spuckt der Massai kräftig auf Zeigefinger und Daumen, tut den Speichel in die Wunde und reibt Erde hinein. Weil der Strick abgenommen ist, kommt kein Blut mehr, die kleine Wunde ist zugeklebt. Das abgezapfte Blut aber wird mit einem Stöckchen in der Flasche verrührt, einer der Buben trinkt es aus.

Die Jungen heißen übrigens alle paar Jahre anders, denn die Massai haben eine wahre Leidenschaft, sich immer wieder neue Namen zu geben. Dieser Namenwirrwarr macht allen Leuten Kummer, die sie zählen oder von ihnen Steuern eintreiben sollen. Wenn ein Kind geboren wird, muss der Vater erst einen Ochsen für die Frauen und Kinder im Kral schlachten, am vierten Tage wieder einen für alle Männer. Dabei erhält das kleine Ding dann seinen Namen. Zweifelt der Vater, ob es wirklich sein Abkömmling ist, dann legt er es mitten in das Tor des Krals, wenn abends die Kühe durchgetrieben werden. Ist es totgetrampelt, so war es ein Bastard.

Rechts neben dem Tor, wenn man hereinkommt, steht die Hütte der ersten, der Hauptfrau. Die zweite baut die ihre links, die dritte wieder rechts. Ob man »rechts« oder »links« geboren ist, hat später beim Erben viel zu sagen. Schenkt der Vater seinem Sohn einen Stier namens Polpol, dann heißt der Sohn künftig »Empfänger von Polpol«. Wenn der Sohn beschnitten wird, tauscht er mit dem Vater den Namen. Heißt der Vater Sendu und der Sohn Nana, so nennt sich künftig der Sohn Ole Sendu, Sohn des Sendu, und der Vater Menye Nana, Vater des Nana.

Damit aber ist der Sohn endlich ein Krieger geworden, die Sehnsucht eines jeden jungen Mannes. Der Vater, der als verheirateter Mann schon lange das Haupt geschoren trägt, muss sich vier Tage vor dem Fest noch einmal wie ein Krieger anziehen und dann kurz vorher feierlich diese Kriegertracht ablegen. Sobald der Junge sich aber von der Operation erholt hat, läuft er herum und schießt mit stumpfen Pfeilen nach den Mädchen.

Das Beschneidungsfest wird alle drei Jahre in ganz Massai-Land abgehalten, alle Jungen aus diesen drei Jahrgängen feiern es zusammen. Dann beginnt für sie die schönste Zeit des Massai-Lebens. Die jungen Krieger legen sich bunte Ketten um den Hals, sie lassen sich die Zöpfe wachsen, tragen Glocken an den Beinen und rot und schwarz gemalte Schilde. Die Jungmänner einer Gegend ziehen aus den Bomas ihrer Eltern aus, sie bauen sich selber eine »Manjata«, die aber frei liegt und keinen Dornenverhau hat. Die Mütter und die Schwestern ziehen mit, und diese unverheirateten jungen Mädchen leben mit den jungen Männern in freier Liebe zusammen.

Ein Moran, wie die Krieger jetzt heißen, darf nicht arbeiten, er darf aber auch keinen Alkohol trinken, nicht rauchen und keine Pflanzenkost essen, nur Fleisch und Blut. Er tanzt, liebt und führt Krieg.

Das Kriegführen ist heute nicht mehr notwendig, ja sogar verboten. Also können die jungen Krieger höchstens hier und dort einmal Rinder stehlen und ganze Herden wegtreiben. Im Süden regieren sie auch die unterirdischen Wasserlöcher, wo die Herden zehn Meter tief in die Erde hineingetrieben werden. Vier Morans stehen dort unten übereinander, einer auf der Schulter des anderen an einer Steilwand und reichen die Ledereimer von noch tiefer herauf. Aber sonst bleibt heute nur noch das Tanzen und das Lieben.

Die Väter der jungen Krieger stiften von Zeit zu Zeit Ochsen. Die werden dann im Gebüsch abseits von der Manjata geschlachtet und gleich aufgegessen. Die jungen Krieger teilen alles brüderlich. Söhnen von armen »Älteren« geht es nicht schlechter als den Reichen. Alle Männer, die im gleichen Jahr beschnitten worden sind, bleiben zeitlebens ein »Jahrgang«, wie Kriegskameraden. Sie helfen sich untereinander, und ihre Frauen stehen zeitlebens den anderen Jahrgangskameraden zur Verfügung. Auch wenn sonst ein Gast in die Boma kommt, braucht er nur seinen Speer vor einer der Hütten in die Erde zu stoßen, und schon ist alles darin sein, auch die Frau, solange er Gast ist.

Mich wundert, dass augenblicklich die Regierungstierärzte sich überhaupt noch bei den jungen Massai sehen lassen dürfen. Sie können nämlich schon seit drei Jahren kein Beschneidungsfest abhalten. Die Hütten bei Moschi und der Festplatz sind längst dafür aufgebaut, aber jedes Jahr erklären die Tierärzte zur ungünstigsten Zeit immer wieder den ganzen Bezirk als Maul- und Klauenseuche-Sperrbezirk, so dass die Massai ihre Herden nicht mitbringen können. Ohne Rinder kann aber ein Massai nicht das wichtigste seiner Feste feiern, und so laufen die jungen Massai seit drei Jahren unbeschnitten herum, sie versäumen die schönsten, die freiesten, die herrlichsten Jahre ihres Lebens.

Michael und ich haben eine Schwäche für die Massai, auch wenn sie zu vornehm zum Arbeiten sind. Selten verdingt sich einmal einer als Hirte bei einem Farmer, und das vielleicht auch nur, um dessen fette Kühe allmählich gegen die mageren seiner Sippe auszutauschen. Die Zahl der Massai geht ohnedies zurück, wenigstens die der reinen, der wirklichen Massai. Sie bekommen immer weniger Kinder, weil sich bei ihnen Geschlechtskrankheiten ausgebreitet haben. Zwar verhängen ihre eigenen »Älteren«-Gerichte Strafen von rund tausend Mark über jeden, der einen anderen ansteckt. Aber bei dem freien Leben, das sie führen, ist es kaum möglich, Geschlechtskrankheiten zu bekämpfen oder zu behandeln. Weil viele ihrer Frauen kinderlos bleiben, adoptieren die Massai gern Jungen von den umliegenden schwarzen Stämmen. Diese wachsen als Massai auf und bleiben es auch später, aber die bräunlichen, feinlippigen, uns Europäern so verwandten echten Massai-Gesichter werden auf diese Weise allmählich immer seltener.

Michael bietet einer der jungen Frauen zwanzig Schilling für die großen Ohrgehänge. Auf Lederlappen sind aus roten, weißen und blauen Perlen dicht an dicht bunte Muster gestickt, die Ohrläppchen haben ein großes Loch, durch das man mit der Faust fahren könnte, und der Rand des Lappens ist zu einem langen, dünnen Saum gedehnt. Aber Massai sind reiche Leute, sie wollen kein Geld. Wir bekommen den Ohrschmuck geschenkt, nur fällt in der Unterhaltung ständig wieder das Wort »Ndegge«. Der D.O. hat gemeint, niemals würden wir

»So musste ich in einer Knüppelhütte bei den Massai schlafen« (oben). Massai-Esel werfen unsere Filmausrüstung bald ab. »Am nächsten Morgen hätten wir sie zum Dank dafür am liebsten auf die Schwänze geküsst« (unten). Nächste Seite: Die Spitze einer Gnuherde auf der Wanderschaft über die Serengeti.

für Geld und gute Worte einen Massai ins Flugzeug bringen, aber ganz im Gegenteil.
Wir wählen die vier würdigsten »Älteren« aus und machen zwei Rundflüge. Ich traue ihrer Lufttüchtigkeit nicht ganz und bezweifle auch, dass sie zu unseren Papierbeuteln greifen werden, wenn ihnen schlecht wird. Deswegen suchen wir in der Boma große, flache Stücke Rinde und Häute zusammen und legen damit den hinteren Teil des Flugzeugs aus. Dann steigen wir mit den ersten beiden der vier »Würdenträger« auf.
Sie haben nicht im Mindesten Angst, ja, es kann ihnen gar nicht hoch genug gehen. Dann sollen wir wieder tief herab über die Boma, damit die anderen sie auch sehen können. Kaum können wir landen, weil sich das ganze Volk zusammendrängt; sie möchten am liebsten unsere Maschine stürmen, um als Nächste mitzufliegen.
Von ihrer Boma her ist auch ein großer Teil der Fliegen mitgekommen. Michael und ich wedeln uns ständig vor dem Gesicht herum und schlagen uns auf Arme und Beine, die Massai scheinen aber die Fliegenbeine gar nicht zu spüren. Um ihre Augen, um ihre Nasenlöcher und den Mund sitzen ständig ganze Waben grauer Fliegen, ohne dass sie nur eine Miene verziehen. Auch hierin sind sie ihren Rindern verwandt. Sicher findet man deswegen nicht selten augenkranke und sogar blinde Massai.
Unter den Eingeborenen in Tanganjika spricht man jetzt viel davon, dass ein selbständiger, farbiger Staat entstehen soll. Aber in der Gegend von Loliondo, dicht an der Grenze von Massailand, gab es unlängst Prügeleien zwischen den Anhängern der Selbständigkeit und denen, die dagegen sind. Denn die Nachbarn der Massai fragen sich misstrauisch, was

Die Riesenscharen der Flamingos auf dem Natron-Salzsee haben wir nicht unmittelbar gezählt, sondern haben Serien großer Flugaufnahmen von ihnen gemacht (oben). Gnus auf der Wanderschaft (unten).

dieses »auserwählte Volk Gottes« tun wird, wenn die Briten weg sind. Sie fürchten: sicherlich das Gleiche wie einstmals, bevor die Deutschen kamen. Diese haben damals ein paar hundert räubernde und mordende junge Krieger in ihrem Straußenfedernschmuck erschossen und den Massai damit abgewöhnt, die Neger ringsum nur als »ol nanatinda«, als »Wilde«, anzusehen, denen man Rinder, Frauen und Kinder abnehmen darf. Die Nachbarn fürchten, die schönen alten Zeiten für die Massai könnten wiederkommen.

Denn von Missionen haben die Massai in den langen Jahren der deutschen und britischen Herrschaft nie viel wissen wollen. Sie glauben an »Engai«, einen einzigen, gütigen Gott, von dem auch der Regen kommt, aber sie glauben nicht, dass der Mensch nach dem Tode weiterlebt. Von 1895 bis 1902 hat ein Hauptmann der deutschen Schutztruppe, Moritz Merker, in Moschi, am Fuße des Kilimandscharo, sich mit den Massai angefreundet und ihre Sprache studiert. Er schrieb über sie ein umfangreiches Buch; seitdem hat sich niemand mehr so eingehend wie er mit diesen stolzen, hoch gewachsenen Kriegern beschäftigt.

Ihm selbst bekam dieser wissenschaftliche Fleiß übrigens nicht gut. Als er 1903 auf Urlaub nach Deutschland kam, wurde er von den Wissenschaftlern und von anderen hohen Stellen so geehrt, dass es seinen militärischen Vorgesetzten keine Ruhe ließ. Sobald er wieder in Deutsch-Ostafrika war, versetzten sie ihn weit weg von seinen Studienobjekten, den Massai, an die feuchte Küste nach Daressalam, um – Rekruten auszubilden. Im Februar 1908 starb er an einer Lungenentzündung.

Die vertrauten Massai-Freunde hatten Hauptmann Merker all die Legenden berichtet, wie sie die Massai-Großmütter den Jungen und Mädchen in den langen Abenden vor den Hütten der Bomas erzählen. Danach sollen die Massai die Geschichte von Adam und Eva, von Kain und Abel, von der Sintflut und andere Erzählungen des Alten Testamentes – mit anderen Personennamen – seit alters kennen, längst ehe die Missionare ins Land gekommen sind. Merker fand auch heraus, wie man mit den Massai wirklich echten Frieden schließen kann. Sich in den Arm zu schneiden und das Blut miteinander zu mischen wird von den stolzen Kriegern oft angeboten, gilt aber nicht. Feindliche Parteien müssen zwei Säuglinge austauschen, und jeder davon muss einmal bei der fremden Mutter trinken. Dann kann der Frieden nicht mehr gebrochen werden.

So hinterlistig und falsch die Massai zu Fremden sind, umso mehr halten sie untereinander zusammen. Als 1896 eine Gruppe von Massai zur Gewerbe-Ausstellung nach Berlin kam, sparten sie sich ihre ganze Löhnung zusammen und kauften nach ihrer Rückkehr in Tanganjika andere Massai frei, die in den Jahren zuvor während der Hungersnot in Sklaverei geraten waren. Sie hatten, nebenbei gesagt, seltsame Dinge zu erzählen: »In Deutschland bekommen die Kinder das Essen nicht wie bei uns von ihren Müttern, sondern sie werden dort wie Kleinvieh gehütet. Auf der Straße stehen Tische, und auf diesen liegen Teller. Wenn die Kinderherde ankommt, setzen sich die Kinder an die Tische und essen. Wenn sie fertig gegessen haben, werden sie weitergetrieben.« Sie hatten die Schulklassen beobachtet, welche die Ausstellung besichtigt und gemeinsam dort im Restaurant gegessen hatten.

Man kann mit den Massai hier sehr schwer etwas aushandeln, etwa wenn sie freiwillig ein Wasserloch aufgeben oder ein Stück der Serengeti nicht weiter zum Weiden benutzen sollen. Denn sie haben keine Häuptlinge und keine Könige, die etwas zu befehlen hätten. Was die Deutschen und die Briten erst als Häuptlinge ansahen, sind mehr Patriarchen oder Medizinmänner, die Regen machen oder vor einem Kriegszug mit Hilfe von Steinchen weissagen, die sie aus einem Horn herausfallen lassen. Im Februar 1958 kam die englische Königinmutter Elizabeth ganz unerwartet bei den Massai in den Ruf einer großen Regenmacherin. Als man eine Festversammlung zu ihren

Ehren einberief, hatte die Königinmutter gute Wünsche für baldigen Regen ausgesprochen. Obwohl die Medizinmänner das Wochen vorher vergeblich versucht hatten, braute sich schon eine halbe Stunde nach dem königlichen Segenswunsch ein Gewitter zusammen, und der ersehnte Regen ging auf die ausgedörrten Weideplätze nieder.

Will man eine Entscheidung von den Massai haben, dann dauert das lange.

Die »Älteren« kommen zu einer Beratung zusammen, und da die Bomas so weit auseinander liegen, kann das Tage und Wochen dauern. Dann wird wie in einem europäischen Parlament von früh bis spät verhandelt und geredet, bis sich die Männer endlich zu einem Entschluss durchringen. Die Vertrauensleute, welche von der Regierung eingesetzt werden, sind meistens nur Massai, die Suaheli verstehen. Sie tragen die Wünsche der Regierung dem »Rat der Älteren« vor und erstatten Bericht, was dieser beschlossen hat. So geht alles sehr, sehr demokratisch zu.

Nur wegen einer Angewohnheit der Massai könnte Michael aus der Haut fahren: sie spucken. Sie haben sich in unserem Flugzeug nicht übergeben, aber sie haben ständig, während sie in der Luft waren, auf den Fußboden gespuckt. Wie gut, dass wir ihn vorsorglich mit ihren Fellen und Rindenstücken ausgelegt haben. Auch wenn man sich neben dem Flugzeug oder dem Auto ins Gras setzt und isst, stellen sie sich dazu und spucken immer wieder kräftig auf die Erde. Kauft man ihnen etwas ab, so wird zur Bekräftigung auf die Ware gespien.

Ich erinnere Michael daran, dass auch bei uns noch bis vor ein paar Jahrzehnten auf jedem Treppenabsatz Spucknäpfe standen, dass in Kirchen und auf Bahnhöfen überall Schilder mit der Aufschrift »Nicht auf den Fußboden spucken« hingen und dass die Steinfliesen in den New Yorker Untergrundbahnhöfen selbst heute noch dicht besät sind mit ausgespienen und breit getretenen Kaugummis. Auch wir Europäer haben also bis vor

kurzem noch ebenso freudig gespuckt wie die Massai; wir brauchen uns ihnen aus diesem Grunde nicht besonders überlegen vorzukommen.
Wir haben zwar keine Regenmacher, aber dafür Astrologen und Wunderdoktoren. Und vielleicht würden wir besser fahren, wenn wir unsere Atomphysiker ebenso für eine unreine und unfeine Kaste erklärten wie die Massai ihre Schmiede.

Eine Nacht verirrt im Ngorongoro-Krater

Jedes Weltkind sollte wenigstens einmal im Monat
eine Nacht im Freien durchwachen,
um einmal all seine eitlen Künste abzustreifen.
Joseph Freiherr v. Eichendorff

Eines Tages lasse ich mich von Michael am Boden des Ngorongoro-Kraters absetzen, weil ich im Tiefflug zwei Nashörner in einer Gruppe von Löwen gesehen habe und außerdem eine Strecke weiter zwei Leoparden, die gerade auf Jagd sind. Wir laden gleich das schwere Filmstativ und einige Kisten und Kasten aus, um die Maschine zu entlasten. Mein Sohn will in einer guten Stunde zurückkommen, nachdem er erst oben außerhalb des Kraterrandes die beiden Game Wardens und Hermann aufgenommen, umhergeflogen und wieder abgesetzt hat. Es ist etwas schwierig, mit vier Personen hier in der dünnen Luft emporzusteigen, und noch schwieriger, dort oben zu landen.

Ich ziehe mir das Hemd aus, hänge mir den Feldstecher um und gehe in Shorts und Sandalen auf Wanderschaft. Die beiden Leoparden haben inzwischen einen der Schabracken-Schakale gefangen, es muss alles ganz schnell gegangen sein. Nun spielen sie mit dem toten Tier wie Katzen mit einer Maus. Der eine springt noch einmal darauf zu, packt den Schakal im Genick und gibt ihm einen Prankenschlag, dass er ein Stück wegfliegt. Der andere Leopard hat im Gras gelauert. Nun schnellt er mit einem großen Satz vor und »fängt« den toten Schakal noch einmal.

Die beiden Nashörner sind leicht zu finden, weil auf ihrem Rücken hellweiße Kuhreiher sitzen. Von den Löwen aber ist nichts zu entdecken, ein Löwe kann sich schon unsichtbar machen, wenn das Gras nur dreißig Zentimeter hoch ist. Doch

ich merke am Benehmen des Nashornbullen, dass er dicht bei den Raubtieren sein muss. Er senkt den Kopf und schreitet langsam auf einen bestimmten Platz zu, keineswegs etwa bösartig. Wirklich erhebt sich ein großer Löwe mit schöner Mähne und geht davon. Nach dreißig Metern legt er sich von neuem nieder. Aber der Nashornbulle folgt ihm und treibt ihn nochmals auf. Der König der Tiere scheint doch noch Herren über sich anzuerkennen.
Ich selbst bleibe in ehrfurchtsvollem Abstand von diesen Tierrecken. Es ist doch ein anderes Gefühl, ob man im sicheren Geländewagen sitzt oder ganz allein auf einer tafelglatten Ebene ohne Baum und Strauch steht.
Ich gehe zu dem Gepäck zurück und lege mich in die Sonne. Es ist so angenehm, mal richtig in der Höhen-Äquator-Mittagssonne zu braten, dass ich kaum die Augen aufmache, als unser fliegendes Zebra zurückkommt, dicht über mich hinwegfliegt und zur Landung ansetzt. Dann allerdings gibt Michael wieder Gas, steigt erneut in die Höhe und fliegt davon. Er wird etwas vergessen haben. Nun, ich habe Zeit, ich fühle mich hier wohl. Wie ich das nächste Mal auf die Uhr sehe, ist es eine halbe Stunde nach vier. Ich bin ein bisschen ausgedörrt, aber zum Glück habe ich eine Flasche Tee mit. Vier Stunden in der prallen Gebirgssonne! Aber ich bin auf afrikanischen Sonnenschein trainiert, ich habe kein bisschen Sonnenbrand. Wenn ich daran denke, was man uns vor langen Jahren bei unserer ersten Afrikareise über Sonnenstich erzählt hat! Wie notwendig es sei, stets einen Tropenhelm zu tragen! Ich habe nicht einmal einen Hut mit.
Eigentlich wird es langsam Zeit, dass Michael mich abholt. Ich schlendere wieder in der Gegend umher, auf eine Herde Gnus zu, die weitab in der Ebene grasen. Sie sind unruhig, bei ihnen muss etwas Besonderes vorgefallen sein. Ich stelle die beiden Objektive des Feldstechers für das rechte und das linke Auge passend ein und gehe immer näher. Im graugrünen Gras liegt

etwas Hellbraunes, das die schwarzen Gnus ringsum sichtlich interessiert. Jetzt geht eins davon auf das braune Häufchen zu und stößt es mit der Nase an. Staksig steht das Häufchen auf – es ist ein junges Gnu, wohl das erste, das in diesem Jahr im Krater geboren worden ist.

Dieser Erstling ist nicht nur für mich, er ist auch für die ganze Gnuherde eine richtige Sensation. Wenn das Kalb läuft, folgen ihm höchst interessiert zehn oder fünfzehn große Gnus. Fällt es, dann stehen die Kühe im Kreis herum, kommen näher, beriechen es und stoßen es vorsichtig mit dem oberen Teil der Nase an. Niemals stoßen sie mit ihren spitzen Hörnern, aber zwei- oder dreimal macht eines eine Drohbewegung, um andere große Gnus von der Neuigkeit wegzujagen. Das ist wohl die Mutter.

In ein paar Wochen, wenn hier Hunderte von jungen Kälbern zur Welt gekommen sind, wird sich kein Gnu mehr sonderlich nach ihnen umschauen. Dieser Erstling hat wenig Aussichten, am Leben zu bleiben. Ringsum stehen schon vier Hyänen und verfolgen ihn mit interessierten Blicken. Kommen sie einem großen Gnu zu nahe, dann macht dieses einen kurzen Angriff, aber die Hyäne weicht nur wenig zurück. Diese »Fisi« sind keineswegs nur Aasfresser. Viele, sehr viele von den jungen Antilopen und Gazellen fallen ihnen zum Opfer.

So ist das in der Wildnis. Neulinge möchten immer gern die Hyänen abschießen, doch dann bringt man das ganze Gleichgewicht der Tiere durcheinander. Eine Zeit lang war hier in Ostafrika der Leopard vogelfrei. Da setzte eine starke Vermehrung der Warzenschweine und der Paviane ein; sie verwüsteten die Felder der Eingeborenen und richteten weit mehr Schaden an als die Leoparden vorher, die nur hin und wieder mal eine Hausziege holten. Seitdem hat man den Leoparden schleunigst wieder geschützt.

Es ist sechs Uhr abends geworden. So allmählich könnte Michael mich nun abholen. Da die Sonne gegen sieben untergeht,

muss er in den nächsten zehn Minuten kommen, wenn nicht, hat er eine Panne gehabt. Das heißt, ich muss hier übernachten. Ein bisschen ungemütlich, denn ich habe keine Streichhölzer, keine Taschenlampe. Meine Armbanduhr zeigt außerdem an, dass Neumond ist.
Ist das nicht das Brummen eines Flugzeugs? Im Westen, hoch über dem Kraterrand fliegt eins. Aber es ist nicht gestreift, sondern einfarbig, es kurvt über den bewaldeten Hängen des Vulkanberges Lemagrut. Mir wird heiß: sind die anderen abgestürzt, ist das ein Rettungsflugzeug, das sie sucht?
Die Maschine dreht auf das Kraterinnere zu, sie verliert an Höhe, offensichtlich suchen sie mich. Ich winke mit meinem Hemd. Es ist eine Cessna-Maschine, sie hält genau auf mich zu, landet aber nicht. Ein brauner Beutel fällt heraus, ich laufe ihm nach, hebe ihn auf und hole ein Stück weißes Papier heraus. Auf Englisch ist darauf geschrieben: »Michael machte Bruch mit dem Fahrgestell. Er ist nach Nairobi geflogen. Niemand ist verletzt. Geh in die Richtung, in die unser Flugzeug jetzt fliegen wird.«
Die Cessna kurvt, kommt zurück und fliegt, schon höher, genau im rechten Winkel zum ersten Anflug über mich weg. Dann steigt sie immer mehr, sie verschwindet über dem Kraterrand. Bald ist auch das letzte Summen ihres Motors verklungen.
Hm. Ich setze mich auf eine Kiste. Welche Richtung meinen sie nun, die erste oder die zweite? Die erste würde nach Südosten deuten. Dort liegt im Krater der See, dahinter ein Wald, hinter diesem soll eine Hütte mit zwei Bettstellen stehen. Das ist das einzige Dach hier unten auf den zweihundertfünfzig Quadratkilometern Kraterboden. Dort könnte ich sicher schlafen, wenn ich die Tür aufbrechen kann. Aber ich bin noch nie dort gewesen, und es sind gute drei Stunden zu marschieren, schätze ich. In zwanzig Minuten ist es dunkel. In der Niederung am See gibt es viele Löwen, das weiß ich von unseren Tiefflügen.

Nein, danke. Ich bleibe lieber, wo ich bin, auf der kahlen, glatten Ebene, die hier im weiten Umkreis nur ganz kurzes, vertrocknetes Gras hat. Hier kommen keine Tiere zum Weiden her, also wohl auch keine Löwen, die ihnen nachstellen. Ich weiß ganz sicher, dass mir bis Sonnenaufgang nichts geschehen wird. Ich habe nicht gehört, dass hier im Ngorongoro-Krater jemals ein Löwe oder gar ein Leopard einen Menschen umgebracht hat.

Aber ich bin ebenso gewiss, dass ich in den nächsten zwölf Stunden Dunkelheit nicht viel schlafen werde. Das Filmstativ ist zwar glücklicherweise in einen alten, wattierten Schlafsack eingepackt. In ihn kann ich hineinkriechen. Doch ich weiß schon vorher: wenn irgendwo etwas knackt und knistert, werde ich mir einbilden, eine Hyäne komme näher, und wenn etwas funkelt, werde ich glauben, es seien die Augen eines Löwen. Wäre ich Raucher, dann hätte ich jetzt bestimmt Streichhölzer oder ein Feuerzeug bei mir. Aber was hilft es, ich ziehe die Beine des Filmstativs so lang aus, wie es nur geht, stelle es auf und hänge das Stück Zeltplane darüber. Wenn ich darunterliege, gibt es mir das Gefühl, einen gewissen Schutz zu haben. Ringsum lege ich Kisten, Blechgeschirr, Schraubenschlüssel, Handwerkszeug im Kreis. Kommt ein Tier schnüffelnd heran, wird es sich vielleicht an dem fremden Geruch stören, denke ich.

Ich würde einiges dafür geben, schon eine Nacht älter zu sein. Wie viele Nächte habe ich schon verschlafen, bin ins Kino gegangen, habe bis spät nachts am Schreibtisch gesessen. Aber wenn man kein Licht hat, bleibt als Beschäftigung nur Denken, Grübeln und Minutenzählen.

Ein Warzenschwein muss unbedingt noch im letzten Augenblick vor dem Kühler unseres Wagens quer über die Straße (oben). Wo Technik und Natur zusammenstoßen, wird die Natur vernichtet. Auf der Straße von Nairobi nach Mombassa rammte dieses Auto mit einer Geschwindigkeit von 110 km/h gegen das Nashorn. Dem Autofahrer geschah nichts (unten).

Der südliche Steilrand des Kraters ist viel näher als die Hütte, vielleicht eine knappe Stunde zu gehen. Auch dort scheinen am Fuß des grünen Steilhangs ein paar Bäume zu stehen. Darunter ist irgend etwas. Ich kann es auch mit dem Feldstecher nicht ausmachen. Sicherlich nur ein Busch, aber könnte es nicht auch eine Hütte sein? Ich habe noch genau fünfundzwanzig Minuten Licht, dann ist es ganz dunkel. Gehe ich jetzt auf diese Bäume zu und finde nicht wieder zurück, dann irre ich ganz allein im Dunkeln umher, womöglich noch in welligem Gelände oder zwischen hohem Gras, das Raubtieren Deckung bietet. Das Stativ und die Kisten bedeuten für mich bereits so etwas wie einen Stammplatz, eine Zuflucht in dieser Leere.

Ich darf keine Zeit verlieren, ich muss schnell handeln. Genau zwölf Minuten kann ich schnurstracks auf die ferne Baumgruppe zugehen. Dann muss ich mich entscheiden. Habe ich die Gewissheit, dass dort eine Hütte ist, kann ich sie vielleicht in den weiteren zwölf Minuten erreichen. Andernfalls muss ich sofort umkehren und komme dann gerade noch rechtzeitig hierher zurück. Ich wickle schnell ein paar Schraubenschlüssel aus einer alten Zeitung und klemme das Papierblatt oben auf den Stativkopf. Ich habe Sorge, dass ich das dünne Gestell aus den Augen verliere.

Dann gehe ich los, drehe mich aber immer wieder um und merke mir: auf diese Bergkuppe über dem nördlichen Kraterrand musst du auf dem Rückweg zugehen, um wieder auf deinen Standplatz zu stoßen.

Die Bäume sind viel weiter weg, als ich angenommen habe. Ich habe nur den alten Schlafsack unter dem Arm und meine Tasche mit den Fotoapparaten, ich marschiere im Geschwindschritt, genau nach der Uhr. Als die zwölf Minuten um sind,

See in einem der alten Krater des Hochlands der Riesenkrater, welches zur Serengeti-Landschaft gehört.

sehe ich wieder durch den Feldstecher. Die Bäume sind kaum näher gekommen, man unterschätzt die Entfernungen in dieser glasklaren Gebirgsluft. Ich möchte jetzt wetten, dass das Ding darunter nur ein Busch ist. Ehe ich umkehre, mustere ich noch einmal das Gelände um mich herum.

Dort links vor mir stehen zwei Gestalten: dünne, senkrechte Striche, sie können nur Menschen sein – oder Zebras, genau von vorn gesehen, die sehen genauso aus. Ich kämpfe mit mir selber und entscheide mich dann: es sollen Menschen sein, ich marschiere darauf zu.

Vor mir tut sich eine sandige Senke auf, die zwei oder drei Meter tief ist. Wie ich auf der anderen Seite wieder emporkomme, sind drei Striche zu sehen. Wären es Zebras, so würden sie doch nicht immer genau mit ihrer Vorderseite zu mir stehen, rede ich mir zu. Es dämmert immer mehr, ich gehe durch hüfthohes schilfiges Gras. Aber es ist trocken darunter, nicht sumpfig. Jetzt leuchtet vorn ein rotes Pünktchen – ein Feuer. Mir wird leichter. Das können nur Eingeborene sein, Massai. Also Menschen.

Es sind welche. Sechs Morans, junge Krieger, und zwei Jungen von elf Jahren. Sie haben eine Herde von sechshundert Schafen auf einem großen, kahlen Platz zusammengetrieben, der fußhoch mit vertrocknetem Schafmist bedeckt ist. Kein Zaun, kein Dornenverhau. Alle acht Massai sind eifrig dabei, die kleinen Lämmer aus der Herde aufzusammeln, sie stecken die Tierchen in kastenartige Knüppelverhaue mitten in der Herde. So werden sie wohl nachts gegen Raubtiere gesichert. Ein baumlanger Krieger kommt auf mich zu und schüttelt mir die Hand: »Jambo – Guten Tag.«

»Jambo«, wiederhole ich. Ich verstehe natürlich kein Wort, was der Mann auf mich einredet, aber ich kann es mir denken. So versuche ich ihm halb auf Suaheli, halb auf Englisch zu erklären, warum ich hier so allein in der Steppe bin. Endlich leuchtet Verständnis auf seinem Gesicht, er hat das Wort

»Ndegge« verstanden. Dann aber lässt er mich stehen, er muss weiter für seine Schafe sorgen.
Diese Massai kommen offensichtlich mit ihren Herden jede Nacht hierher. In der Mitte der großen Fläche aus trockenen Schafknöllchen ist eine Art Windschutz aus Knüppeln gebaut. Oben drüber sind ein paar Felle geworfen, die gegen Regen schützen sollen. Vor der Seite, die breit offen ist, brennt ein Feuer. Ich steige mit hohen Beinen wie ein Storch über ruhende Schafe; ich finde zwischen ihnen kaum ein Fleckchen, um einen Fuß aufzusetzen. Über ein Meer von warmen, kurzbehaarten Schaf- und Ziegenleibern komme ich bis an diesen Mittelpunkt aus Knüppeln. Mehr am Rand der Herde stehen noch zwei ähnliche kleine Unterkünfte.
Ich klettere über das Feuer hinweg und setze mich in die halb offene kleine Hütte. Sie ist mit Fellen und einer geflochtenen Matte ausgelegt. Die acht Massai kommen einer nach dem anderen und hocken sich außen um das Feuer herum. Sie fragen mich viel, aber ich kann nur immer mit den Schultern zucken. Wahrscheinlich wollen sie mir zu essen geben, denn in ihren Reden kommt ständig das Suaheli-Wort »Schukulla« vor, das »essen« bedeutet. Ich schüttele den Kopf, ich habe Angst vor den Genüssen der Massai-Küche. Vielleicht wollen sie mir frisches Blut zu trinken anbieten oder ähnliche Dinge. So zeige ich ihnen das Stück Brot, das ich in der Tasche habe, aber ich überzeuge sie damit nicht.
Auf einen Wink des größten der Krieger holen die beiden Jungen ein braunes, kurzhaariges Schaf. Es wird vor dem Feuer auf den Rücken gelegt, die Jungen und zwei andere Krieger halten die Beine fest, so dass es sich nicht rühren kann. Die Massai sehen mich fragend an. Was wollen sie? Soll ich etwa aus dem Euter des Mutterschafs Milch trinken? Der längste der Krieger nimmt seinen Spieß, setzt ihn mit der Spitze mitten auf die Brust des Schafs und schneidet in die Haut ein. Der Speer dringt immer tiefer. Eine grausige Art, ein Tier so lang-

sam abzustechen, denke ich, bemerke aber im gleichen Augenblick, dass gar kein Blut fließt. Die Massai haben das Schaf schon vorher erstickt.

Die Einzigen, welche in diesem Kreis wirklich arbeiten müssen, sind die beiden Jungen. Sie häuten das Tier ab, weiden es aus, streifen die Därme aus. Milz, Leber und Fleischstücke werden auf dünne Stöcke gefädelt. Ein Ende des Stocks bohren sie in die Erde, das andere mit dem Fleisch wird nahe an die Flammen gebogen. Der lange Moran, der mich begrüßt hat, zieht aus der Bauchhöhle das Netz, diese durchsichtige, von Fettsträngen durchsetzte Haut. Kein Zweifel, er fragt mich, ob das gut sei. Mir graust zwar bei dem Gedanken, dieses Zeug, sei es auch gebraten oder gekocht, essen zu müssen, aber ich bin feige und nicke »ja«. Die Krieger lachen, ich weiß nicht, womit ich mich blamiert habe.

Der Obermoran gibt mir das Stöckchen mit der halb gebratenen Leber. Ich nehme es in beide Hände, halte es quer vor den Mund und versuche, von der Leber abzubeißen. Sie schmeckt nicht einmal schlecht. Wieder lachen alle. Offensichtlich gehört es sich auch bei Massai nicht, einfach von einem Fleischbatzen abzubeißen. Einer von ihnen zieht irgendwo ein Messer raus und reicht es mir. Ich esse sehr langsam, denn ich kann mir schon denken, dass ich sofort ein neues Stück verordnet bekomme, wenn ich fertig bin.

Die Morans hängen einen großen Kessel über das Feuer und schneiden das Fleisch fast des ganzen Schafs in Stücken da hinein. Sie essen unglaubliche Mengen, aber sie haben heute gewiss auch härter gearbeitet als ich. Da ich mich weigere, das halb gebratene Schafsherz von einem zweiten Stöckchen zu essen, steckt es einer der Krieger zwischen die Knüppel in meinem Unterschlupf, gerade zu meinen Häupten. Das hilft dir nichts, ich werde es doch nicht essen, sage ich mir im Stillen.

Der lange Krieger legt sich neben mich, mit den Füßen zum Feuer und wickelt sich ganz in seine alte Wolldecke ein, die er

am Tage wie eine römische Toga über die Schulter geworfen trägt. Auch über Gesicht und Kopf zieht er sie. Ich krieche neben ihm in meinen Schlafsack und stecke die Fototasche unter meinen Kopf. Die anderen bleiben am Feuer sitzen. Einer der Jungen löst die Beine des Schafs aus den Gelenken und hält sie in die Flammen. Haare und Haut verkohlen. Es muss ein besonderer Leckerbissen sein, die Massai kauen mit Genuss darauf herum wie wir auf Bonbons und Süßigkeiten. Sie beginnen zu singen, immer eine Strophe mit ganz hohen Fistelstimmen, auf die jeweils zwei tiefe Basstöne folgen. Natürlich verstehe ich nicht, was sie singen, aber ich habe schon von ihren Spottversen gehört. Sie lachen zwischendurch, und mehrmals höre ich das Wort »Ndegge«. Wer den Schaden hat, braucht für den Spott nicht zu sorgen.
Der Krieger neben mir schnarcht unter seiner Decke. Zwei oder drei der Schafe schnarchen auch. Ich habe noch nie gewusst, dass Schafe auch schnarchen können. Ein junger Hund, den die Massai zunächst immer wieder weggejagt haben, schafft es endlich, sich in die Hütte zu schmuggeln, er legt sich an meine Beine. Gut so, das wärmt.
Ich schlafe von zehn Uhr bis viertel vor vier. Nun sehe ich noch zwei Stunden in die Sterne. Michael wird jetzt in Nairobi im New Stanley Hotel schlafen, nachdem er abends im schön gekachelten Bad gebadet hat. Ich möchte mit ihm nicht tauschen. Mein Sohn wird ärgerlich und wütend sein, weil das Flugzeug wieder für eine Weile ausfällt, aber die Hauptsache ist, dass ihm und den anderen nichts passiert ist. Wir müssen sowieso in den nächsten Tagen zurück nach Europa, und bis wir wiederkommen, ist die Maschine in Nairobi repariert. Gut, dass er sie noch bis in die Werkstatt geflogen hat.
Um halb sieben beginnt es hell zu werden. Ich steige über die schlafenden Schafe hinweg und will ein Stück in die Steppe hinausgehen, aber das macht die mageren Hunde rasend.
Ich muss bei der Herde bleiben, ein richtiger Hirtenhund kann

den Anblick eines einzelnen Schafes nicht ertragen, er bläfft und kneift es so lange in die Haxen, bis es wieder bei der großen Schar ist.
Zwei große Schildraben mit weißen Schulterkragen und hellen Spitzen an den starken, gebogenen Schnäbeln schreiten zwischen den Schafen umher. Ein Mutterschaf geht auf sie zu, aber sie weichen nur aus, bis das Schaf es endlich fertig bringt, sie hochzuscheuchen.
Als die Herden endlich ausgetrieben sind, kommt der Erste der Morans mit mir, um mir den Weg zum »Campi«, dem Lager hinter dem Wäldchen, zu zeigen. Er will nicht einsehen, warum ich erst in anderer Richtung gehe. Die Bergkuppe von gestern Abend dient mir als Leitpunkt, und so sind wir nach einer Dreiviertelstunde wirklich bei dem Dreifuß mit dem Koffer und dem Kasten darunter. Einer der Koffer ist rötlich, fleischfarben. Wie der Massai ihn von fern sieht, fasst er mich erschrocken an den Armen: »Kufa – tot?« fragt er. Ich kann ihn beruhigen.
Das Gepäck ist noch völlig unberührt. Natürlich möchte ich es hier liegen lassen. Im Laufe des Tages wird man schon oben vom Kraterrand aus ein Fahrzeug hinunterschicken, um mich zu holen. Aber der Massai duldet das nicht. Er sticht seinen Speer mit dem eisenbeschlagenen Rückende in die Erde, dreht sich um und geht mit fliegender Toga zurück. Er will Esel holen.
Über eine Stunde vergeht, ich werde allmählich unruhig. Doch er hat ja den Spieß als Pfand zurückgelassen. Was so ein Mann wohl denken mag? Er war ehrlich erschrocken, als er glaubte, es sei jemand tödlich verunglückt. Hauptmann Moritz Merker, der vor einem halben Jahrhundert die Sitten der Massai studiert hat, ließ sich von einem von ihnen viel über ihre Religion erzählen. Danach sollten sie mit erhobenen Händen dreimal

Oldonio L'Engai, den »Berg Gottes«, nennen die Massai diesen Vulkan in der Serengeti-Landschaft. Hin und wieder wird er noch tätig.

KEX
633

D-ENTE

am Tage in der Richtung zur Sonne beten, jeder Massai sollte einen Schutzengel haben, der ihn nach dem Tode ins Paradies bringt; in ein Paradies, wo man nur eine Frau besitzen darf und wohin auch die verachteten »Wilden«, die anderen Neger, kommen.

Zwar hat sich nie wieder jemand so eingehend mit den Massai beschäftigt wie Merker, aber alle, die hier in vergangenen Jahrzehnten gelebt und mit ihnen viel zu tun gehabt haben, glauben an diese dem Christentum ähnelnden Erzählungen nicht. Vielleicht hat der Gewährsmann Merkers damals doch mancherlei von Missionen gehört. Die Massai kennen jedenfalls die vielen bösen Geister und Götter nicht, denen, wie die übrigen Negerstämme glauben, der höchste Gott über den Wolken Gewalt über uns kleine Menschen gegeben hat. Die stolzen Steppenkrieger kennen nur einen Gott, der sich aber kaum um das Schicksal von uns Menschen kümmert. Der einzige Vulkan hier in der Gegend, der noch hin und wieder tätig ist, heißt bei den Massai Oldonio L'Engai, der Berg Gottes. An ein Fortleben nach dem Tode, das die meisten Menschen so sehr tröstet und mit ihrem Schicksal versöhnt, glauben die Massai nicht. So sagen sie uns.

Der District Officer, der sich in diesem Bezirk um die Massai kümmert, hat vor ein paar Wochen einen jungen Krieger gefunden, den ein Kaffernbüffel schrecklich zugerichtet hatte – Glieder gebrochen, Bauchdecke aufgerissen, schwere Fleischwunden. Er lud den Mann auf seinen schlecht gefederten kleinen Lastwagen und fuhr ihn zum Hospital von Aruscha. Das Schüttern des Wagens musste den Schwerverletzten stark schmerzen; der Engländer sah, wie sich die Jugendlichen, ebenholzfarbigen

So wenig kümmern sich die Gnus im Ngorongoro-Krater um unseren Geländewagen (oben). Michael sammelt gemeinsam mit einem schwarzen Botaniker überall die Gräser, die von den großen Herden abgeweidet werden (unten).

Gesichtszüge verkrampften. Aber kein Ton kam über die Lippen des jungen Kriegers, kein Stöhnen. Er starb, kurz nachdem er im Hospital abgeliefert war. Tapfere Menschen.

Wenn ein Massai in seiner Hütte am Sterben ist, suchen seine Verwandten ihm noch zu Lebzeiten die Armringe, den Ohrschmuck, die Halsbänder unbemerkt abzunehmen. Stirbt er damit, so kann sie nie wieder jemand tragen. Sonst aber bekommt jede Frau, jedes Kind und jeder gute Freund ein Andenken an den Toten. Für Kinder und für Gäste, die in einer Boma krank werden und dem Ende nahe sind, baut man lieber außerhalb eine Hütte und pflegt sie dort bis zum Tode. Sterben sie nämlich in der Boma, so müssen alle Hütten abgebrannt werden, die ganze große Familie muss weiterziehen und eine neue Boma bauen. Die Verwandten des fremden Toten hätten das zu bezahlen, und das will man ihnen ersparen.

Sobald ein Massai gestorben ist, schlachten seine Brüder und Frauen draußen im Gelände einen Ochsen, möglichst unter einem Baum. Er wird aufgegessen, aber Knochen und Blut bleiben an diesem Platz. Mit dem Fett des Tieres salben sie den Toten ein und legen ihn in den Schatten mit dem Gesicht nach Osten auf die Seite, die Beine angezogen, die linke Hand unter die Wange, die rechte, in die ein Büschel Gras gelegt wird, vor die Brust. Sie binden ihm auch neue Sandalen an die Füße. Gras in der Hand ist bei den Massai ein Zeichen friedlicher Absichten, und die Sandalen sollen doch wohl für einen langen Weg dienen. Vielleicht glauben sie doch an eine Reise ins Jenseits.

Auf jeden Fall ist der Tote schon in der ersten Nacht von den Hyänen und den Schakalen verzehrt. Rühren sie ihn nicht an, dann gilt das als schlechtes Zeichen. Große Medizinmänner und Häuptlinge werden manchmal in der Erde begraben. Jeder, der vorbeigeht, legt einen Stein auf ihr Grab, so dass schließlich große Hügel entstehen.

Alle Familienangehörigen des Toten scheren sich den Kopf. Nie wieder wird sein Name genannt. Trug der Tote einen Namen, der auch sonst im täglichen Sprachgebrauch vorkommt, zum Beispiel »Ol-Onana«, der Edle, dann gebraucht seine Familie das Wort »edel« nie wieder, sie setzt ein anderes dafür ein, zum Beispiel »Polpol«, was eigentlich »weich« heißt.

Der Krieger, dessen Speer hier neben mir steckt, kommt mit zwei anderen von fern über die Ebene zurück. Sie treiben drei Esel vor sich her, und es dauert noch eine Viertelstunde, bis sie wirklich da sind. Die Esel gehören den Frauen; diese Tiere brauchen nur alle halben Jahre etwas zu tun, wenn eine Familie ihre Boma abbricht und weiterzieht.

Wir legen den Tieren die großen Tragtaschen aus ungegerbten Häuten auf. Sie sind so hart, dass wir für mein Gepäck zu zweien und dreien die Taschen auf beiden Seiten aufbiegen müssen. Tief schnüren sich die Lederriemen in das Fleisch an den Stellen, die schon von früher Narben tragen. Einem der Esel hat man einen Ring durch die Nase gezogen.

Wir marschieren geradewegs durch die ganze Länge der Kraterebene auf den fernen Wald zu. Einmal zähle ich siebzehn Hyänen, die sich im engen Umkreis versammelt haben, ohne dass ein Kadaver herumliegt. Löwen, die in der Nähe des Sees im schilfartigen Gras sitzen, werden von den Massai mit Zurufen vertrieben. Sie haben unverkennbar Angst vor den Kriegern, selbst die Esel können sie neben den schlanken Massai nicht reizen. Meine Begleiter fassen mich am Arm und zeigen auf Staubwolken in der Ferne. Es sind zwei Autos, die ein paar Kilometer entfernt umherfahren. Sie kommen nicht näher, obwohl sie doch sicherlich nach mir suchen. Später höre ich, dass sie mich aus der Ferne für einen Massai gehalten haben.

So marschieren wir mit unseren Eseln weiter, drei Stunden. Die Sonne brennt mir auf den Kopf, ich habe ja nicht mehr so einen Haarschopf wie Michael. Wie ich eine Sumpfstelle über-

springen will, lande ich zu kurz und gerate mit meinen Turnschuhen bis über die Knöchel in grauweißen, zähen Salzschlamm.
Endlich kommt einer der Wagen heran. Man bietet uns zu essen an, das wollen wir nicht, aber ich trinke fast zwei Liter Wasser, und meine Massai auch. Ich steige mit dem Oberkrieger ein und fahre voran, die anderen sollen mit den Eseln nachkommen. Ein Herr bietet uns Zigaretten an. Ich lehne ab, doch der Massai greift mit voller Hand hinein, nimmt sechs oder acht Stück heraus – und steckt sie mir nachher heimlich zu. Er fühlt sich schon als eine Art Bundesgenosse von mir. Ich rede ihm zu, doch einmal eine zu probieren, aber er weiß offensichtlich nicht, wie man das eigentlich macht. Während er die Zigarette an dem einen Ende mit dem Streichholz anzünden will, vergisst er, das andere in den Mund zu stecken und zu ziehen.
Mir fällt ein, dass Massai-Krieger ja gar nicht rauchen dürfen, das tun sie erst, wenn sie »Ältere« geworden sind ...
Der Massai interessiert sich ebenso für die Europäer in diesem Geländewagen wie sie für ihn. Vor ihm sitzt eine alte Dame, er nimmt interessiert eine graue Haarsträhne von ihr zwischen zwei Finger und reibt sie. Nachher macht er das mit den blonden Haaren eines Kindes. Auch die Haare auf meinem Ober- und Unterarm beschäftigen ihn, er zieht daran und fährt mit seinen fünf Fingern wie mit einem Kamm hindurch. Seine schöne schwarze Haut ist ganz glatt, ohne solche Körperhaare.
Nun erfahre ich auch, was inzwischen mit den anderen geschehen ist. Beim Starten ist die Maschine durchgesackt und mit einem Rad gegen eine Erderhöhung gestoßen. Es gab bloß

Zebras benutzen einen Felsblock, um ihr Fell zu schubbern.
Das eine knabbert dem anderen dabei freundschaftlich an der Mähne.
Nächste Seite: Wer wird den Schwanz des flüchtenden Zebras als Erster packen? Michael sitzt hinten.

einen kurzen Ruck, aber das rechte Bein brach glatt ab und blieb nach hinten gebogen nur mit der Blechverkleidung am Rumpf hängen.

Michael merkte es eigentlich erst daran, dass eine Tür aufsprang und er sie mit Gewalt zuhalten musste. Auf einmal konnte er durch ein Riesenloch im Fußboden neben seinem Bein in die Tiefe sehen. Der Wind rauschte herein.

Gleichzeitig stieg die Maschine steil in die Höhe und verlor stark an Fahrt. Wenn er sie nicht schnell wieder auf Geschwindigkeit bringen konnte, musste sie im nächsten Augenblick hinunterstürzen. Seitenruder und Höhenruder bewegten sich nicht mehr. Michael arbeitete fieberhaft.

In solchen Augenblicken hat man keine Angst, man ist viel zu beschäftigt. Nur die drei Mitfliegenden hinten, die nichts tun konnten, sahen wirklich den Tod auf sich zukommen. Aber ehe sie überhaupt richtig merkten, dass etwas sehr Bedrohliches geschehen war, war der kritische Punkt vorüber, wenigstens für den Augenblick.

Es war Michael gelungen, die »Ente« mit Trimmung und Landeklappen wieder ins Gleichgewicht und in stärkere Fahrt zu bringen. Der Schweiß stand ihm auf der Stirn, aber nun konnte er einen Augenblick aufatmen und überlegen.

Auf einem Bein zu landen ist eine Sache, die auf Leben und Tod geht. Hier draußen in der Serengeti gab es keine Hilfe. Geriet die Maschine beim Landen in Brand, dann konnte niemand zu löschen versuchen. Auch für Verletzte gab es keinen Arzt und kein Krankenhaus. Selbst wenn sie unverletzt blieben, würde eine Reparatur des Flugzeugs hier in der Wildnis wieder Wochen, vielleicht Monate dauern, vielleicht musste

Die Thomson-Gazellen und die Zebras bilden zusammen mit den Gnus die Hauptmasse der Steppentiere (oben). Dieses Zebra wird mit dem federleichten, bequemen Halsband wieder freigelassen. Die anderen Tiere in der Herde stören sich nicht an diesem Schmuck (unten).

man es sogar in Teile zerlegen und wegtransportieren. Das Flugzeug war voll getankt, es hing noch sicher in der Luft, wenn es auch erheblich langsamer vorwärts kam.
Michael entschloss sich, nach Nairobi zu fliegen. Zuvor flog er tief über mich hinweg und warf einen Zettel ab. Sein Vater aber lag halb schlafend in der Sonne und machte kaum die Augen auf, er sah nicht einmal, dass die Maschine nur noch ein Bein hatte. In solchen Augenblicken können Söhne ihren eigenen Vätern fluchen.
Die Maschine brauchte viel Benzin, aber als sie über dem Wilson-Flughafen ankam, waren die Tanks immer noch halb voll. Michael hatte Sorge, dass sich der Brennstoff beim Aufprallen entzünden würde. Da er ihn nicht ablassen konnte, umkreiste er eine halbe Stunde lang den Flughafen, um es zu verbrauchen. Drei Monate vorher war nämlich ein Pilot, der Farmen von der Luft aus gegen Heuschrecken mit Insektenbekämpfungsmitteln bestäubte, nach dem Start dicht neben dem Flughafen abgestürzt, sein Flugzeug war in Brand geraten und er dabei umgekommen.
Michael sah sich um. Die Gesichter der drei anderen waren recht ernst und blass. Unten auf der Erde spielten die Leute Tennis, auf einem Teich fuhren einige in Booten und übten Wasserski. Wie schön es sein muss, fest mit den Beinen auf der Erde zu stehen und nicht diese Landung auf einem Rad noch vor sich zu haben! Hermann entsann sich der großen Batterie für die Filmkamera. Sie war voll Schwefelsäure und konnte beim Aufprallen die Insassen unter Umständen schwer verätzen. Also warf er sie ab.
Es war eine lange halbe Stunde, immer im Kreis um den Flugplatz herum. Michael hatte schon beim Anflug durch Radio gemeldet, was ihm passiert war. So standen unten Krankenwagen, zwei rote Feuerlöschfahrzeuge, Pressevertreter – das ganze Flugfeld war umsäumt.
Endlich war das Benzin zu Ende. Michael glitt nach unten,

schwebte über der Asphaltbahn aus, neigte die Maschine etwas auf die rechte Seite, an der das unversehrte Rad war, und rollte auf ihm eine ganze Weile lang, bis die Last des Flugzeugs immer mehr auf diesem ruhte. Erst zum Schluss, als sie kaum noch Fahrt hatte, drehte sich die Maschine einmal um sich selbst und kippte um. Das gebrochene Bein riss ganz ab.

Es war eine richtige Kunstlandung.

Weder das zweite Bein abgebrochen noch der Flügel beschädigt. Schon aber sausten die Feuerwehrwagen heran und setzten die ganze »Ente« unter Schaum, mochte Michael auch dagegen protestieren.

Erst hinterher merkten die vier, dass dieses Erlebnis ihnen in den Knochen steckte. Sie waren nicht im Stande, sich mit den Presseleuten zu unterhalten.

»Wir sind doch auf unseren Runden um den Flughafen immer über einen Friedhof gekommen«, fragte Michael die drei anderen, »habt ihr gesehen, dass dort gerade vier frische Gräber ausgehoben waren?«

Jeder von den vieren hatte es für sich vermerkt, aber keiner hatte zu den anderen darüber gesprochen, während sie noch in der Luft waren.

So war alles noch einmal glimpflich abgegangen, in der Luft und im Krater.

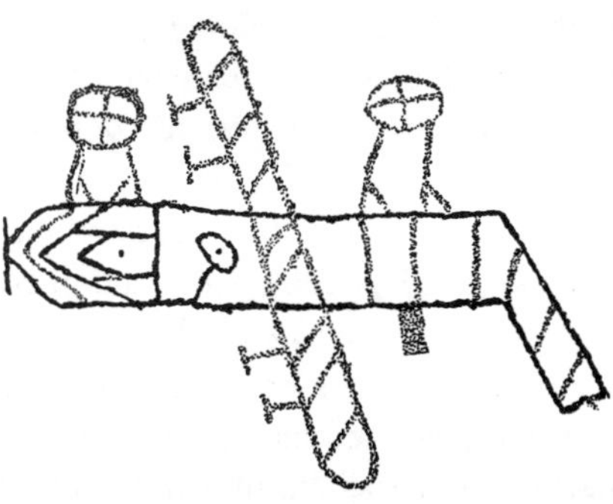

So fanden wir uns und unser Flugzeug an der Wand einer Eingeborenenhütte in der Nähe der Serengeti abgebildet.

Die großen Herden wandern

Ein Mensch, der die Natur nicht liebt,
ist mir eine Enttäuschung, fast misstraue ich ihm.
Otto von Bismarck

Wir sind mit Antilopen um die Wette gelaufen und haben mit Nashörnern gespielt, wir haben in diesem Buch brummende Strauße vorgeführt und verliebte Zebras, aber eines der wichtigsten Tiere in der Serengeti hätten wir fast vergessen. Obwohl sein Name wohlbekannt und gefürchtet ist, kann man in kaum einem Afrika-Buch etwas Näheres darüber lesen. Dabei ist dieses Tier der einzige wirksame Freund, den die Elefanten und Zebras noch haben, wenn der Mensch ihnen die Heimat streitig macht.

Ich meine die Tsetsefliege.

Die Schlafkrankheit und die Nagana werden von ihr übertragen. Der »Korridor«, der westliche Teil unseres Serengeti-Nationalparks, in dem unsere Riesenherden die Trockenzeit überstehen, ist tsetseverseucht. Sonst wären dort längst Dörfer und weiße Farmen oder die Massai zögen mit ihren Riesenherden von Hausrindern hinein.

»Du hast eine Elefantenhaut«, behauptet Michael von mir. Denn wenn ich mit bloßem Oberkörper während der Fahrt vorn auf dem Kühler des Autos hocke, sitzen manchmal zehn oder fünfzehn Blut saugende Tsetsefliegen auf meinem Rücken, die er vom Innern des Wagens aus wohl sehen, aber nicht erreichen kann. Ich selber spüre gar nichts davon und bekomme auch keine Quaddeln, denn ich bin längst daran gewöhnt.

Fahren wir durch einen Buschwald oder durch eine Flusssenke, dann ist oft schlagartig der ganze Geländewagen innen voller Tsetsefliegen. Sie scheinen ihre Opfer keineswegs überwiegend nach dem Geruch zu finden, ich glaube, sie fliegen nach allem

Größeren, das sich in der Landschaft bewegt. Deswegen sind auch Autos so verlockend für sie. Einmal umschwärmten uns ganze Wolken von ihnen, sicher hundertfünfzig oder mehr. Sie flogen in Scharen hinter unserem Wagen her. Als ich ausstieg und zu Fuß etwa zwanzig Meter hinterher ging, beachtete mich keine von ihnen; der Wagen war wohl größer und verlockender. Sogar die Räder, die sich bewegen, fallen sie manchmal an.

Eine Tsetsefliege ist nicht größer als unsere europäischen stechenden Fliegen. Auch die Moskitos haben ja dieselbe Größe wie unsere Mücken. Tsetsefliegen gibt es nur in Afrika, und zwar in zwanzig verschiedenen Arten, sonst nirgends in der Welt. Man kann eine Tsetsefliege leicht von allen anderen unterscheiden. Gewöhnliche Fliegen, auch unsere Stubenfliegen in Europa, legen ihre Flügel beim Sitzen und Laufen so auf den Rücken, dass sie schräg nach außen zeigen, also leicht gefächert sind. Die Tsetsefliege faltet die beiden Flügel übereinander, sie gehen nach hinten zusammen wie die Schneideblätter einer Schere. So kann man sie einfach gar nicht mit anderen Fliegen verwechseln.

Nimmt man sich eine Lupe – oder hat man noch sehr gute Augen –, dann kann man auch das Kriegsbeil entdecken, das jede Tsetsefliege auf ihrem Flügel abgemalt trägt. Die Adern sind nämlich so angeordnet, dass mitten im Flügel ein kleines Beil mit der Schneide nach dem vorderen Rand zu zeigen scheint.

Außerdem haben die Tsetse noch federartige Haare auf ihren Fühlern – aber das geht schon zu sehr ins Einzelne. Sie sind jedenfalls echte Afrikaner und fühlen sich anderswo nicht wohl. Vor zwanzig Millionen Jahren haben auch welche in Amerika gelebt, aber wenn heute einige im Flugzeug bis nach Brasilien verschleppt werden, so siedeln sie sich dort nicht an, jedenfalls bisher nicht.

Ist wieder so ein Schwung von diesen summenden Blutsaugern im Wagen, dann geht die Jagd los. Auch sie muss gelernt sein.

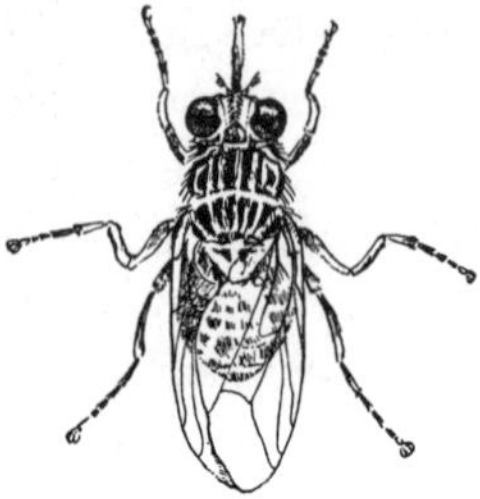

Tsetsefliege

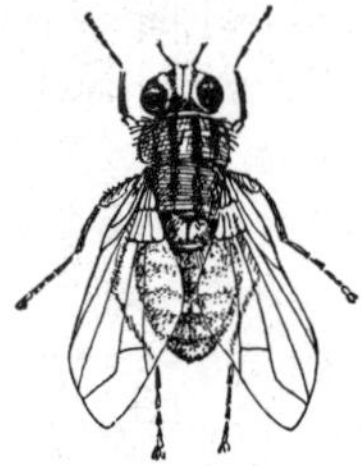

Stubenfliege

Das Beil im Flügel der Tsetse

Denn die Tsetse fliegen sehr schnell und zielbewusst, und außerdem sind sie nicht leicht totzuschlagen. Schlägt man auf sie drauf etwa wie auf eine Stubenfliege, so fallen sie vielleicht mit umgeknickten Flügeln und Beinen auf die Erde, aber kurz danach rappeln sie sich wieder auf und stechen frech von neuem. Deswegen muss man Tsetsefliegen richtig fangen und zwischen zwei Fingern zerdrücken, dass es knackt. Unser Chauffeur Mgabo behauptete sogar, man muss ihnen den Kopf abreißen, damit sie wirklich hin sind.

Tsetse sind nicht nur viel blutgieriger als Löwen und Hyänenhunde, sondern auch viel erfolgreicher. Die großen Wildtiere müssen überall sofort weichen, wenn der Mensch ihre Heimat beansprucht; es ist weder schwer noch gefährlich, Elefanten, Kaffernbüffel und Antilopenherden auszurotten. Die Tsetsefliege jedoch räumt nicht so leicht das Feld. Wo man sie wirklich vernichten will, da braucht man dazu kluge Überlegung und viel Geld.

Bei Mücken und vielen anderen Fliegen saugen nur die Weibchen Blut, die Männchen nähren sich von Pflanzensäften und anderen unschuldigen Dingen. Bei den Tsetse aber trinken

Die Tsetsefliege legt keine Eier, sondern sie gebärt lebendige Larven, die sich bald hinterher verpuppen (oben). Eine junge Tsetsefliege kriecht aus der Puppe (unten).

Mann und Frau Blut, man hat noch nie beobachtet, dass sie irgendetwas anderes zu sich nehmen. Kleine Schneidezähne an der Spitze des Rüssels bohren sich schnell durch die Haut und dann weiter innen hin und her, bis ein kleines Blutgefäß getroffen ist. Das gibt eine winzige Blutansammlung unter der Haut, wohinein die Fliege Speichel spritzt, damit das Blut nicht gerinnt. Hat sie erst einmal zu saugen angefangen, wird ihr magerer Bauch schnell prall und rot.

Sie haben sicher noch nicht gehört, dass eine Fliege schwanger sein kann. Gewöhnliche Fliegen, überhaupt Insekten, legen große Mengen von Eiern, aus denen viele Junge ausschlüpfen. Die meisten davon gehen zu Grunde. Die Tsetse machen das ganz anders. Ein Männchen und ein Weibchen paaren sich eine, manchmal bis fünf Stunden lang. Dann aber ist das Weibchen für den Rest seines Lebens befruchtet. Selbst wenn es danach in eine Gegend gerät, wo sonst keine Tsetsefliege vorkommt, legt es noch zweihundert Tage lang ständig befruchtete Eier, denn so lange lebt eine Tsetsefliege. Das heißt, sie legt eigentlich keine Eier.

Das Tsetseweibchen brütet das einzige Ei, das in ihm entsteht, im Körper selbst aus und ernährt es da aus besonderen Drüsen, so wie Säugetiere und Menschen das heranwachsende Junge in der Gebärmutter ernähren. Im Leib der Mutter schlüpft also das Junge aus seinem Ei und häutet sich dort nacheinander dreimal, wie andere Insektenlarven das außerhalb der Mutter tun. Geboren wird eine einzige, fast einen Zentimeter lange weißliche Made.

Die Mutter kann schon in den letzten Tagen vor der Geburt kein Blut mehr saugen, weil einfach kein Platz mehr dafür in ihr ist. Sie leistet sich selbst mit ihren Fliegenbeinen Geburtshilfe. Das Tsetsefliegenkind gräbt sich in den schattigen, lockeren Boden, den sich die Mutter als Wochenstube ausgesucht

Die Löwen der Serengeti haben vor Autos und Flugzeugen keinerlei Furcht.

hat, in einer halben Stunde ein. Im Boden erstarrt seine Oberfläche, es wird das braune Puppentönnchen daraus, in dem sich während der nächsten fünfunddreißig Tage die weiße Made zur Fliege entwickelt. Diese drückt mit ihrem Kopf ein Deckelchen an einem Ende ihres braunen Puppenbehälters auf; sie hat dazu eine richtige Blase auf dem Vorderkopf. Sobald sie draußen ist, geht die Blase zurück, wahrscheinlich, weil die Luft darin in die zerknüllten Flügel strömt und sie sich entfalten lässt. Die Fliegenmutter kann jeden Monat zwei bis drei Kinder gebären.

Niemand würde sich über die Tsetsefliegen viel Gedanken machen, übertrügen nicht neun Arten von ihnen gefährliche Krankheitserreger auf Menschen und Tiere. Ihr pfeilschneller Flug mit dem Summton hat schon für viele Menschen den Tod bedeutet. Ende des vorigen Jahrhunderts, als man immer mehr in Afrika herumreiste, wurde auch die Tsetse in neue Landstriche verschleppt. Mit ihrem Stich geraten Geißeltierchen in die Wunde, die nur den zwanzigsten Teil eines Millimeters lang sind. Sie rufen die Schlafkrankheit hervor. Wer von ihr befallen wird, spürt erst Schmerzen im Nacken, dann bekommt er Fieber, die Drüsen am Hals schwellen an. Schließlich wird er geistig gestört, magert immer mehr ab und geht dann in ständigem Dahindämmern zu Grunde. Weite Gegenden Afrikas sind so entvölkert worden. Heute spielt die Schlafkrankheit in Afrika kaum noch eine Rolle, es gibt nur vereinzelte Fälle. Mit modernen Medikamenten kann man die erkrankten Menschen wieder heilen.

Die Tsetse übertragen aber auch andere Geißeltierchen, die in Giraffen, Antilopen, Büffeln, Warzenschweinen, Hyänen und wohl überhaupt in den meisten wilden Tieren Afrikas leben. Diese wilden Tiere sind daran gewöhnt, nur selten geht eins an diesen Trypanosomen zu Grunde. Dagegen sterben alle europäischen Haustiere, Rinder, Pferde, Schweine und Schafe, sehr rasch an dieser Nagana-Seuche. So kann man in Gegenden, die

von Tsetsefliegen besiedelt sind, keine Viehzucht betreiben und auch keinen richtigen Ackerbau, weil der Dünger fehlt.
Diese Zusammenhänge haben einen Herrn J. K. Chorley zu einer fürchterlichen Maßnahme getrieben, die seinen Namen wohl ebenso unheilbeladen in die Geschichte wird eingehen lassen wie den des Griechen Herostratos, der den herrlichen Artemis-Tempel in Ephesos absichtlich niederbrannte, um sich unsterblich zu machen. Mr. Chorley war bis vor kurzem für die Bekämpfung der Trypanosomen-Krankheiten bei Mensch und Tier in Südrhodesien verantwortlich, das im Bogen des Sambesi-Flusses liegt. Er sagte sich, dass es zu umständlich und zu teuer sei, die Tsetsefliege mit den Mitteln auszurotten, die man in weiten anderen Teilen Afrikas mit Erfolg angewandt hat. Stattdessen verfiel Mr. Chorley auf eine ebenso radikale wie teuflische Lösung.
»Wenn alle wilden Tiere ausgerottet sind, muss auch die Tsetsefliege aussterben, denn sie findet nichts mehr, wo sie Blut saugen kann«, so sagte er sich. Also verteilte er Schießgewehre an Schwarze, setzte Prämien für jedes erlegte Tier aus und ließ sie planmäßig das Land kahl schießen.
Seit 1932 sind so 550 594 Steppentiere totgeschossen worden, nicht eingeschlossen die vielen, die von den ungeübten Jägern nur angeschossen und verstümmelt wurden und irgendwo verkamen. Im letzten Jahresbericht, der mir zur Verfügung steht, wird stolz mitgeteilt, dass es gelang, 36 552 Tiere zu töten, mehr als in jedem vorhergehenden Jahr. Es waren diesmal 3219 Paviane, 61 wilde Hunde, 35 Hyänen, 19 Leoparden, 4 Löwen, 55 Elefanten, 8 Nashörner, 313 Zebras, 950 Buschschweine, 4503 Warzenschweine, 377 Kaffernbüffel, 50 Gnus, 301 Wasserböcke, 777 Riedböcke, 1351 Rappen-Antilopen, 306 Pferde-Antilopen, 291 Elen-Antilopen, 4937 Kudus, 5 der seltenen Nyalas, 1788 Buschböcke, 2259 Impalas, 12 566 Dukker, 1037 Klippspringer, 134 Oribis, 1206 Oryx-Antilopen. Und das alles in einem Jahr!

Mr. Chorley konnte noch stolz berichten, dass man für ein Tier nur durchschnittlich 2,6 Patronen gebraucht hat.
Wohl fand diese grausige Massenschlächterei in einer sehr entlegenen Gegend der Welt statt. Aber wo sie bekannt wurde, rief sie Abscheu und Entsetzen hervor, auch im eigenen Land. Sicher muss man für die wachsende Menschheit immer mehr Land freimachen, auch wenn vieles davon, besonders in den Tropen, ungeeignet ist und, wie wir ständig sehen, durch die menschliche Besiedlung sehr rasch in Wüsten verwandelt wird. Aber wenn ein Wissenschaftler oder ein Regierungsbeamter sich so abschreckender Mittel bedient, dann hat er die Pflicht, vorher genau durch Versuche zu klären, ob diese Mittel auch zum Erfolg führen und ob es nicht andere, weniger schlimme gibt. Das hat Herr J.K. Chorley aus »Geldmangel« nicht getan.
Er hat nicht klären lassen, ob nicht die Tsetsefliegen, wenn die großen Tiere ausgerottet sind, auch vom Blut kleiner Nagetiere und von Hasen, Schakalen, Füchsen leben können, die man nie ganz vernichten kann. Das ganze Gebiet grenzt in breiter Front an die portugiesische Kolonie Mosambik an. Wenn es leer geschossen und die Tsetse wirklich ausgestorben ist, soll es mit Hausrindern bestockt werden. Diese können ja schließlich nicht alle abgeschossen werden, sobald sie von Tsetsefliegen verseucht werden, die von der Grenze aus wieder vordringen. In der Südafrikanischen Union hat man die Tsetse im Zululand mit Erfolg ganz ausgerottet, indem man Insektenmittel vom Flugzeug aus verstäubte. Es gibt in der Union eine ausgezeichnete und berühmte Tierärztliche Hochschule und eine sehr gute Veterinärverwaltung. Auf Rat ihres Leiters probierte man die im Zululand angewandte Methode mit kleinen Flugzeugen auch in Rhodesien aus. Aber die Piloten bekamen Streit mit den sehr jungen rhodesischen Bekämpfungsbeamten, man versuchte es nicht in der richtigen Jahreszeit, und so gab Herr Chorley diesen aussichtsreichen Weg wieder auf und ließ wei-

ter Zehntausende von Kadavern von schönen und in der ganzen Welt bewunderten Tieren zum Himmel stinken.
Die schwarzen Jäger, die Kopfprämien bekommen, legen natürlich keinen Wert darauf, tagelang den letzten übrig gebliebenen Tieren nachzupirschen, um wirklich alles Leben in der Gegend zu vernichten. Sie laufen auch nicht stundenlang einzelnen verwundeten Tieren nach, um sie von ihren Qualen zu erlösen. Bei ihnen muss es die Menge bringen. Lieber schießen sie dort hinein, wo noch viele Tiere beisammen sind. Verwundete Elefanten sind auf diese Weise weit in Gebiete geflohen, die bisher noch unverseucht waren, und haben die Tsetsefliegen dort eingeschleppt.
So scheußliche Szenen spielten sich ab, dass der Abscheu gegen diese Massenschlächterei immer mehr anstieg. Die Regierung von Südrhodesien setzte eine Kommission ein, die eine öffentliche Verhandlung darüber abhielt und viele Zeugen vernahm. Sie hat fair und demokratisch deren Aussagen in einem amtlichen Buch veröffentlicht. Darin ist zu lesen, dass das Tsetsebekämpfungskomitee, das die Massenschießerei leitet, vor allem beantragt hat – einen anderen Namen zu erhalten, »weil der bisherige ein übles Ansehen in der Öffentlichkeit hat«. Inzwischen hat Herr Chorley einen Nachfolger bekommen, der sich ehrlich bemühen soll, bessere Wege im Kampf gegen die Tsetse zu finden*.
Hier in Banagi sind mir die Tsetsefliegen entschieden lieber als die Mücken. Die Tsetse lassen uns wenigstens nachts in Ruhe, die Mücken aber fliegen Dunkelangriffe. Eine Mücke unter

* Wie wenig sachlich begründet die jahrzehntelange Chorley'sche Massenschlächterei war, zeigen neue Untersuchungen von Dr. Weitz und Dr. Glasgow über die Herkunft des von Tsetsefliegen in Ostafrika gesaugten Blutes. Danach waren Warzenschweine und Buschschweine die Lieferanten von bis zu 88 % der Blutproben, Kaffernbüffel 5%; Hausrinder, Schafe und Ziegen wurden regelmäßig angezapft, Pferde-Antilopen, Kudus und Buschböcke lieferten zusammen etwa 15 % des Blutes, während die Tsetsefliegen Kuh-Antilopen, Topis, Zebras, Gnus – die zahlreichsten Steppencharaktertiere – gar nicht und Elen-Antilopen, Ducker, Wasserböcke, Impalas, Paviane, Affen, Hunde, Katzen, Hyänen und Vögel selten gestochen hatten. (Oryx, London, Bd. 5, S. 20, 1959.)

dem Moskitonetz kann mich stundenlang wach halten, weil sie ihre Anflüge auch noch mit hellem Kampfgesumm begleitet. Außerdem beherbergt jede dritte Mücke Malariakeime. Lässt man Versuchstiere von solch einer ansteckenden Mücke stechen, dann werden 95 % krank. Aber nur jede zwanzigste Tsetsefliege ist von der Schlafkrankheit bewohnt, und sie steckt nur 10 % der Tiere an, die sie sticht.

Seit Tagen brennt die Steppe. Das ist nicht so wild und gefährlich, wie man es in Filmen sieht. Es jagen keine Wildherden in kopfloser Flucht davon, denn das Feuer geht langsam voran, man kann ihm ausweichen. Wo das Gras niedrig ist, kann man die Flammen sogar austreten, einen Meter breit, zwei Meter breit, meinetwegen auch acht. Doch die flackernde Front ist viel breiter, man kommt niemals an ein Ende.

Wo man sie gelöscht hat, lodert es aus irgendeinem Grasbüschel später im Wind wieder empor. Ich kann auch nicht finden, dass die Tiere eine angeborene Furcht vor dem Feuer hätten, wie so oft in Büchern behauptet wird. Löwen gehen dicht heran, sie legen sich in die noch warme Asche. Als wir eines Abends in Banagi ein großes Feuer im Freien anzündeten und uns in Liegestühlen daran wärmten, gingen in sechs Meter Abstand Löwen daran vorbei, ohne uns und das Feuer viel zu beachten.

Schlimm ist der Steppenbrand für Kleingetier, für Insekten und auch für die Schildkröten. Stets sind viele Vögel an der Feuerfront, um die wegspringenden Insekten abzufangen oder die versengten aufzulesen.

In der Nacht könnte sich vielleicht der Wind drehen und das Feuer bis an unser Flugzeug kommen. Deswegen zünden wir das Gras ringsherum vorsorglich an, damit ein fremdes Feuer keine Nahrung mehr findet. Aber der Dornenverhau, mit dem wir den Platz des Flugzeugs gegen Hyänen und Löwen schützen, fängt Flammen, und auf einmal lodern die trockenen Zweige zwei, drei Meter hoch. Schleunigst ziehen wir die Pfos-

ten vor dem Eingang zu dem Dornenverhau aus der Erde und tragen sie mit dem Stacheldraht dazwischen beiseite. Michael springt in die Maschine, lässt den Motor anspringen und rollt hinaus. Unsere Dornenburg brennt ab. Wir müssen die »Ente« wohl oder übel auf der kahlen Rollbahn im Freien stehen lassen. Wie wir ein paar Stunden später zurückkommen, liegt unter einer Tragfläche eine Löwin, die den Schatten genießt. Am nächsten Morgen sind die Stricke, mit denen das Flugzeug am Boden verankert ist, von Hyänen zerkaut. An den Pneus der Räder haben sie sich aber zum Glück nicht versucht.
Gegen Abend steigt das Feuer den Banagi-Hügel hinan. Ein rot leuchtendes Band zieht sich in voller Breite während der schwarzen Nacht an ihm empor. Abgestorbene Baumstämme lodern wie Fackeln auf und glühen dann noch stundenlang weiter. Wir stehen vor der Tür unserer Blechhütte und genießen dieses Schauspiel, das die Serengeti nur einmal im Jahr bietet. Wenn ein stärkerer Windstoß kommt, leuchten die glühenden Baumstämme heller auf. Sie sehen aus wie Lichtreklamen, bizarre Werbezeichen.
Eine traurige Pracht für den Eingeweihten. Die Bäume stehen hier so locker wie in einem Obstgarten, es ist kein richtiger Wald. Jeder Brand nimmt jedes Jahr welche von ihnen hinweg, versengt den Nachwuchs. Die Erde aber braucht hier Schatten, denn die Sonne saugt in der Trockenzeit den letzten Rest Feuchtigkeit heraus. Sie lässt in zwölf Monaten 1,70 Meter Wasser verdunsten – sofern so viel da wäre –, während nur 80 Zentimeter Regen fallen. Wenn diese Regenfälle nicht auf wenige Monate zusammengedrängt wären (November, Dezember und März bis Juni), dann könnte überhaupt nichts wachsen. Wäre die Serengeti mit einem See von 1,70 Meter Tiefe bedeckt, so würde ihn die Sonne in einem Jahre aufsaugen. Wo also das dürre Gras des letzten Jahres und die Bäume als spärliche Schattenspender fehlen, wird sie von Jahrzehnt zu Jahrzehnt noch trockener.

Uns kommt es allerdings im Augenblick gut zustatten, dass die Steppe schwarz und kahl geworden ist. Wir wollen nämlich Zebras mit der Hand fangen. Jetzt sieht man jeden Stein und jedes Loch, an denen man sich die Autos beschädigen könnte. Gnus und Tommi-Gazellen haben wir mit unserem Wundergewehr überlistet. Zebras aber sind zu vorsichtig, sie lassen uns nicht nahe genug herankommen. Zum Glück hat Gordon Poolman Erfahrung damit, Tiere zu fangen. Von Gordon haben wir es wieder gelernt, und wenn man es erst einmal kann, ist es furchtbar einfach.
Es wird so gemacht:
Wir entdecken eine Zebraherde, fahren darauf zu und sprengen vier oder fünf von den übrigen ab. Hinter einem von ihnen fahren wir her. Mit rund 50 km/h Geschwindigkeit holen wir es langsam ein. Nicht gerade ein sportlicher Kampf. Gordon braucht nur lässig auf den Gashebel zu treten, das Zebra aber rennt um sein Leben. Nach drei oder fünf Minuten geht ihm der Atem aus, es läuft langsamer. Wir versuchen, an seine Seite zu kommen und neben ihm herzufahren.
Mitunter geraten wir an einen richtigen Wüterich, der dann in das Auto beißt. Andere Zebras kommen dahinter, dass sie nach der Seite ausbrechen können. Wir können die Kurven nicht so scharf nehmen, deshalb fahren wir mit zwei Wagen; der zweite folgt etwas weiter zurück auf der anderen Seite des Zebras und verhindert das Ausbrechen.
Nach spätestens fünf Minuten müssen wir genau neben dem Zebra sein und es aus dem Wagen heraus am Schwanz packen. Glückt das nicht, dauert die Jagd zu lange, dann besteht die Gefahr, dass das Tier einen Herzschlag bekommt. Wir haben das immer vermeiden können, denn wir lassen das Tier dann laufen und setzen einem neuen nach. Es sind ja genug Zebras da.
Aber den Schwanz gleich richtig packen, möglichst hoch an der Wurzel, und festhalten! Gleitet er durch die Hand, dann zerschneiden die scharfen Haare die Finger. Das Tier darf auch

nicht kurz vorher gemistet haben, sonst ist der Schwanz glitschig und man kann ihn nicht festhalten.
Ein, zwei Mann halten das Tier also am Schweif, gleichzeitig verringert der Wagen seine Geschwindigkeit. So muss das Zebra stehen bleiben. Im selben Augenblick springen wir anderen hinzu – einer greift das Tier an beiden Ohren, ein anderer legt den Arm über seinen Hals, nimmt es gewissermaßen in den Schwitzkasten und greift dann mit der Hand unter seinem Kinn herum hinter die Schneidezähne, da, wo ein Pferd keine Zähne im Kiefer hat.
Fast immer macht das Gordon, denn er hat den richtigen Griff. Zebras können genau wie Hauspferde schrecklich beißen. Ihre Vorderzähne haben keine scharfen Schneiden, aber breite Kauflächen, ganz anders als Hunde- oder Raubtierzähne. Pferdezähne quetschen, sie zermalmen die Knochen.
Die Zähne sind das Gefährliche an einem Zebra. Es schlägt zum Glück nicht aus. Ich bin früher viel mit Pferden umgegangen, und jeder Landwirt oder Reiter weiß, wie sehr man sich vor den Hinterbeinen und auch vor den Vorderhufen in acht nehmen muss, wie gern Pferde sich losreißen und plötzlich steil aufgerichtet auf den Hinterbeinen stehen. Diese Zebras tun das nicht. Wahrscheinlich sind sie durch die wenigen Minuten der Jagd zu sehr ausgepumpt.
So fangen wir an einem Vormittag vier oder fünf Zebras, markieren sie mit Ohrmarken und schmücken sie mit bunten Halsbändern. Am Nachmittag geht es weiter. Ich nutze die Gelegenheit, um auf den Geschwindigkeitsmesser des Wagens zu sehen und mir zu notieren, wie schnell die Steppentiere vor uns flüchten. Zebras galoppieren mit 50 km/h, ohne sich völlig zu verausgaben. Ein großer Elen-Antilopenbulle bringt es auf 56 km/h, eine Thomson-Gazelle auf 60 km/h, eine Hyäne auf 40 km/h, ein Strauß auf 48 km/h, eine Grant-Gazelle ebenfalls auf 48 km/h, für kurze Zeit sogar auf 56 km/h. Mit Geparden werde ich mir nicht einig. Einer, den wir trafen, brachte es nur

auf 48 km/h, blieb auch bereits nach einigen hundert Metern ermattet liegen. Dabei sollen Geparden doch die schnellsten Säugetiere der Welt sein. Ich wollte den armen Kerl nicht stärker jagen, weil er möglicherweise krank war.
Deswegen war ich froh, nach ein paar Tagen einen anderen zu treffen. Auch er lief nur 50 km/h und entkam in ein kleines Wäldchen an einem Flusslauf, ehe ich höhere Geschwindigkeiten versuchen konnte. Ich glaube aber nicht, dass dies die schnellste »Gangschaltung« bei Geparden ist, denn da Thomson-Gazellen, eine häufige Beute von ihnen, es auf 60 km/h und in der Todesangst vielleicht auf noch höhere Geschwindigkeiten bringen, müsste es sonst den Geparden sehr schwer fallen, an ihre Opfer heranzukommen.
Auch Michael muss natürlich den Trick versuchen, die Zebras um den Hals zu fassen und am Kinn festzuhalten.
Ich bin richtig ärgerlich:
»Gordon macht das so prächtig. Besser kann es niemand. Wozu musst du es auch probieren? Sticht dich schon wieder der Hafer? Hast du noch nicht genug vom letzten Zebrafangen?«
Ich gefalle mir gar nicht in der Rolle der ängstlichen Glucke. Aber es ist wirklich Unsinn von Michael. Nächstens wird er noch Löwen dressieren.
Dann fällt mir ein: als ich so alt war wie er, *habe* ich Tiger dressiert und bin zum Spaß mit der Balancierstange über das Hochseil gelaufen. Ich bin beschämt, fühle mich plötzlich peinlich als »verkalkte ältere Generation« und sage nichts mehr. Soll er doch.
Eine dicke Stute erwischt ihn an der Hand und beißt ihn bis auf den Knochen in den Daumen.
Michael ist so empört darüber, dass er zunächst gar nichts spürt. Ich lege ihm ein Pflaster um. Erst nach einer Stunde stellen sich die Schmerzen ein. Da sie abends immer schlimmer werden, machen wir ein warmes Seifenbad, und ich gebe

ihm eine Penicillinspritze. Am nächsten Morgen sind die Schmerzen schon fast vorbei.
Aber auch die dicke Stute hat sich die Sache gemerkt. Sie trägt jetzt ein leuchtend gelbes Halsband – und rennt mit vier oder fünf anderen Zebras, wahrscheinlich ihrer nächsten Verwandtschaft, schon davon, wenn sie unser Auto nur auf zwei Kilometer Entfernung sieht.

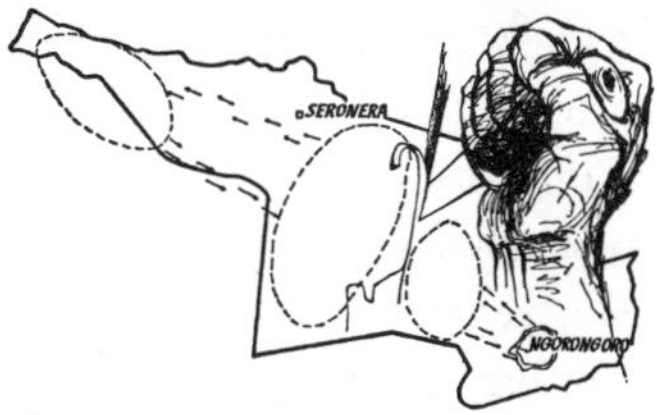

So stellte man sich die Wanderungen der großen Herden vor …

Gordon hilft uns viel. Vor Monaten haben wir einmal eine ganze Nacht versucht, Gazellen mit den Autoscheinwerfern zu blenden und mit der Hand zu fangen. Ich bin selten so viel herumgerannt, durch dornige Büsche und über Stock und Stein, immer in Sorge, nicht auf einen Löwen zu treten und im letzten Augenblick noch auf einen Wagen zu springen, um im Dunkeln nicht irgendwo vergessen zu werden. Aber die Gazellen ließen sich stets nur kurze Zeit blenden, dann gewöhnten sie sich an das Licht und liefen davon. Wir konnten nicht eine erwischen.
Und doch musste es möglich sein. Als wir nämlich vor vielen Monaten das noch halb betäubte Gnu die Nacht hindurch bewachten, waren die Thomson- und Grant-Gazellen fast von allein in den Lichtkegel gegangen und in ihm immer näher auf unseren Wagen zugekommen. Wir entsinnen uns: damals war Neumond, es war stockfinster.
Deswegen wiederholen wir den Gazellenfang jetzt bei Neumond. Nun klappt es. Wir fangen in einer Nacht zwanzig Gazellen und markieren sie mit Ohrmarken und Halsbändern.
»Für jedes Tier gibt es eine besondere, beste Fangart«, sagt Gordon Poolman. »Die Oryx-Antilopen zum Beispiel wollen einen mit ihren kerzengeraden, nadelspitzen Hörnern gern totspießen. Hat man aber erst einmal eine mit der Hand am Horn

gepackt, dann steht sie plötzlich ganz ruhig, rührt sich überhaupt nicht mehr und lässt alles mit sich geschehen.«

Wir markieren immer mehr Tiere, um unser Bild von den Wanderungen der großen Tierherden in der Serengeti weiter zu vervollständigen. Aber wir wissen inzwischen längst, wie sie wandern, und das macht uns nicht froh.

Die Regierung schneidet jetzt den Serengeti-Nationalpark in der Mitte durch.

Sie tut das, wie gesagt, weil man seit Jahrzehnten glaubt, die Herden von Gnus, Zebras und Gazellen, die in der Trockenzeit in den Niederungen des »Korridors«, dem schmalen Stück des Parks (links) westlich nach dem Victoriasee hin weiden, marschierten im Dezember und Januar nur bis zu dieser Linie und überschritten sie in der Regenzeit nicht nach Osten. Beiderseits dieser Linie liegen die großen, offenen, baumlosen und sanftwelligen Ebenen der Serengeti, die nur von Gras bedeckt sind. In der Trockenzeit sind sie gelb, braun, wasserlos und ohne jedes Leben.

Sobald aber die Regen fallen, werden die Steppen fast zusehends grün. In den Senken sammeln sich kleine Teiche, zu denen strahlenförmig von allen Seiten die Wege der Tiere führen. Dann ist die Steppe von Hunderttausenden von Gazellen, Zebras und Gnus übersät.

Was man dann rechts, westlich der neuen Trennungslinie, in der Regenzeit auf diesen Ebenen sieht, kommt, so glaubte man, aus dem Ngorongoro-Krater herunter (s. Abb. S. 347), und diese Ansicht übernahm man auch in das Gutachten für die Regierung. Die Tiermassen aus dem »Korridor« und aus dem Ngorongoro sollten also in der Mitte der großen, offenen Serengeti-Steppen zusammenstoßen.

Wir haben auf unseren Streifenflügen festgestellt, wie viele es sind, wir sind im Flugzeug den großen Herden auf ihren Wanderungen gefolgt, wir haben nach den Zebras und Gnus mit unseren Halsbändern ausgespäht und haben vermerkt, wo wir

sie wiederfanden. So wissen wir jetzt, dass das Bild in Wirklichkeit ganz anders aussieht.
Zwar zieht ein großer Teil, wohl über die Hälfte der Tierherden, am Schluss der Regenzeit im Juni nach dem »Korridor«, dem schmalen westlichen Teil des Parks, andere aber wandern gleich aus dem Park heraus nach Norden, und zwar nicht in die Gegend, die dem Park jetzt als Ersatz für den abgeschnittenen Ostteil neu angegliedert wird, sondern weiter westlich davon. Während der Trockenzeit wandern außerdem immer wieder Tierherden aus dem »Korridor« hinaus nach Norden und dann wieder zurück.
Im Oktober beginnen die großen Regen zu fallen, erst nördlich vom Park, und dann gibt es jeden Tag zwanzig Kilometer weiter südlich ein Riesengewitter mit Wolkenbruch. Heute ist Banagi an der Reihe, und bis zum nächsten Nachmittag hat sich eine neue Hexenküche ein Stück weiter südlich über Seronera zusammengebraut. So geht das immer weiter; die schwarz gebrannten Steppen saugen sich voll Wasser und werden allmählich grün.
Dann setzen sich die Armeen der Tiere in Bewegung. Sie ziehen nach Osten, durchwandern die Täler zwischen den Hügeln und ergießen sich hinaus in die offenen Steppen. Die Tiere wandern im Gänsemarsch, nicht einfach durch das Gras, sondern auf festgetretenen Wegen, die jedermann zunächst für Menschenpfade hält. Aus der Luft können wir gut erkennen, wie die schwarzen Gnus gleich Perlen an einer Kette durch die Gegend ziehen, und die Zebras nicht anders. Schon aus dem Netz der Wege, das immer bestehen bleibt und auch im übrigen Jahr nicht zuwächst, kann man wie auf einer großen Landkarte sehen, in welcher Hauptrichtung die Tiere ziehen müssen, auch wenn gerade kein einziges auf den Steppen zu entdecken ist.
Zum Beispiel laufen alle Pfade von Süden her gegen die Oldoway-Schlucht, die quer ost-westwärts in die Ebenen eingeris-

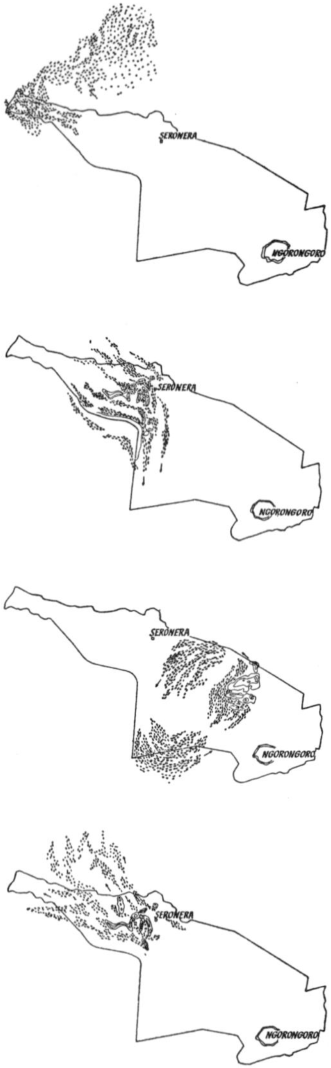

So wandern die großen Herden in Wirklichkeit.

sen ist. Sie laufen an ihrem südlichen Rand entlang, bündeln sich immer mehr zu einem einzigen und führen gemeinsam an der einzigen flachen Stelle durch die Schlucht. Auf der anderen Seite fächern sie sich sofort wieder über die ganze Steppe. Schon daraus ersieht man, dass die Tierherden hier immer von Süden kommen und nach Norden zu über die Schlucht wollen. Niemals wandern Herden umgekehrt, denn am Nordrand der Schlucht führen keine Pfade entlang, die nach einem Übergang suchen.

Zebras, Gnus und Thomson-Gazellen sind ja Weidetiere. Sie brauchen jeden Tag viele Stunden, um Gras aufzunehmen. In dieser Zeit bewegen sie sich nicht im Gänsemarsch, sondern sind weit verstreut. Zebras und Gnus wandern wohl dieselben Wege und auch etwa zur selben Zeit, aber sie vermischen sich selten vollständig. Oft, doch keineswegs regelmäßig, zieht eine Gruppe von Zebras an der Spitze einer Gnuherde. Auch wenn sie beim Weiden durcheinander gehen,

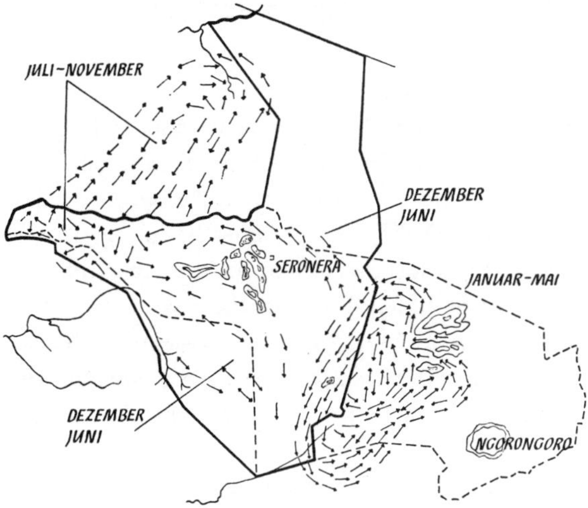

Gestrichelte Linie = alte Grenze des Nationalparks; schwarze Linie = geplante neue Grenze. Pfeile = Wege der Wanderherden.

bleiben die Zebras in kleinen Gruppen für sich. Sie sind aufmerksamer und schneller zur Flucht bereit.

Mit den großen Tierherden ziehen Hyänen, Schakale und Löwen in die Steppe. Wenn sich die Antilopen und Zebras zum Weiden verstreut haben, laufen die Hyänen zwischen ihnen herum, ohne dass sie viel beachtet werden. Wir haben beobachtet und gefilmt, wie zwei Hyänen ein junges Gnu, das vielleicht ein paar Monate alt war, mitten zwischen locker herumstehenden, ausgewachsenen Gnus hartnäckig jagten und schließlich zerrissen. Die großen Gnus achteten kaum auf das Trauerspiel, das zwischen ihnen ablief.

Eines Tages Ende Januar trafen wir eine große Herde Gnus, die vor unserem Wagen vorbeimarschierte. Mitten zwischen ihnen entdeckten wir einen Hauben-Kiebitz, der sehr aufgeregt war und seine Flügel immer wieder spreizte und schloss. Da die Gnus von allen Seiten an ihm vorbeizogen, verschwand der

Vogel ganz in den Staubwolken, aber er flog nicht auf. Als alle Gnus vorüber waren, stellte sich heraus, dass der Kiebitz die vielen Hufe von zwei kleinen Küken abgelenkt hatte.
Wer die großen Herden marschieren sieht, wird andächtig.
So wie hier in dem verlorenen Erdenwinkel der Serengeti sah es vor hundert Jahren noch auf allen weiten Steppen Afrikas aus. Die Natur streute Millionen Tiere über sie hin, gestreifte, gefleckte, gehörnte in allen Spielarten, so weit man blickte. Mochten Raubtiere von ihnen leben, Seuchen wüten, trockene Jahre Zehntausende vernichten – das Leben siegte. Zehntausend feuchte, noch zitternde Tierkinder lagen zu Beginn der Regenzeit im frischen grünen Gras und taten tapsig ihre ersten Schritte.
Wie hier über die Steppen Afrikas stampften vor hundertfünfzig Jahren die Riesenherden über die Prärien Nordamerikas und Kanadas; andere Tiere, aber in gleicher Üppigkeit. So sah es früher auch einmal in Europa aus. Kein Buch, keine Vorstellungskraft kann das beschreiben.
So gewaltig herrschte einst das Leben auf dieser Erde, ehe der Mensch fruchtbar wurde, sich mehrte und sie »sich untertan machte«. Wer in künftigen Jahrzehnten erfahren will, wie herrlich die Welt einst war, ehe Gott sie unserem Schutz und unserer Einsicht anvertraute, der muss nach der Serengeti fliegen und dort zuschauen, wie die großen Herden wandern.
Wenn sie in einigen Jahrzehnten noch wandern ...
Denn wir haben festgestellt, dass die Massen der Gnus, Zebras und Gazellen in der Regenzeit weit hinaus über die neuen Grenzen des Parks ziehen. Sie weiden die grün gewordenen Steppen bis nach Osten, an dem Fuß des Hochlandes der Riesenkrater ab, ziehen dann nördlich, immer außerhalb des künftigen Nationalparks, wenden sich nach Süden und gehen teils innerhalb der Grenzen, teils aber immer noch außerhalb zurück. Inzwischen ist das abgeweidete Gras auf den Steppen nachgewachsen, und so machen sie den Kreislauf während der Regenzeit mehrmals.

Es gibt also in dem neuen Serengeti-Nationalpark mehrere Monate jedes Jahres keine Zebras, keine Gnus und kaum Thomson-Gazellen. Seine 367 000 Einwohner müssen seine Grenzen überschreiten und auswärts weiden. Geschaffen worden ist der Serengeti-Nationalpark aber ursprünglich, damit die letzten großen wandernden Steppenherden, die es noch in Afrika gibt, das ganze Jahr hindurch innerhalb seiner Grenzen ihr Auskommen finden.
So ist nicht nur der landschaftlich schönste Teil, das Hochland der Riesenkrater mit dem Weltwunder des Ngorongoro, mit den Vulkanen und der berühmten Schlucht des Urmenschen, der Oldoway-Schlucht, von dem Nationalpark Tanganjikas weggenommen. Der verbleibende Rest des Parks reicht außerdem nicht aus, um die Tierherden zu erhalten.
Eine traurige Erkenntnis, die wir da erarbeitet haben.

Serengeti darf nicht sterben

Ich weiß nicht, wie Gott mein Lebenswerk bewerten wird. In den letzten drei Wochen habe ich über fünfzig Partiturseiten vom Parsifal geschrieben und drei jungen Hunden das Leben gerettet. Warten wir ab, was gewichtiger auf die Waagschale drücken wird.
Richard Wagner

Unser gutes »Fliegendes Zebra« hat es jetzt schlecht. Es muss ihm vorkommen, als zwängen wir es mehr zu laufen als zu fliegen. An allen möglichen und unmöglichen Plätzen der Serengeti und ringsherum drückt unser Steuerknüppel seine Nase nach unten, dann muss es widerwillig und holpernd durch hohes Gras, durch Ansammlungen von kugeligen Grasbüscheln, über Steine und Bodenwellen laufen, bis es endlich steht. Das Starten ist schon besser, da kann einer von uns ein Stück vorauslaufen und erst einmal sehen, ob alles glatt ist.

Wir wissen jetzt, wie die riesigen Herden der Gnus, Zebras und Gazellen durch die Lande ziehen; wir wissen, dass sie einen großen Teil des Jahres alle außerhalb der neuen Grenzen des Serengeti-Nationalparks leben.

Wir möchten aber auch wissen, warum sie das tun.

Vielleicht könnte man später einmal an den neuen Grenzen des Parks einfach einen Zaun ziehen. Dann müssten die Tiere drinnen bleiben, wenn die Ebene ringsherum besiedelt ist oder wenn die Eingeborenen die Wälder im Hochland der Riesenkrater immer mehr abgeschlagen und die Baumdeckung um die Wasserquellen durch Überweiden mit ständig größeren Rinderherden zerstört haben. Ziehen die Armeen der wilden Tiere nur aus alter Gewohnheit oder aus Übermut aus dem Nationalpark heraus? Oder haben sie zwingende Gründe?

Die Herden weiden keineswegs das Gras gleichmäßig ab wie ein Rasenmäher. Auf manchen Flächen bleibt es kniehoch und hüfthoch stehen, die Gnus ziehen einfach hindurch, ohne es anzurühren. An anderen Stellen ist alles kahl geschoren wie ein Teppichrasen, und wieder an dritten stehen manche Sorten Gras in Büscheln unberührt, während andere dazwischen kurz abgeweidet sind.

In der Regenzeit blühen die meisten Gräser, und von bestimmten Arten – zum Beispiel von »Themeda triandria« – hat die Steppe durch die Unzahl der bräunlichen Blütenstände einen farbigen Schimmer. Aber den sieht man nur, wenn man auf ihr steht und schräg über sie hinsieht. Wir wollten mit unserer Maschine darüber fliegen und feststellen, wie weit sich dieser Schimmer über die Steppe ausbreitet. Doch senkrecht von oben gesehen war der bräunliche Schein verschwunden.

Deswegen fliegen wir jetzt so tief wie möglich, nur zehn bis zwanzig Meter hoch, und so langsam wie möglich, mit 55 km/h Geschwindigkeit. Wo es scheint, dass die Steppe ihre Färbung geändert hat, landen wir. Im Auto brauchte man Monate und Jahre, um alle diese Plätze aufzusuchen. Denn das Gras ist ja nur in der Regenzeit da, wenn für Wagen alles unpassierbar ist.

Das ist jetzt schon die neunundsiebzigste Landung dieser Art. Mit uns fliegt Samwel Paulo, der schwarze Assistent des Ostafrikanischen Herbariums in Nairobi. An jedem Landeplatz gehen wir etwa dreihundert Meter im Umkreis umher und notieren, welche Grassorten am häufigsten vorkommen und welche abgeweidet sind. Dann rupfen wir diese Pflanzen aus und kleben sie auf

Dieses Gras (Pennisetum mezianum) wird von den Tieren nicht angerührt; es wächst fast nur innerhalb der neuen Grenzen des Parks.

Die beliebten Futtergräser Cynodon dactylon (links) und Sporobolus marginatus (rechts) wachsen fast nur außerhalb der neuen Grenzen des Nationalparks (schraffierte Fläche = Verbreitungsgebiet dieses Grases).

Fließpapier. Herr Paulo legt sie in die Pflanzenpressen, die unsere »Ente« mitschleppt. Ein paar Stunden an jedem Tag scheint die Sonne trotz der Regenzeit doch, dann legen wir die gesammelten Pflanzen auf die Granitfelsen bei Banagi. Sie werden in der Sonne sehr schnell heiß, und die Pflanzen trocknen gleichzeitig von oben und von unten.

Wir haben nicht den Ehrgeiz, sämtliche Pflanzen zu sammeln, die überhaupt in der Serengeti vorkommen. Wir wollen nur die Gräser und Futterpflanzen ermitteln, aber auch das sind schon über hundertsechzig. Außerdem füllen wir an vielen Plätzen noch kleine weiße Leinwandsäckchen voll Erde. Sie gehen an ein landwirtschaftliches Institut in Darmstadt, weil uns der Nährwert des Bodens interessiert. Auch Heuproben machen wir und lassen den Eiweißgehalt untersuchen.

Aus den hunderterlei lateinischen Namen von Pflanzen und Gräsern kommt eines klar heraus: Die Tierherden ziehen in der Regenzeit dorthin, wo die Gräser wachsen, die sie abweiden. In anderen Gegenden, wohin die Armeen der Zebras und Gnus nicht marschieren, stehen diese nahrhaften Gräser nicht, sondern nur solche, die die Tiere nicht anrühren. Die Nähr-

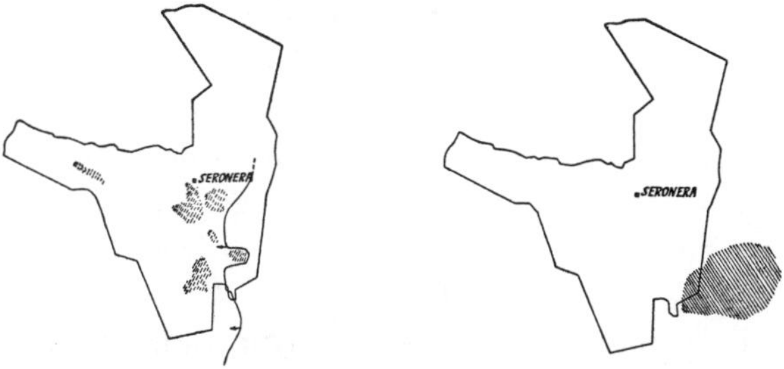

Die Verbreitungsgebiete des von den Herden verschmähten Grases Themeda triandra (links) und des sehr begehrten Futtergrases Kyllinga nervosa (rechts) inner- und außerhalb der neuen Grenzen des Serengeti-Nationalparks.

pflanzen wachsen nur auf bestimmten Böden. Sie haben einen guten Eiweißgehalt, etwa ebenso viel wie mittelgutes Wiesenheu in Europa.

Die Gnus und Zebras in der Serengeti tun seit Urzeiten etwas, was die modernen Viehzüchter erst in den letzten Jahrzehnten gelernt haben. Unsere landwirtschaftlichen Lehrbücher predigen immer wieder, der Bauer solle das Gras nicht zu lang werden lassen, ehe er es abschneidet und Heu macht. Langes Gras gibt zwar volle Scheunen, aber magere Kühe. Das hohe Gras ist verholzt und enthält viel unverdauliche Rohfaser. Solange das Gras noch kurz ist, ist sein Eiweißgehalt sehr hoch. Deswegen macht ein kluger Bauer auch aus einer großen Weidekoppel fünf oder sechs kleine, indem er noch Zäune einzieht. Die Kühe und Pferde werden alle paar Tage in eine neue Koppel gesperrt und weiden das noch junge Gras ganz kurz.

Dasselbe machen die großen Tierherden während der Regenzeit in der Mitte der Serengeti, wo die guten Grassorten wachsen. Sie ziehen immer wieder im Kreis herum. Sobald das Gras ein paar Zentimeter nachgewachsen und ganz jung, frisch und nahrhaft ist, sind sie wieder da und weiden es von neuem ab. Deswegen sehen die Zebras hier auch immer so kugelrund aus.

Steppe ist nicht gleich Steppe. Man kann nicht von dem Staat der Tiere, dem Serengeti-Nationalpark, ein Ende abschneiden und dafür im Norden dieselbe Zahl Quadratkilometer dazugeben. Es hat seinen guten Grund, warum die Herden gerade hierher, in das berühmte Herz der Serengeti, wandern.
Bei unserem Herumhüpfen von einer Pflanzenstelle zur anderen entdecken wir eines Tages eine große Geieransammlung am Rande einer Ebene, die von lichtem Baumwuchs umstanden ist. Wir landen, rollen mit dem Flugzeug vorsichtig darauf zu und jagen ganze Wolken von diesen Riesenvögeln in die Luft und auf die Bäume. Sie waren dabei, ein Zebra zu zerhakken, das an einer Drahtschlinge der Wilddiebe zu Grunde gegangen ist. Es hat den kleinen Baum aus der Erde gerissen, an dem das Schlingenende festgebunden war. Aber die Schlinge hat sich immer fester gezogen, der Baumstamm folgte dem Tier nach, der Draht zerschnitt die Haut, und schließlich war der ganze Hals vereitert. Armes Zebra. Es kann gar nicht lange tot sein, denn die Geier haben noch nicht einmal die Bauchdekke aufreißen können.
Es ist gerade halb zehn Uhr. Jetzt ist in Banagi Gordon Poolman am Radio. Wir stellen seine Wellenlänge ein und bitten ihn, Hermann mit unserem Zebra-Wagen zu uns zu schicken. Wir sind nur eine knappe Autostunde von unserem Lager entfernt.
Ein paar hundert Meter ab liegt nämlich im Schatten der Büsche eine ganze Löwenfamilie, Vater, fünf Kinder und zwei oder drei Löwinnen. Sie werden sich bestimmt für das tote Zebra interessieren. Hermann soll versuchen, die Löwen zusammen mit unserem Zebra-Flugzeug aufzunehmen, damit auch ungläubige Gemüter in Europa sich davon überzeugen können, wie wenig sich die Serengeti-Löwen um Menschen und Technik scheren. Erst kommt eine Löwin, und zwar die Mutter mit ihren Kindern. Sie stutzt einen Augenblick, sieht sich unser Flugzeug an. Aber die Kinder sind gierig, laufen voran, und so kommt sie nach bis unter unsere Tragfläche, wo

das Zebra liegt. Nach einer Weile folgt der Vater, dem die Kinder um den Bart gehen, und schließlich die übrigen. Jetzt ist das Zebra schnell angeschnitten. Der Löwenmann reißt mit Riesenkräften gewaltige Muskelstücke aus den Hinterbacken. Bald haben die gelben Löwen sämtlich blutig rot verschmierte Gesichter.

Auch wie wir den Motor anspringen lassen und der Propeller sich donnernd dreht, gehen die Löwen nur ein Stück zurück und sehen sich das Teufelsding verwundert an.

Wir rollen fünfzig Meter weit weg und sehen zu. Als Erster ist der Löwenvater satt, er geht zu den Büschen zurück und lässt sich in den Schatten fallen. Dann folgen ihm die Übrigen, auch die Kinder. Am längsten speist noch die Löwenmutter. Nachdem die ganze Familie wieder im Schatten versammelt ist, wagen sich langsam die Geier von neuem heran. Bald ist von dem Zebra nichts mehr zu sehen, es ist zugedeckt von einer Masse graubrauner Aasvögel.

Das lässt der Löwin keine Ruhe. Sie kommt im Trab von den Büschen her angelaufen, die Geier stieben empor, aber einem versetzt sie noch in der Luft einen Prankenschlag. Die Federn stieben, als ob der große Vogel explodiert sei. Trotzdem streicht er noch ab. Gegen Schakale haben die Löwen anscheinend weniger einzuwenden. Zwei von ihnen zerren am Hinterende des Zebras, während die Löwin am Mittelteil frisst.

Während wir wieder mit unserer »Ente« aufsteigen, kommt mir in den Sinn, Hermann mit dem Taschentuch zu winken. Das geht aber

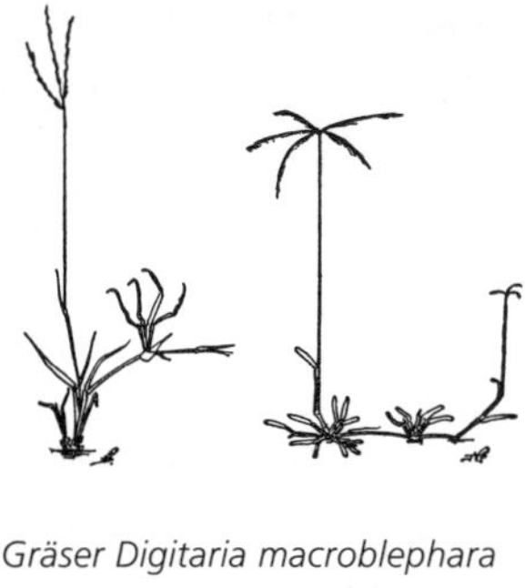

Die sehr gern abgeweideten Gräser Digitaria macroblephara (links) und Chloris pycnothrix (rechts) wachsen in der Serengeti überwiegend außerhalb der neuen Parkgrenzen.

nicht. Wenn ich die Hand mit dem Taschentuch zum Fenster hinaushalte, flattert es nicht im Fahrtwind, sondern ballt sich hinter meiner Hand dicht zusammen, es verkriecht sich förmlich in den Windschatten dahinter. Wir fliegen zu zwei merkwürdigen Gebilden, die wir schon immer besuchen wollten.
Grauschwarze Wanderdünen mitten in der Steppe. Sie sind fünf bis sechs Meter hoch, der Wind treibt den Sand schräg in die Höhe, und oben von der Spitze der Düne fällt er steil herunter. Diese unheimlichen schwarzen Dünen ziehen jedes Jahr etwa fünfundzwanzig Meter weiter. Sie begraben alle kleinen Tiere unter sich, und an ihrem Ende kommen dann nach Jahr und Tag die vertrockneten Riesenkäfer wieder hervor und die hohlen, hart gewordenen Kugeln der Mistkäfer, aus denen sich die herangewachsenen Käfer nie befreien konnten. Der Sand ist in der Sonne so heiß, dass ich eine Wette gegen Michael verliere, meine Hand daraufzulegen und bis zehn zu zählen.
Was man auf der Erde übersieht, kann man vom Flugzeug her gut ausmachen: über diesen Teil der Serengeti müssen in vergangenen Jahrzehnten und Jahrhunderten viele Dutzende solcher Wanderdünen gezogen sein. Die Streifen, auf denen sie entlanggewandert sind, kann man im Graswuchs leicht erkennen. Vor einem Hügel haben alle ihre Richtung geändert wie eine Kompanie Soldaten, denen der Hauptmann beim Marschieren »Rechts um!« zuruft. Hier muss sich wohl auch der Wind zwischen den Bergen drehen.
So eben ist die Serengeti-Steppe hier. Man glaubt, man könnte die Augen zumachen und einen Tag lang wandern, ohne dass einem mehr passiert, als dass man mit dem Fuß an einen Gnuschädel stößt oder in ein Fuchsloch tritt. Aber in Wirklichkeit würde man schon einen Kilometer hinter den Wanderdünen hundert Meter senkrecht in die Tiefe stürzen. Wie mit der Schere in Papier eingeschnitten, reißt sich hier eine tiefe Schlucht in die Ebene. Sie ist in der ganzen Welt berühmt. Der Name Oldoway-Schlucht besagt in der Massai-Sprache zwar

nur, dass hier eine Art wilder Sisal wächst, den man gut zum Flechten und Binden benutzen kann. Trotzdem hat dieser Name schon in den Schlagzeilen der Zeitungen der ganzen Welt gestanden.

Wo wir jetzt durch Grasbüschel stolpern, hat sich einmal in regenreicheren Zeiten unseres Erdballs ein großer See ausgedehnt. Mal trocknete er für ein paar Jahrtausende aus, mal schwoll er wieder an. Später schleuderten die Vulkane ringsum ihre Auswürfe in seine Fluten und auf seine Ufer; sie erstickten die Tiere. All das hat sich an seinem Grund abgesetzt. So liegen auf dem tiefsten Lavafelsen fünf Schichten, die verschiedenfarbig und deutlich voneinander abgesetzt sind. Man braucht nicht nach ihnen zu graben, denn das Wasser hat die Oldoway-Schlucht scharf durch alle Schichten bis nach unten eingeschnitten. An ihren Rändern liegen sie durchschnitten da wie in einer Schichttorte, aus der man ein Stückchen herausgehoben hat.

In dieser Schlucht, die in der Trockenzeit nicht das schmälste Rinnsal Wasser führt, hatte im Jahre 1913 Dr. Hans Reck mit fünfzig Trägern und Arbeitern sein Lager aufgeschlagen. Er war durch den Ngorongoro-Krater gezogen; in der Tür des niedersächsischen Bauernhauses mit den zwei Pferdeköpfen am Dachfirst hatte ihn der blonde, blauäugige Hüne Adolf Siedentopf empfangen. Seine Frau hatte ihm auf dem blank gescheuerten Holztisch duftenden Napfkuchen vorgesetzt.

Zwei Jahre vorher hatte Professor Kattwinkel in der Oldoway-Schlucht Reste vorzeitlicher Säugetiere gefunden. Daraufhin hatten sich die Geologischen Institute von München und Berlin zusammengetan und den jungen Dr. Reck ausgeschickt, um weiterzusuchen. Es war ihm tatsächlich gelungen, den Platz seines Vorgängers in der unbewohnten Gegend wieder zu finden, und wochenlang scharrten nun seine afrikanischen Helfer vorsichtig mürbe Riesenknochen aus der Erde, festigten sie mit Harzlösung und Leinwandstreifen und verpackten sie.

Seltsame Tiere haben hier vor Jahrmillionen gelebt. Giraffen mit Geweihen, Elefanten, die die Stoßzähne nicht wie heutzutage im Oberkiefer und nach oben gekrümmt trugen, sondern bei denen sie aus dem Unterkiefer kamen und sich wie bei Walrossen nach unten bogen. Ein kleines Pferd, das nicht wie die Zebras nur eine Zehe, sondern deren drei hatte; Flusspferde, deren Augen aus dem Kopf hervorragten, als ob sie in Sehrohren säßen.

»Welches Geschick, welche Vorgänge haben die Reste von so vielen Tieren hier zusammentragen können? Es war keine Herde, denn fast jeder Schädel wies auf eine andere Tierart, aber doch müssen es viele Tiere gewesen sein, die im Tode vereint wurden«, so schrieb Dr. Reck damals.

Ich habe jetzt eine der Antworten auf seine Frage gefunden. Die Wildhüter Gordon Harvey und Myles Turner haben nämlich vor einem Jahr eines Tages über fünfzig Gnus tot, mit gebrochenen Gliedern in den Ästen der Bäume am Abhang der Oldoway-Schlucht gefunden. Ein gewaltiger Wolkenbruch war auf die Serengeti-Ebene niedergegangen und hatte eine ganze Herde in die Schlucht geschwemmt. Ich hätte in diesem Augenblick da unten nicht mein Lager haben mögen.

Eines Abends kam damals der schwarze Gehilfe Manjonga zum Zelt von Dr. Reck:

»Bwana«, fing Manjonga an, »wir haben etwas gefunden, was wir bisher nicht hier haben. Ich glaube, es ist ein Araber. Er liegt auf der Seite und schläft. Am Hang drüben hat unter einem Busch ein kleines Stück Knochen herausgeschaut. Ich habe mit dem Messer gekratzt, da kamen noch mehr, wie ein Kopf sah es schließlich aus. Ich habe dann zusammen mit Bakari die Knochen aufgedeckt, bis wir merkten, dass das kein Tier war. Der Kopf ist ganz der eines Menschen. Wir haben ihn liegen lassen und haben eine Schutzhütte darüber gebaut, damit der Regen die Knochen nicht zerstört.«

Dr. Hans Reck ging in höchster Spannung zum Fundplatz.

In der Tat, da lag ein Mensch. – »Es ist unmöglich«, erzählte Dr. Reck, »die Gefühle darzustellen, die dieser Anblick auslöste. Freude, Hoffnung, Skepsis, Vorsicht, Eifer – all das wogte wild durcheinander.

Denn eines war sofort klar: wenn dieses Skelett ein Zeitgenosse seiner Schicht und der ausgestorbenen Tierwelt Oldoways war, dann hatte dieser Fund eine ungeheure Bedeutung für die Geschichte frühester Menschheit. Dann war dies nicht nur der älteste Fund auf afrikanischem Boden, sondern einer der ältesten Menschenfunde der Welt. Nebelhaft eröffneten sich ungeahnte Möglichkeiten über die Wiege der Menschheit.«

Im Bewusstsein einer ungeheuren Verantwortung gegenüber der Wissenschaft konservierte Reck das Skelett zusammen mit dem Erdblock, in dem es lag, und brachte es nach Berlin. Als der Fund in einer öffentlichen wissenschaftlichen Sitzung vorgeführt wurde, erregte er nicht nur bei den Fachleuten großes Aufsehen. Die Berliner Zeitungen hatten am nächsten Morgen Schlagzeilen »Eine Kriminalaffäre im Diluvium« oder »Der erste Mord in Afrika« und überboten sich darin, auszumalen, wie dieser vorzeitliche Mensch umgebracht worden sein könne.

Das Skelett war in derselben Erdschicht gefunden worden wie die Knochen der längst ausgestorbenen, vorzeitlichen Tiergestalten. Es war ein richtiger Mensch, kein Halbmensch oder Vormensch mit äffischen Merkmalen, deren Reste man später in Afrika gefunden hat. Niemand hatte bis dahin vermutet, dass es in so frühen Zeiten schon richtige Menschen auf Erden gegeben haben sollte. Deswegen sah man den Urmenschen aus der Oldoway-Schlucht als Beweis gegen die Darwin'sche Entwicklungslehre an, die sonst durch alle Ausgrabungen und Funde immer nur bestätigt worden war.

Aber es dauerte lange, bis dieses Rätsel gelöst werden konnte. Dr. Reck wurde während einer zweiten Expedition in Ostafrika erst Soldat und war dann Kriegsgefangener in Ägypten.

Siebzehn Jahre später griff ein hervorragender englischer Vorgeschichtsforscher das Rätsel der Oldoway-Schlucht von neuem auf: Professor Leakey, der in Ostafrika selbst als Sohn eines Missionars geboren ist. Gerecht und fair, lud er Professor Hans Reck ein, auf britische Kosten mit ihm zusammen eine neue Expedition zu leiten. Dabei kam zwar heraus, dass das Skelett nur in eine tiefere Erdschicht hineingerutscht und viel jünger als die vorzeitlichen Tierknochen war. Aber gleichzeitig fand man in allen Schichten Steinwerkzeuge, die von Menschen zurechtgehauen worden waren. Unten primitivste Faustkeile bis herauf zu richtigen Messern und Äxten aus Stein. Die Oldoway-Schlucht gilt heute als der Platz, wo am besten studiert werden kann, wie sich im Laufe von Jahrzehntausenden die Kunstfertigkeit der Menschen in Afrika, im südwestlichen Europa und in Teilen von Asien im Steinzeitalter immer weiter vervollkommnet hat. Am 17. Juli 1959 aber fand das Ehepaar Leakey hier doch noch Reste eines 600 000 Jahre alten »Nussknacker-Menschen« mit ungemein kräftigen Backenzähnen, der zwischen dem südafrikanischen Affenmenschen und den jetzt lebenden Menschen steht. Dieser »Nussknacker« ist der älteste Hersteller von Steinwerkzeugen, der bisher entdeckt worden ist.

Auch die Oldoway-Schlucht wird künftig ebenso wie der Ngorongoro-Krater aus dem Schutz des Serengeti-Nationalparks herausgenommen.

Wir packen einen Schlitten in unsere »Ente« und fliegen zum Natronsee. Dazu halten wir schnurgerade auf den »Berg Gottes«, den L'Engai, zu. Immer drohender kommt er auf uns zu. Eigentlich ist es gar kein richtiger Berg, dazu ist er viel zu steil, wie ein Zuckerhut; es ist ein junger Vulkan, der in den letzten Jahrzehnten noch ein paarmal Ausbrüche gehabt hat. Um die Spitze hat er große weiße Felder. Das ist kein Schnee wie am Kilimandscharo, sondern rührt von Salzschlamm her, den er ausgeworfen hat.

Wir klettern mit unserer Maschine immer höher in die Luft, bis wir über der Vulkanöffnung sind. Ich muss hier ein paar Aufnahmen machen. Kaum glaublich, dass ein Mensch diese steile Esse hinaufsteigen kann. Und doch hat das Professor Fritz Jaeger getan, der 1906/07 als Geograf zu Fuß das ganze Reich der Riesenkrater abmarschiert und eine wundervolle, bis heute noch kaum verbesserte Karte gezeichnet hat. Er lebt jetzt in Zürich und hat mich um diese Fotos gebeten.

Wir fliegen genau über den Krater, sogar ein Stückchen in ihn hinein. Er raucht nicht, aber in der Mitte ist eine kleine Öffnung, in der es kocht und brodelt. Der Rand dieses Höllenkessels gleitet unter unserem Boden hinweg, steil fallen die erstarrten Lavaströme nach unten, zweitausendzweihundert Meter tief bis zum Natronsee. Dieser See ist unser Ziel, ein gewaltiges Becken, sechzig Kilometer lang und zwanzig Kilometer breit, in Rosarot und Blau. Rot sind die festen Salzkrusten, die ihn fast ganz überdecken, blau spiegelt sich der Himmel wider in den zwei Lagunen offenen Wassers.

Hier haben wir im letzten Januar die Flamingos gezählt. Denn der Natronsee ist eine der wenigen großen Brutstätten von Flamingos, die es noch auf der Erde gibt. Man kann sie nicht zählen, wie wir das mit den Steppentieren getan haben, denn sie fliegen schon auf, wenn wir bis auf fünfhundert Meter hinuntergehen. Sie weichen dann im Schwarm nach der Seite aus und sind dabei so geschickt, dass es unmöglich ist, sich ihnen mit der Maschine im Schnellflug oder im Langsamflug auf mehr als hundert Meter zu nähern. Vor allem wollen wir sie auch nicht stören, denn wenn Brutkolonien von Flamingos mehrmals während der Brut durch Flugzeuge aufgejagt werden, fällt im gleichen Jahr oft die ganze Nachzucht aus.

So bauten wir eine große Luftbildkamera mit achtzehn Zentimeter breitem Film in unsere »Ente« ein. Ich kann im Flugzeug mit einem Handgriff eine große Bodenklappe öffnen, stelle dann meine Beine rechts und links neben diese Öffnung und sehe zwischen meinen Schenkeln tausend Meter tief hinunter – ein Gefühl, an das man sich erst gewöhnen muss. Über dieses Loch wird der schwere Klotz der Kamera gesetzt, die selbsttätig hintereinander hundertzwanzig dieser großen Aufnahmen macht. Ein Bild überdeckt immer ein Stück das andere, so dass man später alle gut aneinander passen kann. Man muss nur die Maschine genau auf Geradeauskurs halten.

Wir flogen in achthundert Meter Höhe. Die Kamera schloss das Loch in der Bodenöffnung nicht gut ab, und vor ihm endet der Auspuff des Motors. So bekam ich hinten in der Maschine neben der Kamera die Gase aus erster Hand und musste bald zu einem Papierbeutel greifen. Da Auspuffgase bewusstlos machen können, sind wir schnell gelandet und haben die Kamera gut abgedichtet. Dann haben wir die Aufnahmen des Sees in fünfunddreißig Minuten gemacht.

Viele Tage lang haben wir in Frankfurt die vielen weißen Vögel auf den Fotos mit Lupen und Fadenrastern ausgezählt. Dazu haben wir die Fotos an die Wand gesteckt, bis die Lagunen des Natronsees verkleinert wieder erstanden. Es waren 163 679 Vögel auf dem Bild.

Wir sind das ganze Jahr hindurch von Zeit zu Zeit immer wieder über den Natronsee geflogen. Im März und April war nur ein Zwanzigstel der Flamingomenge vom Januar dort, in späteren Monaten wohl mehr, aber niemals so viele wie im Winter. Flamingos reisen viel umher, sie suchen alle möglichen salzhaltigen Seen auf, in denen gerade Gewürm, Bakterienschlamm und Algen zahlreich geworden sind. Diese prächtigen rosaroten Vögel sollen bis nach Indien fliegen, aber niemand weiß so recht etwas über ihre Wanderungen. Man kann nämlich den jungen Flamingos kaum wie anderen Vögeln markierte Ringe umlegen, die dann später wieder gefunden werden, wenn der Vogel einmal tot ist. Es ist fast unmöglich, sich an den flachen Salzufern, die keinen Busch und keinen Strauch haben, bis an die kegelartigen Lehmnester im Flachwasser he-

ranzupirschen. Schon wenn man auf einen Kilometer herangekommen ist, fliegen die Alten davon, und die Flamingokinder schwimmen hinaus ins offene Wasser.
Trotzdem möchten wir für den Film, den Michael und ich nebenbei von der Serengeti drehen, Aufnahmen von Flamingos machen. Die rosaroten, schlanken Vögel mit ihren schwarzen Flügeln leuchten so wundervoll vor dem tiefblauen Wasser. Wir haben einen wahren Kriegsplan ausgeheckt, um dieses Bild einzufangen. Michael und ich landen dazu am Rand des Sees in seinem ausgetrockneten flachen Bett, das weiß mit Salz überzogen ist. Durch den Feldstecher sehe ich weit, weit hinten die Wasserfläche spiegeln, davor undeutlich eine Reihe von Vögeln auf langen Beinen. Michael möchte noch heute unsere schwere Kameraausrüstung mit dem Teleobjektiv, Decken und etwas Proviant bis weit hinaus in den See schaffen, dort übernachten und dann am frühen Morgen filmen. Aber das alles ist viel zu schwer für den Aluminiumschlitten, den wir uns in Nairobi haben zurechtbauen lassen. Die schmalen Kufen schneiden in das Salz ein, denn darunter liegt eine schlammige Schicht, die noch nicht ganz ausgetrocknet ist.
Ich kundschafte erst einmal aus, wie der Weg ist. Dazu visiere ich einen Berg gegenüber an und marschiere genau auf ihn zu in den See hinein. Dabei kreuze ich sogar Büffelspuren; der Untergrund muss also tragen. An den Stellen, an denen das Wasser beim Austrocknen wie in einem Wattenmeer zurückgeflossen ist, ist der Untergrund noch weich und schlammig. Ich sinke ein, und meine Schuhe bleiben beinahe stecken.
Mit bloßen Füßen darf man nicht hier hineingeraten und schon gar nicht in die Salzlake fallen, weil das Zeug die ganze Haut verätzt. Es gibt ja hier auch kein Wasser, um es schnell abzuwaschen.
Ich marschiere immer weiter. Die Vögel, die in einer Reihe auf langen Flamingobeinen standen, erweisen sich beim Näherkommen als eine Büffelspur. Jeder Fußeindruck erschien aus

der Entfernung als ein Vogelkörper, und das Bein darunter war Luftspiegelung. Ich kann auf einmal auch hinter mir solche »Flamingoreihen« stehen sehen.
Nach meiner Armbanduhr bin ich jetzt genau sechzig Minuten marschiert, also etwa sechs Kilometer. Das Wasser ist nicht näher gekommen, sondern blinkt genauso weit wie zum Anfang, es ist in Wirklichkeit eine Luftspiegelung wie auf einer Asphalt-Autostraße. Vom Flugzeug aus ist uns die Entfernung wieder einmal viel kleiner vorgekommen.
Ich drehe um und gehe auf meiner Spur zurück. Das Flugzeug am Ufer ist nicht mehr zu erkennen. Es ist drückend heiß hier, der See liegt nur 610 Meter hoch und ist ringsum von hohen Bergen umgeben. Zwar habe ich ausnahmsweise einen Hut aufgesetzt, aber die weiße Salzfläche wirft die Sonnenstrahlen von unten zurück. Ich habe das Gefühl, ich werde trotz des Huts unter dem Kinn und im Gesicht Sonnenbrand bekommen. Wie ich wieder am Ufer bin, fühle ich mich ausgedörrt und schlapp.
Inzwischen haben sich drei Massai eingefunden, und Michael ist schon dabei, mit ihnen zu verhandeln. Zigaretten mögen sie nicht, trinken dafür aber Unmengen Wasser aus einem besonderen Behälter, den wir für solche Zwecke mithaben. Unser Flugzeug hat sie doch interessiert, sie haben gefragt, wo die Augen und die Ohren dieses Vogels seien. Gestern Abend ist ein Massai-Junge von einem Kaffernbüffel angegriffen und getötet worden, erzählen sie. Ich glaube solchen Berichten nicht ohne weiteres, solange ich den Toten nicht sehe. Denn Kaffernbüffel und Elen-Antilopen sind, wie gesagt, die einzigen wilden Tiere, welche die Massai außer ihren eigenen Rindern töten und essen. Da Kaffernbüffel hier unter Schutz stehen, ist es gut möglich, dass die Geschichte von dem Unglücksfall nur ein Vorwand ist. Sie erzählen sie uns Europäern vorsorglich für den Fall, dass wir entdecken, sie hätten einen Büffel umgebracht.

Michael und ich schlagen den drei Massai vor, unser Gepäck mit Eseln in den See zu schaffen. Schon die Unterhandlung darüber dauert genau zweieinhalb Stunden. Wir müssen folgende Einwände entkräften:
Wenn die Esel heute noch geholt werden, können die Massai am Abend nicht mehr zu ihrer Boma zurück, denn unterwegs könnten Löwen sein. Wenn die Massai hier bei uns übernachten, müssen die Frauen und Kinder allein schlafen. Die Esel seien nicht gewohnt, in dem Salz zu laufen. Die Beine könnten sich entzünden, sie könnten sterben. Wenn sie sterben, kostet einer zweihundert Schilling. Wenn einer krank wird, müssen wir ihn auch kaufen. Die Massai würden die Esel holen, falls wir sie noch am Abend zu ihren Bomas zurückfliegen. Dann brauchten wir überhaupt nichts zu bezahlen. Unser Gepäck sei zu schwer für die drei Esel, also heben die drei Massai alles auf und sehen hinein. Wenn die Massai hier blieben, hätten sie am Abend nichts zu essen. Und so weiter.
Drei Krieger, die keine Kühe mehr stehlen und keine Kriege mehr führen dürfen, sind glücklich, eine Abwechslung gefunden zu haben. Sie kosten die Unterhaltung mit uns Europäern aus und finden immer wieder einen Weg, sie auszudehnen. Wenn wir ihnen einen Einwand ausgeredet haben, kommt der erste wieder von neuem dran. Ich schlage Michael auf Deutsch vor, gar nichts mehr zu sagen. Wir antworten nicht mehr, wir sprechen deutsch miteinander und wechseln das Thema: Seit heute Mittag haben wir beide in dieser flimmernden Natronsee-Glut dreizehn Liter Wasser und acht Flaschen Cola getrunken, stelle ich fest. Das Wasser darf man nur aus Tassen trinken, nicht aus Gläsern, denn sonst fällt einem auf, wie trübe es ist.
Dass wir nicht mehr antworten, hilft uns. Die drei Morans stehen auf, schütteln uns die Hand, nehmen ihre langen Speere und verschwinden. Nach einer guten Stunde sind sie mit drei Eseln wieder da, laden unsere Siebensachen auf, spannen einen

Esel vor den voll gepackten Schlitten und ziehen hinaus auf das Salz. Schon nach etwa fünfzig Metern setzt sich eines der Grautiere in Trab nach der Richtung der fernen Boma. Das zweite mit dem Schlitten galoppiert hinterher. Der Schlitten kippt um, das kostbare Teleobjektiv fällt aus einem Packsattel heraus, und in wenigen Sekunden ist unsere ganze Habe weit über die Salzfläche verstreut.

Die Sonne steht schon ganz schräg. Endlich hält es auch Michael für richtig, am Rand des ausgetrockneten flachen Sees und nicht in seiner Mitte zu übernachten. Natürlich schimpfen wir auf die bösen Esel. Wir wissen ja noch nicht, dass wir sie für ihre Untat am nächsten Morgen am liebsten auf die Schwänze geküsst hätten.

Wir lassen unser Flugzeug auf der Salzfläche im ausgetrockneten See stehen, weil man von da am leichtesten wieder aufsteigen kann. Für uns stelle ich den großen Dreifuß der Filmkamera auf und breite das einzige Moskitonetz darüber, das wir mithaben. Natürlich haben wir nicht darunter Platz, denn jeder von uns ist 1,90 lang. So legen wir unsere Köpfe in der Mitte darunter nebeneinander, aber so, dass Michaels Beine nach Süden und meine nach Norden zeigen. Kopf und Arme sind unter dem Dreifuß geschützt, Körper und Beine liegen unter einer Decke. Ich bin stolz auf meine Erfindung.

Um halb acht ist es ganz dunkel geworden, der Wind legt sich, es wird schwül. Fast gleichzeitig gehen die Moskitos zum Großangriff über. Ständig glückt es einigen von ihnen, unter der Kante des Netzes durchzuschlüpfen. Versuchen wir sie im Dunkeln abzuwehren, verrutscht die ganze Gazehaube. Nach einer halben Stunde steht Michael schimpfend auf, steigt in die »Ente« und macht alle Fenster zu. Mir ist das zu warm, ich bleibe draußen, liege auf dem Rücken und sehe in die Sterne.

Das Kreuz des Südens, von dem man immer in Tropenbüchern liest, kann ich nicht finden. Ich bin nicht sehr sternenkundig. Fern am L'Engai wetterleuchtet es, aber wir haben ja augenblicklich die kleine Trockenzeit. Oben am Himmel soll über den Äquator weg jetzt der Sputnik kreisen, sogar mit bloßem Auge soll man ihn sehen können.

Wolken ziehen auf. In der Nacht sieht jede weiße Lämmerwolke schwarz und drohend aus, das kenne ich schon. Eine Hyäne jault in der Nähe, und jetzt brüllt sogar ein Löwe. Bei Tage sah alles so ausgestorben aus. Es gibt aber doch Tiere hier. Es kommt mir vor, als ob der Löwe bestenfalls dreißig Meter entfernt ist, aber natürlich ist das Einbildung, das machen die Nacht und die Einsamkeit.

Jetzt ist der Himmel zu zwei Dritteln bedeckt, nur gegen Norden sind noch Sterne zu sehen. Auf einmal ist ein starker Wind aufgekommen – alle Mücken sind verschwunden. Das Wetterleuchten ist zum Blitzen geworden, der Donner grollt. Das wird ungemütlich. Wenn es hier wirklich regnet, verwandelt sich der Seegrund sofort in Schlamm, das Flugzeug versinkt oder kommt jedenfalls nie mehr heraus. Ich renne hinüber, wecke Michael, und er ist sofort im Bilde.

Er lässt den Motor anspringen, aber inzwischen hat ein starker Sturm eingesetzt, die ersten Tropfen beginnen zu fallen. Er kann die Maschine nicht wenden. Sie läuft gegen den Wind, wenn er den Motor auf Touren bringt, aber sobald Michael die Maschine mit dem Propeller gegen die flache Böschung am Seeufer drehen will, drückt der rasende Sturm den Schwanz wieder zurück.

Inzwischen beginnt ein Wolkenbruch niederzugehen. Wir wissen, worum es geht. Ich taste mich im Schein der krachenden Blitze am Rumpf der Maschine nach hinten bis an die Flossen, werfe mich dagegen und drücke den Schwanz zur Seite. Inzwischen ist der Untergrund glitschig geworden, meine Sandalen stecken irgendwo tief im Schlamm, ich kralle mich mit Zehen und Füßen tief in den Salzteig, um mich feststemmen zu können. Vorn zieht der Motor mit zweihundertfünfzig Pferdekräften, er reißt den Schwanz des Flugzeugs über mich hinweg, wirft mich auf die Erde, mit Gesicht und Körper in den Teig. Ich halte mich am Schwanz fest, kann mich wieder aufrichten, und endlich glückt es, in der Wasserflut die Maschine Stück für Stück beiseite zu drücken, sie rollt die Böschung hinauf und steht schließlich oben auf dem Sand zwischen den spärlichen Grasbüscheln.

Michael lässt die Innenbeleuchtung eingeschaltet, auch der Scheinwerfer am rechten Flügel brennt, aber er leuchtet nach vorn. Wir tasten uns in pechschwarzer Dunkelheit zu unserer Ausrüstung zurück. Jeder greift, was ihm zwischen die Finger kommt, und schleppt es unter die Flügel, wirft es durch die Fenster in den Leib des Flugzeugs hinein. Wir sind nass bis auf die Haut, zum Glück, denn der Wolkenbruch wäscht das Salz von mir ab.

Schließlich wird die Wasserflut so gewaltig und das Donnern und Blitzen so betäubend, dass wir es aufgeben, unsere Habe weiter zu retten. Was noch draußen liegt, ist sowieso nass. Michael und ich kriechen in das Flugzeug und klettern auf unsere Pilotensitze.

Wir triefen. Da es merklich kühler geworden ist, ziehen wir die nassen Hemden und Hosen vom Leib und setzen uns lieber nackend hin. Draußen heult der Sturm, ich spüre, wie er unter die Flügel greift und die Maschine hochheben will. Zum Glück schafft er es nicht, die Räder sind festgebremst, und außerdem habe ich noch zwei Kisten dahinter geworfen.

Michael und ich hängen uns unsere halb nassen Lammfelljacken über die Schultern und warten. Über mir regnet es hinein, ich setze mir einen alten Hut auf den Kopf, der im Flugzeug liegt.

Draußen folgt Blitz auf Blitz. Wir stehen hier allein an dem weiten, flachen See erhöht auf dem Ufer, und unsere »Ente« ist aus Metall.

»Eigentlich muss doch der Blitz in unsere Maschine einschlagen«, sage ich zu Michael, »es wäre ein Wunder, wenn das nicht im nächsten Augenblick passiert.«

»Na und«, sagt er, »wir können ja doch nichts daran ändern. Wir können bloß abwarten.« Michael hat Recht.
Schön ist das Gewitter außerdem. Ich zähle den Abstand zwischen Blitz und Donner. Allmählich wird er größer, der Kern des Unwetters muss also wohl schon über uns hinweggezogen sein, die Wassermassen aber stürzen noch immer herab. Im Schein der Blitze sehe ich, dass sich der See auf einmal mit Wasser gefüllt hat. Mit Schaudern stelle ich mir vor, die Esel wären nicht durchgegangen und wir säßen mit unserem gesamten Gepäck zehn Kilometer weit weg dort im See, wo er allmählich schon tiefer ist. Wahrscheinlich stünden wir bis zu den Hüften oder bis zur Brust in der Salzlake und hätten wohl keine Hoffnung, durch den tiefen Schlamm des Untergrundes bis ans Ufer zu gelangen.
Welch tiefe Weisheit doch in Eseln stecken kann.
»Wenn wir jetzt in zehn Tagen zu Hause sind, werden die Leute wieder sagen: wie war's, haben Sie sich gut erholt«, sagt Michael.
»Übrigens, Vati, wenn es jetzt knallt, war die ganze Schinderei umsonst, dann macht keiner die Arbeit hier fertig. Das wäre ein Regiefehler – einer von uns sollte schon übrig bleiben.«
Aber sonst sind wir uns durchaus einig: wenn schon, dann genauso plötzlich und schnell: Blitz, Absturz, ein Löwe oder Herzschlag. Bloß nicht ein halbes Jahr Darmkrebs mit frommen Lügen.
Kurz vor zwölf Uhr hat das Unwetter begonnen. Es ist jetzt zwei, und langsam hört der Regen auf. Michael ist eingeschlafen, er lehnt sich an mich, sein Kopf liegt auf meiner Schulter. Die Haare sind ihm vornübergefallen und kitzeln mich am Hals. Sie sind sehr dicht und widerspenstig und fallen ihm leicht in die Augen. Ob er wohl später auch so kahl und schütter werden wird wie ich? Seine nackten Schenkel leuchten in der Dunkelheit, sie sind noch jünglingshaft.
Er ist überhaupt noch so jung und hübsch. Es ist ein Jammer,

dass er jetzt von Jahr zu Jahr älter und faltiger werden wird, bis er zum Schluss so aussieht wie ich. Das ganze Menschenleben ist vom zwanzigsten Jahr an ein allmähliches Verfallen, aber so richtig klar wird einem das erst, wenn man über vierzig ist. Wie Michael wohl einmal aussehen wird, wenn er so alt ist wie ich? Dick wird er nicht werden, dazu isst er zu wenig und rackert sich zu viel ab.

Mein eigener Vater ist gestorben, als ich drei Jahre alt war. Unsere gute Mutter hat uns manchmal erzählt, dass er mit gar so kleinen Kindern nichts Rechtes anzufangen wusste. Er war manchmal neidisch auf andere Männer, die große Söhne hatten und vernünftig mit ihnen reden konnten. Ich habe solche Söhne. Ich weiß, was es für ein Glück ist, mit dem eigenen Sohn diese Arbeit hier zu tun. Ich möchte jetzt seine nachtkühl gewordene Hand nehmen, auf mein Knie legen, und meine darüber. Doch er könnte vielleicht aufwachen und sich darüber wundern. Hände streicheln nur Mütter, keine Männer.

Michael versteht sich mit seinem kleinen Söhnchen Stephan weit besser als ich vor zwanzig Jahren mit meinen Kindern im gleichen Alter. Stephan darf ihn früh wecken, mit ihm baden, und diesmal hat der kleine Kerl zum ersten Mal gemerkt, dass sein Vater abfuhr. Er fing auf dem Flughafen an zu schreien, klammerte sich an Michael fest und wollte ihn nicht wieder loslassen.

In zwanzig Jahren wird Michael so neben seinem Sohn Stephan sitzen wie ich jetzt neben ihm. Meine Eltern sind nicht alt geworden, es besteht also nicht viel Aussicht, dass ich dann noch leben werde. Aber Michael wird sich besser an mich erinnern können als ich an meinen eigenen Vater. Und unsere Arbeit wird weitergehen.

Hätte es uns heute Nacht ereilt, dann hätte sich niemand in unseren vielen Aufzeichnungen über das Leben der Steppentierherden zurechtgefunden. Niemand hätte aus den zwanzigtausend Metern Farbfilm *den* Film zusammengeschnitten, der uns vorschwebt. Die Tiere der Serengeti hätten viel geringere Chancen.

Den meisten Menschen kommt das wenig wichtig vor. Sie würden wahrscheinlich sagen: die beiden haben es nicht besser verdient, warum riskieren sie für Zebras und Löwen ihren Kopf. Die Menschen haben andere Ideale, für die es sich nach ihrer Ansicht zu sterben lohnt: die Freiheit, la gloire, die richtige Politik, weitere Grenzen ihres Landes, die Herrschaft ihrer Klasse, Weltanschauungen.

Aber Michael und ich werden Recht behalten.

Millionen haben Hitler gefürchtet und Millionen haben sich für ihn begeistert. Millionen sind für ihn gestorben und Millionen im Kampf gegen ihn. Unlängst hat man in den Schulen die Kinder nach Hitler gefragt. Die meisten wussten – vierzehn Jahre nach seinem Tode – nicht einmal recht, wer er war und wie seine Getreuen hießen.

Hunderttausende sind für und gegen Napoleon gestorben. Frag aber einmal die Menschen von heute nach seinen Zielen, nach denen der Wiedertäufer, der Hussiten oder der beiden Parteien im Ersten Weltkrieg.

Menschen begeistern sich so schnell für Menschengedanken, aber sie vergessen sie auch so schnell.

Immer bleibt die Natur, solange wir sie nicht sinnlos zerstören. In fünfzig Jahren wird sich niemand mehr für das Ergebnis der Konferenzen interessieren, die heute die Zeitungsschlagzeilen füllen.

Aber wenn ein Löwe im rötlichen Morgenlicht aus dem Gebüsch tritt und dröhnend brüllt, dann wird auch Menschen in fünfzig Jahren das Herz weit werden. Ganz gleich, ob diese Menschen dann Bolschewisten oder Demokraten sind, ob sie englisch oder russisch, suaheli oder deutsch sprechen. Und sie werden stumm dastehen und ihren Nachbarn an der Hand fassen, wenn sie zum ersten Male in ihrem Leben zwanzigtausend Tigerpferde über die endlose Steppe ziehen sehen.

Ist es wirklich so unsinnig, für sie hier zu arbeiten, für diese Menschen, diese Löwen und diese Zebras nach fünfzig Jahren? Und für die nach hundert, nach zweihundert Jahren ...
Ich schlafe diese Nacht vom 9. zum 10. Januar nicht mehr, es ist zu kalt und zu nass. Halb liege ich, halb sitze ich und ändere von Zeit zu Zeit vorsichtig meine Stellung, um Michael nicht zu wecken. Endlich, nach weiteren sechs Stunden, wird es hell.
Wir wringen unsere Sachen aus und hängen das ganze Flugzeug damit voll. Die gute »Ente« sieht aus wie ein Wäschetrockenplatz, und ich bedauere, dass ich keinen Fotoapparat zur Hand habe. Doch kaum sind die Kleider und Decken etwas angetrocknet, fängt es schon wieder an zu regnen. So werfen wir alles nass in die Maschine, ich binde mir ein Handtuch um die Hüften, Michael wringt seinen Slip aus und zieht ihn über.
Die Flamingos haben gesiegt. Wir fliegen in den Ngorongoro-Krater, wo Michael und ich in den letzten Tagen in der Schutzhütte hausen, und klettern halb nackt aus der Maschine. Hier ist es sonnig, der Boy breitet unsere nassen Sachen auf dem Rasen zum Trocknen aus.
So geht das oft, wenn man mit Tieren zu tun hat. Stundenlang, tagelang, manchmal Wochen läuft man hinter Elefanten her, um sie zu knipsen oder zu filmen – vergeblich. Dann steht ganz unerwartet irgendwo einer vor uns, sperrt die Ohren ab, hebt den Rüssel und stellt alles an, damit man recht schöne Bilder machen kann.
Genauso geht es uns am nächsten Morgen mit den Flamingos. Eine Abordnung von vierhundert Köpfen kommt zu uns in den Ngorongoro-Krater geflogen, lässt sich im Flachwasser des Kratersees nieder und stört sich fast gar nicht an uns. Wir legen Schneeketten um die Räder unseres Landrovers, fahren erst in den Schlamm und dann, zwischen Angst und Mut schwankend, immer tiefer in das ganz flache Wasser hinein.

Wir können nur geradeaus fahren; wollen wir eine Kurve machen, so wühlen sich die Räder in der Seife beinahe fest.
Schließlich trauen wir uns nicht mehr weiter, stellen den Motor ab, richten die Teleobjektive und warten. Die Flamingos nähern sich uns, die Köpfe im seichten Wasser, nach Nahrung suchend, immer mehr. Unser großer Geländewagen stört sie nicht im Mindesten. Vier- oder fünfmal stellen wir fest, dass wir nun keinen Meter mehr von dem kostbaren Farbfilm verdrehen werden. Aber dann kommen sie wieder noch dichter heran, sind noch größer auf der Mattscheibe zu sehen, und so fangen wir von vorn an. Zum Schluss sind wir richtig erleichtert, wie sie alle auf einmal die schwarzen Flügel ausbreiten und der ganze Schwarm sich wie ein rotes Netz in die Luft erhebt. Wir haben sie.
Da wir es nicht schaffen, mit dem Wagen umzudrehen, fahren wir in unserer eigenen tiefen Spur die ganze Strecke rückwärts, bis wir aus dem See heraus und wieder auf festem Boden sind.
Unser Boy hat inzwischen einen Berg Salat aus Ananas, Äpfeln und Bananen angerichtet. Wir braten uns ein Steak, dann will Michael über den L´Engai, den Natronsee und die Salei-Ebenen fliegen, um nach Tieren zu suchen, die wir am nächsten Tag zusammen filmen wollen.
Er bittet mich, nicht mitzukommen, weil er gleich weiter nach Banagi fliegen und unsere beiden Mitarbeiter hierher in den Krater holen will. Wir haben wegen der Luftaufnahmen einen Rücksitz aus der Maschine herausgeschraubt, es sind also nur drei Plätze vorhanden. Wenn trotzdem vier Mann zurückfliegen, würden die Versicherungen vielleicht Einwände erheben für den Fall, dass uns etwas zustößt.
Mir ist es recht, ich habe auch hier genug Arbeit. Ich bitte Michael, rechtzeitig, bis halb sieben abends, wiederzukommen, weil es mich immer unruhig macht, wenn ich die letzte halbe Stunde vor Sonnenuntergang auf das Motorengeräusch unserer Maschine warten muss. Deswegen fliege ich am liebsten

selber. Michael meint aber, es könne auch spät werden, und um nichts zu riskieren, würde er dann lieber in Banagi übernachten.

Wir schieben noch den Geländewagen zurück, den die Massai-Kinder inzwischen wieder einmal den Hügel hinunter ins Gebüsch gerollt haben. Dann setze ich mich an den Tisch und schreibe und achte gar nicht mehr darauf, wie Michael weggeht. Ich höre nur noch eine Weile die Maschine brummen.

Als Dr. Grzimek am nächsten Morgen in der Schutzhütte am Boden des Ngorongoro-Kraters beim Frühstück saß, reichte ihm ein schwarzer Pfadfinder durchs Fenster einen Zettel auf den Tisch. Der Game Warden hatte darauf geschrieben: »Ich muss Ihnen leider mitteilen, dass Michael mit dem Flugzeug abgestürzt und tot ist. Er liegt hier oben in meinem Haus.«

Ein englischer Spezialist, der zufällig mit seinen afrikanischen Gehilfen in den menschenleeren Ebenen der Salei-Steppen nach der Möglichkeit suchte, Wasser anzubohren, sah das Zebra-Flugzeug in etwa zweihundert Meter Höhe nach Westen fliegen und dann auf einmal niedergehen. Da die Boys behaupteten, das sei keine Landung, sondern ein Unfall gewesen, schickte er sie mit dem Auto hin. Sie fanden die Maschine völlig zerschmettert, aber nicht in Brand geraten.

Es war inzwischen dunkel geworden. Der Scheinwerfer ihres Autos war nicht in Betrieb, und Streichhölzer wagten sie wegen des starken Benzingeruchs nicht anzuzünden. So fuhren sie schnell zurück, und der Engländer kam mit dem zweiten Wagen und Taschenlampen. Sie befreiten den toten Michael Grzimek aus den Trümmern der Maschine. Die beiden schwarzen Gehilfen fuhren ihn trotz ihrer Übermüdung noch die ganze Nacht hindurch bis zu dem Game Warden am oberen Rand des Ngorongoro-Kraters.

Michael Grzimek war bei dem Aufprall sofort getötet worden. Er wurde am gleichen Tag am oberen Rand des Ngorongoro-Kraters in der ewig grünen Landschaft an einem Platz beigesetzt, der tief hinab auf die Ebenen des Ngorongoro und seine Tierherden schaut. Die britischen Luftfahrtbehörden stellten bei der Untersuchung des Wracks fest, dass ein Gänsegeier gegen den rechten Tragflügel gestoßen war und ihn stark verbogen hatte. Dabei waren auch die Züge der Steuerung blockiert worden. So war die Maschine in steiler Rechtskurve in Sekunden geradewegs gegen die Erde geflogen. In ihrem amtlichen Befund wird bestätigt, dass Michael Grzimek ein erfahrener, umsichtiger und zuverlässiger Flieger war und dass der Unfall weder durch einen Fehler des Piloten noch einen Mangel

des Flugzeugs, sondern durch eine äußere Einwirkung verursacht wurde, mit der leichte Flugzeuge in diesen Breiten leider stets rechnen müssen.
Die Forschungsarbeiten Michael Grzimeks waren zu diesem Zeitpunkt im Wesentlichen abgeschlossen, ebenso ein Film, den er in den letzten Monaten zusammen mit seinen Mitarbeitern gedreht hatte, um der Weltöffentlichkeit die Schönheiten der Serengeti zu zeigen und sie zu bitten, dieses Naturwunder zu erhalten.
Die Verwaltung der Nationalparks Tanganjikas betrauerte in einem Aufruf, der in den Tageszeitungen Ostafrikas erschien, dass die Sache des Naturschutzes in Afrika mit Michael Grzimek einen ihrer kühnsten und tatkräftigsten Förderer verliert. Sie rief die Öffentlichkeit auf, zu einem Denkmal für ihn beizutragen, das die englische Inschrift tragen wird:

MICHAEL GRZIMEK
12. 4. 1934 – 10. 1. 1959

Er gab alles, was er hatte, sogar sein Leben,
um die wilden Tiere Afrikas zu schützen.

»Serengeti lebt!«

... das ist wohl die beste Nachricht fünfzig Jahre nach der Erstauflage des Weltbestsellers »Serengeti darf nicht sterben«, der unser Verständnis für internationalen Naturschutz geprägt hat wie kaum ein zweites Buch. Fast viermal so viele Gnus wie zu Lebzeiten Bernhard und Michael Grzimeks bevölkern heute die weiten Ebenen des Tierparadieses, das Millionenheer der Huftiere gilt als das größte verbliebene Wandersystem von Landsäugetieren. Nirgendwo sonst ist die Dichte an Großraubtieren höher. Der Nationalpark gehört zu den Spitzenverdienern des internationalen Naturtourismus, generiert wichtige Devisen für Tansania und unterstützt mit den Einnahmen alle anderen Schutzgebiete des Landes. Die Serengeti ist heute ein ökonomisches und ökologisches Erfolgsmodell. Wer in diesen Tagen den Nationalpark Richtung Westen verlässt, wird erahnen können, welch unschätzbarer Wert in den Schutzgebieten erhalten wurde. Im Umfeld ist die Landschaft längst zur landwirtschaftlichen Produktionsfläche geworden, jeder Quadratmeter unter Pflug und Hacke. Elefanten, Nashörner, Büffel, Leoparden und Löwen hätten hier keine Lebensgrundlage mehr.

Die Serengeti symbolisiert aber auch wie keine andere Region den Aufbruch der Zoologischen Gesellschaft Frankfurt (ZGF), der Bernhard Grzimek einst vorstand, in den internationalen Naturschutz. Aus den ostafrikanischen Anfängen wuchs ein Naturschutzprogramm mit mehr als 70 Projekten in 33 Ländern. Das Engagement in der Serengeti blieb jedoch stets erhalten und so ziehen nach wie vor zebragestreifte Flugzeuge der ZGF ihre Kreise über den Ebenen. Die Anforderungen an den Naturschutz sind keineswegs geringer geworden. Im Gegenteil: Haustierkrankheiten gefährden seltene Wildtiere, der Tourismus droht mit Massenandrang zum Opfer seines eigenen Erfolgs zu werden, Rodung und Wasserentnahme in

Kenia lassen die Lebensader der großen Huftierherden, den Mara-Fluss, zunehmend versiegen, der Klimawandel beginnt auch hier erste Spuren zu hinterlassen. Es steht fest: Wir dürfen nicht nachlassen in unserem Einsatz für das Weltnaturerbe Serengeti, in dem die Vision Bernhard Grzimeks, der in diesem Jahr 100 Jahre alt geworden wäre, und seines vor 50 Jahren auf so tragische Weise verstorbenen Sohnes Michael fortbesteht. Bernhard Grzimeks Aufruf gilt auch heute noch: »Serengeti darf nicht sterben!«

Dr. Christof Schenck
Geschäftsführer der Zoologischen Gesellschaft Frankfurt

Bildnachweis

Die Bilder im Text wurden vom Verfasser mit der Praktisix-6 × 6-Kamera und wechselnden Objektiven bis 1000 mm aufgenommen auf Ektachrome-Farbfilm und Adox R 25-Film, unter Verwendung von Sixtomat-Belichtungsmessern und zum Teil des Braun-Hobby-Blitzlichtes. Folgende Aufnahmen stammen nicht von B. Grzimek: S. 236 oben (Dr. P. D. Swanepoel, Barberton, Transvaal), unten (P. Molloy), S. 253 und 280 unten (Alan Root-Grzimek), S. 311 unten (East African Standard), S. 335 (W. Petana, Kaduna, Nigeria).

Textzeichnungen Wolfgang Weber; Zeichnungen der Gräser Mrs. Napper, Botanisches Institut in Nairobi.

Im Bildteil stammen alle Aufnahmen von B. Grzimek mit Ausnahme von Tafel 4/5, 8/9, 11 (Anup und Manoj Shah/shahimages.com), Tafel 14 unten und 15 oben/unten (Norbert Guthier/ZGF).